AGRONOMIE,

CHIMIE AGRICOLE

ET

PHYSIOLOGIE.

PARIS. — IMPRIMERIE DE MALLET-BACHELIER,
rue de Seine-Saint-Germain, 10, près l'Institut.

AGRONOMIE,

CHIMIE AGRICOLE

ET

PHYSIOLOGIE,

Par M. BOUSSINGAULT,

Membre de l'Institut.

2ᵉ ÉDITION, REVUE ET CONSIDÉRABLEMENT AUGMENTÉE.

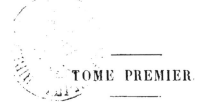

TOME PREMIER.

PARIS,

MALLET-BACHELIER, IMPRIMEUR-LIBRAIRE

DU BUREAU DES LONGITUDES, DE L'ÉCOLE IMPÉRIALE POLYTECHNIQUE,

Quai des Augustins, 55.

1860

AVANT-PROPOS.

L'ouvrage dont je commence la publication sous le titre de : *Agronomie, Chimie agricole et Physiologie*, n'est pas, à proprement parler, une seconde édition des *Mémoires* qui ont paru il y a quelques années. Ces Mémoires y trouveront naturellement leur place, mais on peut juger de l'extension donnée à l'*Agronomie* par ce premier volume formé de matériaux inédits ou connus seulement par de courts extraits imprimés dans quelques Recueils périodiques, où la description des appareils, les méthodes d'analyse étaient nécessairement reproduites très-incomplétement. Or le degré de confiance qu'inspirent les recherches expérimentales est absolument basé sur la discussion des méthodes suivies par l'observateur, et, comme dans l'état actuel de la science agricole, lorsqu'il s'agit d'aborder une question, l'on est presque toujours dans le cas de créer, ou tout au moins de perfectionner, de modifier les moyens d'investigation, l'étude de ces créations, de ces perfectionnements, de ces modifications, doit particulièrement intéresser les agronomes, les chimistes et les physiologistes.

Tel est le motif qui m'a décidé à entrer dans les détails les plus minutieux, persuadé qu'en agissant ainsi je rendais un genre de service dont me sauraient gré ceux qui se livrent à l'art si difficile des expériences.

Dans ce volume j'ai réuni ce qui est relatif à l'action des principes les plus actifs des engrais sur le développement des plantes, au sol fertile considéré dans ses effets sur la végétation. Dans les volumes suivants, j'exposerai les recherches que j'ai entreprises sur la terre végétale, sur le terreau; je donnerai la description des procédés du dosage de l'ammoniaque et des nitrates, les observations concernant le bétail et la production du lait, etc., etc. J'y joindrai des travaux exécutés sur des sujets analogues, soit par des jeunes gens attachés à mon laboratoire, soit par des étrangers dont quelques-uns, et des plus éminents, me font l'honneur de se considérer comme mes élèves. C'est ainsi que, déjà, j'ai trouvé l'occasion de faire connaître deux Mémoires d'un jeune médecin fort distingué, Félix Letellier, que la mort a enlevé bien trop tôt à la physiologie qu'il promettait de cultiver avec succès, et dont les recherches ont eu pour objet d'apprécier l'action du sucre dans l'alimentation des granivores, et l'influence des températures extrêmes de l'atmosphère sur la production de l'acide carbonique pendant la respiration des animaux à sang chaud.

Quant à l'importance de la science agricole, je rappellerai ici ce que j'ai mis en tête de mes Mémoires : Lorsque des travaux de ce genre sont exécutés avec une certaine précision, ils ont ce double avantage, d'éclairer quelques points de la théorie, en fournissant au praticien des données quantitatives qu'il ne rencontre que bien rarement dans les ouvrages spéciaux. Par exemple, il peut être assez indifférent à un cultivateur de savoir si les animaux qu'il élève exhalent ou n'exhalent pas d'azote en respirant : c'est là une question purement physiologique; mais, pour arriver à la résoudre, on a été obligé de faire une série de déterminations qui, toutes, intéressent essentiellement la pratique agricole. C'est ainsi qu'il a fallu rechercher quelle est la quantité d'acide carbonique produite, dans un temps donné, par le cheval, la vache et le porc, c'est-à-dire le volume d'air qu'ils vicient par la fonction respiratoire; on a dû aussi peser avec le plus grand soin, d'un côté les rations alimentaires, de l'autre les produits de la digestion, résultats qui permettent de fixer avec exactitude le rapport existant entre la consommation de divers fourrages et la production des fumiers.

L'étude du développement de la graisse dans l'organisme a exigé la connaissance de faits nombreux et précis; ainsi, on devait savoir quelle est la nourriture prise par un porc depuis sa naissance jusqu'à l'époque où il a terminé sa croissance; les aliments qu'il consomme durant son engraissement, le poids du sang, de la chair, de la graisse, des os formés pendant les différentes phases de son alimentation.

En essayant de constater l'influence que le sel, ajouté à la ration, exerce sur le développement du bétail, ou sur la lactation, on a pu, en faisant un usage fréquent de la balance, déterminer ce que 100 kilogrammes de foin produisent de chair ou de lait. Toutes ces no

tions, d'une utilité incontestable, sont, il est vrai,
disséminées dans les Mémoires ; c'est là un inconvénient réel qu'il était impossible d'éviter, mais qu'on
a cherché à diminuer en présentant une table des
matières très-détaillée.

AGRONOMIE,
CHIMIE AGRICOLE

ET

PHYSIOLOGIE.

RECHERCHES

SUR

LA VÉGÉTATION.

PREMIÈRE PARTIE.

EXPÉRIENCES DANS LE BUT D'EXAMINER SI LES PLANTES FIXENT DANS
LEUR ORGANISME L'AZOTE QUI EST A L'ÉTAT GAZEUX
DANS L'ATMOSPHÈRE.

La question de savoir si les végétaux fixent dans leur organisme l'azote qui se trouve à l'état gazeux dans l'air, n'est pas seulement intéressante au point de vue de la physiologie; sa solution doit jeter une vive lumière sur la théorie de la fertilité du sol. En effet, si le gaz azote n'est pas assimilable, si son rôle est borné à tempérer, en quelque sorte, l'action du gaz oxygène auquel il est mélé, on conçoit, dans les engrais, l'utilité de matières organiques qui, par suite de

I.

leur décomposition spontanée, apportent aux plantes les éléments des principes azotés qu'elles élaborent. Si, au contraire, l'azote est fixé pendant l'acte de la végétation, s'il devient ainsi partie intégrante du végétal, on est tout naturellement conduit à cette conséquence, que la plus grande part des propriétés fertilisantes des fumiers réside dans les substances minérales, dans les phosphates, les carbonates terreux et alcalins qui s'y rencontrent toujours en proportion notable; car l'élément azoté serait alors surabondamment fourni par l'air atmosphérique.

Il est vrai qu'à une époque déjà éloignée, alors que l'on créait les méthodes eudiométriques, on crut reconnaître une absorption manifeste d'azote pendant le développement d'une plante; mais, plus tard, Théodore de Saussure, en employant des moyens plus précis, ne réussit pas à constater cette absorption: tout au contraire, les recherches de cet éminent observateur tendaient à faire croire à une faible exhalation de gaz, et s'il est resté quelques doutes à cet égard, c'est que les procédés manométriques dont Saussure s'est servi ne donnent des résultats bien tranchés qu'autant qu'il survient un changement assez considérable, soit dans le volume, soit dans la composition de l'atmosphère où la plante a séjourné. Ils suffisent amplement, par exemple, pour mettre en évidence le fait de la décomposition de l'acide carbonique par les parties vertes des végétaux, parce que l'action des rayons solaires se révèle immédiatement par l'apparition du gaz oxygène; mais la méthode manométrique devient insuffisante, lorsqu'il s'agit de décider s'il y a eu quelques centimètres cubes de gaz absorbés ou exhalés par une plante confinée dans quelques litres d'air, quel que soit d'ailleurs le degré d'exactitude qu'on apporte dans l'exécution des analyses. Aussi, lorsque, il y a déjà bien des années, après avoir résumé les faits favorables ou contraires à l'idée que les végétaux prennent de l'azote à l'atmosphère, je trouvai que la question pouvait être considérée comme indécise, je dus suivre, dans l'espoir de la résoudre, une voie entièrement différente de celle dans laquelle on était entré. Je comparai la composition des semences à la composition des récoltes obtenues aux dépens seuls de l'eau et de l'air. La plante se développait dans un sol préalablement calciné pour détruire jusqu'aux moindres traces de matières organiques, et qu'on arrosait avec de l'eau distillée. On constatait ensuite ce que le végétal avait acquis en carbone, en hydrogène, en oxygène et en azote pendant le cours de son développement. Voici, sous le rapport de l'azote, les résultats des expériences exécutées par cette méthode en 1837 et en 1838.

PLANTES cultivées.	DURÉE de la culture.	POIDS de la graine.	POIDS de la récolte.	AZOTE dans la graine.	AZOTE dans la récolte.	GAIN ou perte en azote.
		gr	gr	gr	gr	gr
Trèfle.......	2 mois.	1,576	3,220	0,110	0,120	+ 0,010
Trèfle.......	3 mois.	1,632	6,288	0,114	0,156	+ 0,042
Froment....	2 mois.	1,526	2,300	0,043	0,040	− 0,003
Froment....	3 mois.	2,018	4,260	0,057	0,060	+ 0,003
Pois........	3 mois.	1,211	4,990	0,047	0,100	+ 0,053

On voit : 1° que, cultivés dans un sol absolument privé d'engrais d'origine organique et sous les seules influences de l'air et de l'eau, le trèfle et les pois ont acquis, indépendamment du carbone, de l'hydrogène et de l'oxygène, une quantité d'azote appréciable par l'analyse ; 2° que le froment, cultivé dans les mêmes conditions, a pris à l'air et à l'eau du carbone, de l'hydrogène et de l'oxygène, mais que l'analyse a pu accuser un gain ou une perte, sans qu'on puisse toutefois en conclure définitivement que cette céréale ne possède pas la faculté de fixer une certaine quantité d'azote (1). Quant à l'origine de l'azote assimilé dans ces circonstances, l'analyse a été impuissante pour la signaler, car ce principe avait pu entrer directement dans l'organisme des plantes, ou bien, comme l'avait pensé Théodore de Saussure, il pouvait provenir des vapeurs ammoniacales dont l'atmosphère n'est jamais entièrement privée, quoiqu'elle n'en contienne qu'une proportion infiniment faible. Ainsi, en 1838, par suite des recherches que j'avais entreprises, la question se trouvait posée en ces termes : L'azote, assimilé par une plante cultivée à l'air libre dans un sol privé de matières organiques, provient-il du gaz azote ou de l'ammoniaque ? J'ajouterai que, depuis, les expériences tentées pour la résoudre ont conduit à des conclusions entièrement contradictoires.

Si l'on considère combien est faible la proportion des substances azotées élaborées par une plante placée dans un sol stérile, alors même que la végétation a été prolongée pendant plusieurs mois, on est peu disposé à croire à l'intervention du gaz azote de l'air ; car si ce gaz intervenait, on ne voit pas pourquoi l'assimila-

---

(1) *Annales de Chimie et de Physique*, 2ᵉ série, t. LXVII, p. 52.

tion en serait aussi restreinte, puisqu'il domine dans la composition de l'air. On conçoit mieux, au contraire, l'exiguïté de la dose d'azote assimilée dans l'hypothèse de l'intervention unique des vapeurs ammoniacales, par cette raison que l'atmosphère ne renfermant, pour ainsi dire, que des traces de carbonate d'ammoniaque, elle ne peut fournir qu'une quantité très-limitée d'éléments azotés à une végétation accomplie sous les seules influences de l'air et de l'eau.

La première idée qui se présente à l'esprit pour décider si l'azote fixé provient de celui que l'atmosphère renferme à l'état gazeux, c'est de disposer un appareil dans lequel la plante croîtrait dans de l'air dépouillé d'ammoniaque et qu'on renouvellerait sans cesse pendant le jour, afin de lui assurer assez d'acide carbonique comme source de carbone.

Cependant, en y réfléchissant, on doit craindre qu'une semblable disposition n'offre pas toutes les garanties désirables ; car, si l'air traverse l'appareil avec une grande vitesse, et il devra en être ainsi dans le cas où l'on n'ajouterait pas de gaz acide carbonique, on ne serait pas certain de retenir toute la vapeur ammoniacale, tous les corpuscules organiques dans le système purificateur consistant naturellement en une série de tubes à ponce sulfurique. Il y a plus : en supposant même que la purification de l'air ait été complète et que, cependant, il y eût eu de l'azote fixé pendant la végétation, tout ce qu'il serait rigoureusement permis de conclure, c'est que cet azote ne proviendrait pas de l'ammoniaque ; car, pour admettre qu'il ait fait partie de l'air à l'état gazeux, il faudrait être à même

d'affirmer que, indépendamment des composés ammoniacaux volatils et des poussières d'origine organique, l'atmosphère ne contient pas, en proportion assez faible pour échapper aux procédés ordinaires de
l'analyse, d'autres principes capables de concourir à la
formation des substances azotées dans les végétaux.
Aussi serait-ce seulement dans le cas où l'expérience
établirait qu'il n'y a pas assimilation d'azote, que la
méthode pourrait être considérée comme satisfaisante.

Par ces motifs, dans les recherches que j'ai entreprises, j'ai préféré faire vivre la plante dans une atmosphère qui ne fût pas renouvelée ; mes expériences,
commencées en 1851, ont été continuées jusqu'en
1853.

L'appareil employé dans l'été de 1851, *fig.* 1,
Pl. I, consiste en une cloche de verre A, d'une capacité de 35 litres, reposant sur trois dés en porcelaine
b, b, b, placés dans l'intérieur d'une cuvette en
verre C.

Sur un support en verre S, formé par un vase ren-
versé, se trouve un autre vase en cristal E dans lequel
on entretient de l'eau pour arroser, par voie d'imbibition, le sol contenu dans le pot P où la plante se développe.

Dans la grande cuvette C, il y a de l'eau assez fortement acidifiée par de l'acide sulfurique; l'orifice de
la cloche A plonge de 2 à 3 centimètres dans la liqueur
acide.

Au moyen du tube recourbé *i i'*, on peut introduire
de l'eau dans le vase E. Le tube *h h'*, muni d'un robinet, est mis en relation, quand cela est nécessaire, avec
un générateur de gaz acide carbonique.

La graine est plantée en P dans une substance terreuse qui a subi une chaleur rouge. La calcination a
lieu dans P, qui est un creuset percé à son fond, afin
de permettre à l'eau de pénétrer dans le sol. On évite
ainsi de transvaser la matière terreuse après qu'elle
a été calcinée. Le refroidissement du creuset-pot a lieu
sous une cloche, en le plaçant sur un support en
terre qu'on a aussi fait rougir. Lorsque la température
du sol est suffisamment abaissée, on humecte avec de
l'eau privée d'ammoniaque, dans laquelle sont dé-
layées les cendres que l'on veut faire agir sur la végétation.

Le creuset-pot étant mis dans le vase E, on fait
tomber assez d'eau pure par le tube ii' pour que son
fond y plonge de 1 à 2 centimètres. Les tubes une fois
fermés en i et en h, l'orifice de la cloche étant baigné
par la liqueur acide contenue en C, l'air se trouve confiné en A, non pas cependant d'une manière absolue,
et cela pour deux raisons : par l'effet du changement
dans le volume de l'air résultant des variations de
température et de pression, et par la diffusion opérée
à travers la liqueur acide; mais, dans l'un et l'autre
cas, l'air extérieur ne pénètre que très-lentement
dans l'intérieur de la cloche, en abandonnant nécessairement l'ammoniaque et les poussières au bain qu'il
est forcé de traverser.

Lorsque la graine a été déposée en P et qu'elle a
germé, quand les parties vertes commencent à se manifester, on introduit par le tube hh' assez d'acide
carbonique pour que l'atmosphère confinée contienne
plusieurs centièmes de ce gaz. L'acide carbonique extrait du marbre est d'abord lavé dans une dissolution

de bicarbonate de soude, puis, avant d'arriver dans le tube *h*, il traverse un long tube à ponce sulfurique. Ces précautions sont nécessaires pour obtenir du gaz acide carbonique exempt de vapeurs acides et d'ammoniaque. Comme, durant tout le cours d'une expérience, ce gaz tend à disparaître, d'abord parce qu'il est consommé par la plante, ensuite, et surtout, par la diffusion dont j'ai parlé, et qui s'opère d'autant plus rapidement, qu'elle est favorisée par la solubilité, il faut, de temps à autre, déterminer la proportion d'acide carbonique que renferme l'air de la cloche. A cet effet, on adapte en *h* un tube qu'on engage sous une éprouvette graduée posée sur une petite cuve pneumatique; on fait l'opération le matin, lorsque l'atmosphère de la cloche A, condensée pendant la nuit, est sur le point d'être dilatée par l'action des rayons solaires. On ouvre le robinet *h*, afin de faire entrer dans l'éprouvette graduée l'air qu'on doit examiner. On sait, après l'examen, s'il y a lieu d'introduire du gaz acide carbonique dans l'appareil. La latitude est grande, car la végétation s'accomplit également bien, soit que l'atmosphère ne contienne que 1 centième de gaz acide, soit que ce gaz y entre pour 8 centièmes; cette dernière proportion, rarement atteinte, n'a jamais été dépassée.

C'est dans des appareils semblables à celui que je viens de décrire que les expériences ont été faites en 1851 et 1852. Les graines étaient mises dans de la pierre ponce amenée à l'état de petits fragments qu'on débarrassait des parties trop ténues par le tamis, puis lavés, calcinés et mis à refroidir, en prenant les précautions indiquées précédemment. J'ai toujours introduit dans le sol ponce, après la calcination, de la cendre obtenue du fumier de ferme par une incinération opérée à une température peu élevée. L'engrais avait d'abord été haché, bien mêlé, séché, puis brûlé. Comme il est parfaitement établi que le fumier convient à toutes les cultures, ses cendres renferment naturellement toutes les substances minérales nécessaires à la plante. Suivant le volume du sol, on ajoutait depuis 1 jusqu'à 10 grammes de cendre de fumier, et, le plus souvent, de la cendre provenant de plusieurs des graines sur lesquelles l'expérience était faite.

La ponce étant bien humectée avec de l'eau exempte d'ammoniaque, on la laissait séjourner sous la cloche A pendant vingt-quatre heures, avant d'y planter la graine, parce que j'avais eu l'occasion de remarquer que la germination ne réussissait pas toujours lorsqu'on plaçait la semence dans le sol ponce, immédiatement après avoir ajouté l'eau.

L'appareil était solidement établi sur une dalle enfoncée dans le sol d'un jardin, à peu de distance d'un mur recouvert par une vigne. Trois traverses en bois fixées en terre permettaient d'assujettir la cloche A au moyen de plusieurs fils de laiton ; il est à peine nécessaire d'ajouter que, à l'époque des chaleurs, on recouvrait l'appareil d'un écran en calicot, afin de préserver la plante d'une insolation trop forte.

Le principe fondamental de la méthode consiste, comme je l'ai dit, à déterminer la quantité d'azote contenue dans une graine, puis ensuite la quantité d'azote renfermée dans la plante issue d'une graine semblable à celle sur laquelle a été faite la première détermination, la végétation s'étant d'ailleurs accomplie dans de telles conditions, que tout concours de substances organiques azotées ait été sévèrement éloigné. Il s'agit, en effet, au moyen de l'analyse, de rechercher s'il y a dans la récolte une quantité d'azote égale ou supérieure à celle que renfermait la semence.

La proportion d'azote contenue dans la même graine varie naturellement, suivant l'état plus ou moins avancé de dessiccation. Comme, au moment où l'on commence une expérience, il est indispensable de connaître exactement la teneur en azote, j'ai toujours, à un moment donné, pesé individuellement des graines de même origine, et immédiatement après les pesées, l'azote a été dosé sur plusieurs d'entre elles. Chaque graine de celles qu'on n'avait pas analysées était enveloppée dans un papier portant l'indication du poids et mise dans un flacon. On savait donc, d'après ce poids, ce que chaque graine conservée contenait en azote, et quand, plus tard, on l'employait dans une expérience, il était indifférent qu'elle eût perdu de l'humidité ; la quantité absolue d'azote n'ayant pas varié.

Lors de la récolte, on dose l'azote dans la plante, dans le sol, et même dans le creuset-pot, dont la matière, en raison de sa porosité, absorbe et retient de l'eau chargée de substances organiques.

La plante, après dessiccation dans une étuve entretenue à une douce chaleur, est coupée en très-petits ragments à l'aide de ciseaux ; lorsqu'elle est ainsi divisée, et toutes les parties intimement mêlées, on peut en prendre une portion pour la soumettre à l'a-

nalyse, et conclure de l'azote trouvé à l'azote contenu dans la totalité. C'est même ainsi qu'on procède
ordinairement, c'est ainsi que j'ai procédé autrefois;
mais aujourd'hui je crois devoir critiquer cette pratique. La plante, bien que divisée et mêlée, n'est pas
suffisamment homogène pour qu'on puisse être sûr,
lorsqu'il est question d'une appréciation très-délicate,
que la fraction sur laquelle on agit représente la constitution de l'ensemble. Il est préférable, ainsi que je
l'ai fait dans ces nouvelles recherches, d'opérer sur
la totalité de la récolte, en employant des tubes à
combustion de grandes dimensions, et en exécutant
au besoin plusieurs opérations. L'erreur dont le résultat est alors affecté, est celle qui est inhérente au
procédé en lui-même, et, quelle que soit sa valeur,
elle n'est pas multipliée par 3, par 4, par 10, par 100,
selon qu'on a seulement analysé le tiers, le quart, le
dixième, le centième de la plante récoltée. C'est particulièrement lorsqu'il s'agit du dosage de l'azote dans
les débris organisés épars dans le sol où ont séjourné
les racines, qu'il est important d'opérer sur de fortes
proportions de matières. J'ai pu, au moyen de très-
grands tubes en verre de Bohême, analyser, soit la
totalité du sol, soit de fortes fractions, de manière
que, dans les cas les plus défavorables, l'erreur du
dosage était tout au plus triplée. En procédant autrement, en ne soumettant, par exemple, à l'analyse que
1 gramme de matière et faisant deux ou trois opérations, on pourrait arriver au résultat le plus erroné,
par la raison que le sol desséché venant d'une seule
expérience, pèse quelquefois près de 1 kilogramme.
L'erreur faite, et il n'y a pas d'analyse qui en soit

exempte, serait donc, dans l'espèce, multipliée par
333 ou par 5oo, et, si on la suppose d'un demi-milli-
gramme seulement, celle que l'on commettrait sur la
quantité d'azote renfermée dans le sol pourrait atteindre de 0^{gr},15 à 0^{gr},25. Mieux vaudrait certainement ne pas tenir compte de la matière azotée retenue
par la ponce ou par les vases; car dans les cas où la
plante n'a pas langui, quand il n'y a pas eu chute de
feuilles, que les débris de racines ont été soigneusement enlevés, la substance organique mêlée au sol
est fort peu de chose, et la quantité d'azote qui entre
dans sa constitution n'est pas de nature à changer le
sens des résultats déduits des analyses comparées de
la semence et de la récolte.

Le dosage de l'azote a été fait par la méthode de
M. Warrentrapp, modifiée par M. Peligot. L'acide normal avait été préparé avec le plus grand soin; cependant, comme il s'agissait surtout de constater des différences, j'ai, autant que possible, employé le même
acide pour doser l'azote dans les semences et dans les
récoltes. Lorsqu'on devait opérer sur une forte quantité de ponce sol, ne renfermant d'ailleurs qu'une
faible proportion de débris de plante, on faisait entrer
20 à 3o grammes de matière dans un tube, après les
avoir bien mélangés avec la chaux sodée, et l'on rece-
vait dans une seule pipette d'acide normal l'ammoniaque résultant de plusieurs combustions, afin d'atténuer ainsi l'erreur propre à la détermination du
titre. En laissant refroidir lentement le tube en verre
de Bohème dans lequel on avait brûlé la matière, on
en évitait presque constamment la rupture; j'ai pu,
à l'aide de cette précaution, faire servir le même

tube à huit ou dix dosages de matières terreuses.

J'ai apporté une attention toute spéciale au *balayage* que l'on détermine à la fin de chaque analyse, par la décomposition de l'acide oxalique placé au fond du tube. On sait que le but de cette opération est d'entraîner dans la liqueur acide, avec l'hydrogène et la vapeur aqueuse produits dans cette circonstance, les dernières traces de l'ammoniaque formées sous l'influence de l'hydrate alcalin. Cette manipulation, quand elle n'est pas convenablement exécutée, affecte très-sensiblement les résultats obtenus. La perte en azote occasionnée par un balayage insuffisant est d'autant plus prononcée, que la substance examinée est plus azotée, ou bien, pour des quantités égales d'azote, que la substance qui les renferme contient moins de matières organiques capables de fournir du gaz hydrogène ou de la vapeur pendant la combustion. C'est ainsi, par exemple, que pour une même quantité d'azote, une substance très-humide donnera peut-être toute l'ammoniaque produite avant qu'on décompose l'acide oxalique, tandis que si elle a été desséchée avant d'être introduite dans le tube, on ne fera sortir toute l'ammoniaque qu'à l'aide d'un courant bien soutenu de gaz ou de vapeur aqueuse. La raison en est toute simple : c'est que, dans le premier cas, l'ammoniaque sera entraînée par la vapeur qui se développera pendant toute la durée de l'opération. D'après des essais fort nombreux, je suis fondé à croire que 1 gramme d'acide oxalique, en se décomposant, ne suffit pas toujours pour expulser complétement l'ammoniaque, lorsque l'on analyse une substance tenant 3 à 4 pour 100 d'azote ; aussi ai-je employé au moins

2 grammes de cet acide, dans les dosages exécutés durant le cours de ces recherches.

Bien que la chaux sodée ait été préparée soigneusement, et l'acide oxalique purifié par plusieurs cristallisations successives, je ne les ai jamais employés avant d'avoir fait préalablement un dosage à *blanc*, c'est-à-dire sans introduire dans le tube autre chose que ces matières elles-mêmes, afin de me convaincre de l'absence de toute substance azotée.

Si, dans un sol dénué de matières organiques, contenant des cendres de fumier et convenablement humecté avec de l'eau exempte d'ammoniaque, on sème dru des graines de bonne qualité, et qu'ensuite on enferme le semis dans une atmosphère confinée sous une grande cloche et pourvue d'une proportion convenable de gaz acide carbonique, voici ce qui arrive ordinairement : toutes les semences germent. A une certaine époque, la couleur des feuilles, la grosseur et la rigidité des tiges, en un mot, la vigueur de la végétation est comparable à celle d'une culture qu'on aurait faite dans un terrain fertile. Mais si, de cet état prospère, et avant la récolte, on voulait conclure que les plantes ont trouvé dans l'air confiné et dans l'eau dont le sol est imbibé, tous les éléments qui ont concouru à leur développement, on s'exposerait à un mécompte que l'analyse ne tarderait pas à révéler. En effet, si les plantes ont acquis une grande vigueur, c'est qu'en réalité elles n'ont pas végété dans un sol stérile : il suffit de les compter pour reconnaître que leur nombre est bien inférieur à celui des graines qu'on a semées; il n'y aurait pas eu place pour toutes, et celles qui ont succombé ont servi d'engrais à celles qui ont résisté. Dans ce cas, l'expérience, bien qu'intéressante, devient complexe, comme je le montrerai dans ce Mémoire : le sol, naturellement, reste chargé d'une forte proportion de substances organiques ; en somme, on n'est plus en état de juger comment se comporte le végétal qui, à part la matière de son organisme, n'a pour se développer que de l'air atmosphérique, du gaz acide carbonique, de l'eau et des substances minérales.

Dans les recherches que je vais exposer, j'ai constamment obtenu un nombre de plantes égal au nombre, d'ailleurs très-limité, des graines que j'ai semées ; j'y ai trouvé cet avantage, que le sol ne contenait que très-peu de débris organiques, parce que, ne portant qu'un ou deux plants, j'arrêtais la végétation quand je voyais diminuer la vigueur de la plante, avant que les feuilles commençassent à tomber. Les récoltes une fois desséchées avaient d'ailleurs un poids qui permettait de les analyser tout entières, en une ou deux opérations, considération essentielle et que je considère comme des plus favorables à la netteté des résultats.

PREMIÈRE SÉRIE, ANNÉE 1851.

Dosage de l'azote des semences, dans l'état où elles ont été mises en expérience. — Haricots nains récoltés en 1850.

Dix centimètres cubes d'acide sulfurique normal équivalent à 0^{gr},0875 d'azote.

I. Haricot pesant 0^{gr},780.

Titre de l'acide : avant.   32,7^{cc}

après.   19,7

Différence...   13,0 éq. à azote 0^{gr},0348; 4,46 p. 100

II. Haricot pesant 0^{gr},798.

Titre de l'acide : avant.   32,7

après.   19,3

Différence...   13,4 éq. à azote 0,0358; 4,485 p. 100

III. Deux haricots pesant 1^{gr},040. Dosage par l'oxyde de cuivre. Gaz azote mesuré sur l'eau, 39^{cc},4; température, 7 degrés.

Baromètre.............. 0,742
Tension............... 0,007
Pression.............. 0,735

Gaz à o degré et pression 0^{m},76 = 37 centimètres cubes, en poids 0^{gr},0466; 4,480 pour 100.

I. Azote pour 100......... 4,460
II. Azote pour 100........ 4,485
III. Azote pour 100........ 4,480
Moyenne... 4,475

VÉGÉTATION D'UN HARICOT NAIN PENDANT DEUX MOIS.
(PREMIÈRE EXPÉRIENCE.)

Un haricot nain pesant 0^{gr},780 devant renfermer, d'après les analyses précédentes, 0^{gr},0349 d'azote, a été mis, le 20 août, dans la ponce-sol convenablement préparée, et contenant de la cendre de fumier.

Le 1er septembre, les feuilles séminales sont développées. Appareil A.

Le 4 octobre, indépendamment des feuilles séminales, on compte six feuilles d'un vert assez pâle.

Le 20 octobre, les feuilles séminales sont décolorées, les cotylédons flétris, mais adhérant encore à la
tige.

Le 21 octobre, on termine l'expérience. La plante
porte vingt-six feuilles bien conformées, mais pâles et
petites. La surface des plus grandes ne dépasse pas
2 centimètres carrés. Quelques fleurs commençaient
à se développer. La hauteur de la tige, à partir du
collet de la racine, est de 14 centimètres. Desséchée à
l'étuve, la plante a pesé $1^{gr},87$.

Dosage de l'azote dans la plante récoltée. — On a
analysé la totalité de la récolte. Dix centimètres cubes
d'acide normal équivalent à 0,0875 d'azote.

Titre de l'acide : avant . . . . 32,0 cc

après 21,4

Différence . . . 10,6 équiv. à azote $0^{gr},0290$

Dosage de l'azote dans la ponce-sol. — La ponce
sèche a pesé $24^{gr},5$.

Les $24^{gr},5$ de ponce ont été analysés en une seule
opération. Dix centimètres cubes d'acide normal équivalent à $0^{gr},0875$ d'azote.

Titre de l'acide : avant . . . . 32,0 cc

après 30,8

Différence . . . . 01,2 équiv. à azote $0^{gr},0033$

Dosage de l'azote dans la matière du creuset-pot. —
Le creuset desséché et pulvérisé a pesé 120 grammes.
On a fait deux opérations en employant chaque fois
40 grammes de matière. Même acide normal.

I.

Première opération...... sur 40 grammes.

Deuxième opération..... sur 40 $\bullet$

$$\frac{}{80}$$

Titre de l'acide : avant........ 32,0^{cc}

après........ 31,6

Différence... 00,4 équiv. à azote 0^{gr},0011

Pour les 40 grammes de matière restant.. .... azote 0^{gr},0006

Dans les 120 grammes de matière........... azote 0^{gr},0017

Résumé de la première expérience.

Dans la plante récoltée, azote....... 0,0290^{gr}

Dans le sol.................... 0,0033

Dans le vase 0,0017

Dans la récolte................ 0,0340

Dans la graine pesant 0^{gr},780....... 0,0349

Durant la culture, perte en azote.... 0,0009

CONCLUSION. —Il n'y a pas eu d'azote fixé pendant la végétation.

VÉGÉTATION DE L'AVOINE PENDANT DEUX MOIS.
(DEUXIÈME EXPÉRIENCE.)

Comme l'observation ne devait porter que sur quelques graines, parce que la cuvette E de l'appareil A ne pouvait renfermer qu'un nombre assez limité de plants, j'ai dû chercher à doser l'azote avec une précision qui permît de répondre de quelques dixièmes de milligrammes. On a fait usage d'une liqueur acide, dont 10 centimètres cubes équivalaient à 0^{gr},0583 d'azote; ce volume d'acide étant saturé, par exemple, par 31^{cc},7 de dissolution alcaline, chaque centimètre cube répondait par conséquent à 0^{gr},00184

d'azote; un dixième de centimètre cube, limite de la
division de la burette, en représentait 0ᵍʳ,00018.

Pour juger du degré de précision qu'on pouvait atteindre avec des liqueurs ainsi diluées, on a fait plusieurs déterminations d'azote, en opérant sur des
graines de même poids, 0ᵍʳ,0377 à 0ᵍʳ,0380.

I. Quatre graines d'avoine.

Titre de l'acide : avant. 31,7 cc
après. 30,0

Différence... 1,7 équivalent à azote... 0ᵍʳ,0031
Pour une graine 0ᵍʳ,00078

II. Deux graines d'avoine.

Titre de l'acide : avant. 31,7 cc
après. 30,9

Différence . 0,8 équivalent à azote... 0ᵍʳ,0015
Pour une graine.... 0ᵍʳ,00075

III. Une graine d'avoine.

Titre de l'acide : avant. 31,7 cc
après. 31,3

Différence... 0,4 équivalent à azote... 0ᵍʳ,00074
Pour une graine..... 0ᵍʳ,00074

IV. Vingt-six graines pesant 0ᵍʳ,973.

Titre de l'acide : avant. 31,7 cc
après. 21,0

Différence... 10,7 équivalent à azote... 0ᵍʳ,0197
Pour une graine..... 0ᵍʳ,00076

En moyenne, dans une graine, azote.... 0ᵍʳ,00078

2.

Dix graines d'avoine ont été semées le 23 août dans un pot à fleur en porcelaine plein de pierre ponce préparée, dans laquelle on avait mis $0^{gr},5$ de cendres de fumier, et la cendre provenant de 10 graines. Le semis a été placé dans l'appareil A.

Le 5 septembre, les tiges ont 3 centimètres de hauteur; les feuilles sont très-pâles.

Le 9 septembre, une des feuilles commence à jaunir à son extrémité supérieure.

Le 15 septembre, deux feuilles sont jaunes à la pointe, mais les tiges sont droites.

Le 4 octobre, chaque plant porte trois feuilles, dont deux sont jaunes.

Le 21 octobre, les feuilles sont très-pâles, les plus développées n'ont que 7 centimètres. Les tiges, bien qu'extrêmement grêles, se tiennent très-droites. On arrête la végétation. La plante sèche a pesé $0^{gr},54$.

Dosage de l'azote dans la récolte. — On a analysé la totalité de la plante récoltée.

On a fait usage des liqueurs employées dans l'analyse des graines.

Titre de l'acide : avant.	$31,8$ cc
après.	$28,8$
Différence...	$3,0$ équivalent à azote... $0^{gr},0056$

Dosage de l'azote dans le sol. — La ponce sèche pesait 30 grammes; on a opéré sur toute la matière.

Titre de l'acide : avant.	$31,8$ cc
après.	$31,2$
Différence...	$0,6$ équivalent à azote.... $0^{gr},0011$

Résumé de la deuxième expérience.

Dans la plante récoltée, azote....... $0,0056$

Dans le sol.. .... $0,0011$

Dans la récolte................,.... $0,0067$

Dans les dix graines semées........ $0,0078$

Durant la culture, perte en azote.... $0,0011$

CONCLUSION. — Il n'y a pas eu d'azote fixé pendant la végétation.

DEUXIÈME SÉRIE, ANNÉE 1852.

Dosage de l'azote des graines. — Haricots flageolets récoltés en 1851.

Dix centimètres cubes d'acide normal équivalent à $0^{gr},0875$ d'azote.

I. Un haricot pesant $0^{gr},601$.

Titre de l'acide : avant. $33,6^{cc}$

après. $24,5$

Différence... $9,1$ éq. à azote $0^{gr},0237$; $3,943$ p 100

II. Un haricot pesant $0^{gr},494$.

Titre de l'acide : avant. $33,4^{cc}$

après. $26,5$

Différence... $6,9$ éq. à azote $0^{gr},0181$; $3,664$ p. 100

III. Deux haricots pesant 1 gramme.

Titre de l'acide : avant. $34,8^{cc}$

après. $17,7$

Différence... $17,1$ éq. à azote $0^{gr},0429$; $4,290$ p. 100

I. Azote pour 100. 3,943
II. Azote pour 100 3,664
III. Azote pour 100. 4,290

Moyenne. . . 3,97

VÉGÉTATION D'UN HARICOT PENDANT TROIS MOIS.
(PREMIÈRE EXPÉRIENCE.)

Un haricot flageolet pesant $0^{gr},530$, devant contenir $0^{gr},0210$ d'azote, a été planté le 10 mai dans la pierre ponce ayant reçu de la cendre de fumier, et la cendre provenant d'un haricot. Le pot a été mis dans l'appareil A.

Le 6 juin, le plant est vigoureux.

Le 12 juin, la végétation est belle, quoique les feuilles soient plus pâles et plus petites que celles des haricots poussant à l'air libre. On constate que l'atmosphère confinée renferme 5 pour 100 de gaz acide carbonique.

Le 28 juin, la tige est forte. Indépendamment des feuilles séminales qui ont pris un grand développement, il y a six feuilles normales.

Le 4 juillet, j'ai soulevé pendant un instant la cloche de l'appareil A pour détacher les feuilles séminales et les cotylédons qui étaient flétris et près de tomber. Les uns et les autres ont été conservés pour être réunis à la récolte. Après avoir replacé la cloche, on a donné du gaz acide carbonique.

Le 11 juillet, la chaleur étant devenue très-forte, on n'a enlevé l'écran qui recouvre la cloche qu'à 5 heures du soir. Le plan porte douze feuilles en bon état, quoiqu'un peu pâles, et beaucoup de feuilles naissantes,

Le 6 août, on termine l'expérience; on compte seulement quinze grandes feuilles. Le 28 juillet, il y en avait vingt-deux. Depuis cette dernière date, des feuilles se sont détachées, à mesure qu'il en apparaissait de petites. Les feuilles détachées ont toutes été conservées pour être réunies à la récolte, qui, après dessiccation, a pesé $0^{gr},89$. On l'a analysée en totalité.

Dosage de l'azote dans la récolte. — Dix centimètres cubes d'acide normal équivalent à $0^{gr},0875$.

Titre de l'acide : avant.... $33,6^{cc}$

après.... $26,85$

Différence... $\overline{6,75}$ équivalent à azote $0^{gr},0176$

Dosage de l'azote du sol. — On a opéré sur la totalité qui, sèche, pesait 39 grammes.

Titre de l'acide : avant.... $33,4^{cc}$

après.... $33,3$

Différence... $\overline{0,1}$ équivalent à azote $0^{gr},0003$

Dosage de l'azote dans la matière du creuset-pot. — Le creuset pesait 140 grammes.

Soumis à l'analyse.. 35 grammes.

35

$\overline{70}$

Poids du creuset.... 140

Reste... $\overline{70}$

Titre de l'acide : avant.... $33,4^{cc}$

après.... $33,2$

Différence... $\overline{0,2}$ équivalent à azote. $0^{gr},0005$

Pour les 70 grammes de matière non analysée.... $0^{gr},0005$

Dans le creuset, azote...................... $\overline{0^{gr},0010}$

Résumé de la première expérience.

Dans la plante récoltée, azote.....	0,0176
Dans le sol	0,0003
Dans le creuset–pot............	0,0010
Dans la récolte, azote..........	0,0189
Dans la graine pesant 0gr,530.....	0,0210
Durant la culture, perte en azote.	0,0021

CONCLUSION. — Il n'y a pas eu d'azote fixé pendant la végétation.

VÉGÉTATION D'UN HARICOT PENDANT TROIS MOIS; FLORAISON.

(DEUXIÈME EXPÉRIENCE.)

Un haricot flageolet pesant 0gr,618, et devant contenir 0gr,0245 d'azote, a été placé dans les conditions décrites dans la première expérience. Le creuset-pot renfermant la semence a été enfermé dans l'appareil A, le 11 mai.

Le 8 juin, les feuilles normales sont développées; on s'assure que l'atmosphère contient quelques centièmes de gaz acide carbonique.

Le 30 juin, la tige est très-forte, surtout à la base. On détache les cotylédons et les feuilles séminales, et l'on restitue ensuite du gaz acide carbonique.

Le 11 juillet, l'écran reste en permanence pour empêcher la trop forte insolation. Il y a quinze feuilles développées, moins grandes et plus pâles que celles d'un haricot cultivé dans le jardin. On croit apercevoir des bourgeons floraux.

Le 28 juillet, dans son ensemble, la plante est d'une vigueur remarquable; elle porte vingt-quatre feuilles bien conformées, mais toujours plus petites et d'un vert moins foncé que celles des plants du jardin.

Le 6 août, les fleurs sont épanouies; elles n'ont guère que le tiers du volume des fleurs des haricots venus en pleine terre fumée. Comme elles ne peuvent tarder à tomber, je mets fin à l'expérience.

La plante séchée à une douce température a pesé $1^{gr},13$.

Dosage de l'azote dans la récolte. — Même acide normal que dans l'expérience précédente. On analyse la plante entière.

Titre de l'acide : avant..... $33,4$^{cc}
après..... $26,1$

Différence... $7,3$ équivalent à azote $0^{gr},019$

Dosage de l'azote dans le sol. — La ponce sèche a pesé 30 grammes. On analyse le tout.

Titre de l'acide : avant..... $33,4$^{cc}
après..... $32,3$

Différence... $1,1$ équivalent à azote $0^{gr},0029$

Dosage de l'azote dans le creuset-pot. — Le creuset pesait 144 grammes.

Soumis à l'analyse... 36 grammes.
36
——
72
Poids du creuset. .. 144

Reste... 72

Titre de l'acide : avant..... $33,4$^{cc}
après..... $33,3$

Différence... $0,1$ équivalent à azote $0^{gr},0003$

Pour les 72 grammes de matière non analysée.... $0^{gr},0003$

Dans le creuset, azote.................... $0^{gr},0006$

Résumé de la deuxième expérience.

Dans la plante récoltée, azote.....	0,0191
Dans le sol.................	0,0029
Dans le creuset-pot...........	0,0006
Dans la récolte...............	0,0226
Dans la graine pesant 0^{gr},618.....	0,0245
Durant la culture, perte en azote..	0,0019

CONCLUSION. — Il n'y a pas eu d'azote fixé pendant la végétation.

VÉGÉTATION DE L'AVOINE PENDANT DEUX MOIS ET DEMI.
(TROISIÈME EXPÉRIENCE.)

Les graines employées ont été prises dans l'avoine pesée grain par grain, et dont l'azote avait été déterminé en 1851. Cette avoine avait été conservée dans un flacon bouché à l'émeri; aussi le poids des grains n'a-t-il pas varié. En effet, quatre de ces grains, pris parmi les plus beaux, pesaient 0^{gr},139. Ils devaient contenir 0^{gr},00313 d'azote.

Le 20 mai, on a semé les quatre graines dans de la ponce additionnée de cendre de fumier et de la cendre provenant de la combustion de huit graines d'avoine. Le sol ponce était contenu dans un pot en porcelaine qu'on a enfermé dans l'appareil A.

Le 31 mai, les plants d'avoine ont environ 12 centimètres de hauteur; on constate que l'air confiné renferme 5 pour 100 de gaz acide carbonique.

Le 8 juin, les tiges sont très-droites, et hautes de 20 à 25 centimètres. Les feuilles sont pâles; plusieurs sont jaunes à leur extrémité.

Le 12 juin, les feuilles sont encore plus décolorées;

sur quelques-unes, la décoloration s'étend sur le quart de la longueur. Les nouvelles feuilles sont d'un vert assez foncé.

Le 28 juin, les feuilles les plus anciennes sont entiè-rement jaunes et fanées; les plants se tiennent très-droits.

Le 22 juillet. les feuilles fanées ont été remplacées par de nouvelles feuilles. On peut dire qu'à mesure qu'une d'entre elles se flétrissait, il en surgissait une autre, comme si la plante n'eût contenu qu'une quan-tité limitée de matière propre à leur organisation.

Le 6 août, les tiges, toujours très-droites, ont plu-sieurs nœuds; les quatre plants sont sur le point d'épier. Je termine l'expérience.

Chaque plante porte trois feuilles vertes, et plu-sieurs feuilles fanées encore attachées à la tige. Sur un pied, les feuilles ont 8 centimètres de longueur; sur les trois autres pieds, 23 à 25 centimètres. Les tiges sont droites, rigides, elles ont quatre nœuds. Les racines sont extrèmement développées. On ne re-marque pas le moindre indice de moisissure. La ré-colte desséchée à une température peu élevée a pesé $0^{gr},44$.

Dosage de l'azote dans les quatre plans récoltés. — Pour les motifs exposés à l'occasion de la deuxième expérience de la première série, je me suis servi d'un acide normal dilué, dont 10 centimètres cubes équi-valaient à $0^{gr},0292$ d'azote; comme il fallait $34^{cc},7$ de dissolution alcaline pour saturer la pipette d'acide normal, un dixième de centimètre cube de cette dis-solution représentait $0^{gr},00084$ d'azote.

Dans le cas le plus défavorable, l'erreur que l'on

pouvait commettre dans la détermination du titre de l'acide chargé de l'ammoniaque produite dans l'analyse ne pouvait donc pas dépasser 0^{gr},0001 en azote.

Titre de l'acide : avant..... 34^{cc},7

après..... 31,7

Différence... 3,0 équivalent à azote 0^{gr},00252

Dosage de l'azote dans le sol. — La ponce sèche a pesé 28 grammes.

Titre de l'acide : avant..... 34^{cc},7

après..... 34,1 .

Différence... 0,6 équivalent à azote 0^{gr},00050

Résumé de la troisième expérience.

	^{gr}
Dans les plantes récoltées, azote..	0,0025
Dans le sol	0,0005
Dans la récolte, azote.........	0,0030
Dans les quatre graines semées...	0,0031
Durant la culture, perte en azote..	0,0001

Conclusion. — Il n'y a pas eu d'azote fixé pendant la végétation.

TROISIÈME SÉRIE, ANNÉE 1853.

Dans cette nouvelle série d'expériences, j'ai modifié l'appareil où les plantes se développent. Une circonstance heureuse m'ayant permis de disposer de ballons en verre blanc, d'une capacité de 70 à 80 litres, voici comment j'ai procédé :

La pierre ponce concassée, débarrassée des poussières trop ténues, lavée, chauffée au rouge et refroidie sous une grande cloche, en présence de l'acide sulfurique, a reçu des cendres de fumier de ferme et de la cendre provenant de graines semblables à celles sur lesquelles portait l'observation. On l'humectait avec de *l'eau exempte d'ammoniaque*, puis le mélange était introduit dans le ballon B, *fig.* 2.

La ponce humide, en tombant, se disposait en tas, comme on le voit en O.

L'ouverture du ballon B était immédiatement fermée avec un bouchon qu'on recouvrait d'une étoffe en caoutchouc. Quarante-huit heures après, on enlevait le bouchon pour ajouter de l'eau pure, de manière à baigner la base de la ponce. C'est alors seulement qu'on plantait la graine à l'aide d'un tube de verre dans lequel elle glissait jusqu'au point où l'on voulait la placer. La graine introduite, on fermait de nouveau le ballon, et lorsque la germination était suffisamment avancée, on chargeait l'atmosphère confinée de gaz acide carbonique. A cet effet, on substituait au bouchon un ballon D ayant à peu près le dixième de la capacité du grand ballon B, ce ballon était plein de gaz acide carbonique pur ; son col, rétréci en C, traversait un bouchon enduit de cire d'Espagne sur ses faces inférieure et supérieure ; on lutait avec de la même cire, et, pour plus de sûreté, on appliquait un manchon conique en caoutchouc, qui liait solidement le col du ballon D au col du ballon B. Le caoutchouc était entouré d'une longue bandelette de toile blanche, pour lui donner de la résistance et le préserver de l'action du soleil. La *fig.* 2 représente l'appareil B dans lequel la plante est déjà développée.

En supposant que B ait une capacité de 80 litres,

le ballon D doit en avoir une de 6 à 7 litres; on a alors
une atmosphère de 86 à 87 litres, dans laquelle il
entre 7 à 8 pour 100, en volume, de gaz acide carbonique, soit 12 à 14 grammes, contenant environ
3 grammes de carbone, quantité qu'on augmente facilement si cela devient nécessaire à la végétation, en
chargeant de nouveau, à une autre époque, le ballon D
de gaz acide. Pour remplir le ballon D d'acide carbonique, sans employer une cuve à eau qui pourrait
apporter des traces d'ammoniaque, il suffit, après
avoir placé l'orifice en haut, d'y faire pénétrer jusqu'au fond un tube en communication avec un appareil d'où l'on fait dégager le gaz acide, en chauffant
du bicarbonate de soude; le gaz, avant de pénétrer
dans le ballon, traverse de la ponce sulfurique.
Lorsque le ballon D est plein, on en ferme l'ouverture
avec le pouce, et, après l'avoir retourné, on le place
sur le ballon B. Afin de donner à l'appareil une stabilité qui lui permette de résister à l'action du vent,
on enterre le ballon dans le sol du jardin, à une profondeur de 1 ½ décimètre; c'est d'ailleurs une condition très-favorable à la végétation, parce que les racines ne sont pas, à beaucoup près, aussi échauffées
par le soleil que lorsque l'appareil reste entièrement
hors de terre.

Les avantages des nouvelles dispositions adoptées
dans cette troisième série de recherches sont évidentes.
Car, en supposant, comme cela est vraisemblable, qu'il
soit impossible de priver complétement d'ammoniaque
ou de poussière de nature organique, l'eau, le sol et
l'air que l'on fait intervenir, les causes d'erreur restent limitées à ce qu'elles sont au commencement de

l'expérience, puisque, dans le cas le plus général, on ne renouvelle aucun de ces agents; il n'est plus nécessaire de remplacer l'eau qui aurait été dissipée par l'évaporation, la végétation s'accomplit dans la même atmosphère où la graine a germé, et dans un sol perméable constamment humide, bien qu'il soit dans la condition d'un terrain drainé.

Quand une expérience est terminée, on retire la plante du ballon, au moyen d'un gros fil de laiton ayant à son extrémité une fourche redressée, dont on engage les dents sous les aisselles des pétioles. La ponce est ensuite versée dans une grande capsule en porcelaine, et, après avoir enlevé le plus promptement possible les débris de la plante qui s'y trouvent mêlés, on dessèche pour procéder au dosage de l'azote.

J'ai disposé plusieurs appareils conformément aux prescriptions que je viens d'indiquer; les plus grands avaient 70 à 90 litres; les plus petits 10 à 30 litres de capacité.

Dans les expériences faites en 1853, je me suis attaché, sauf dans deux cas spéciaux, à examiner les plantes alors qu'elles étaient dans toute leur vigueur, c'est-à-dire avant qu'une seule des feuilles normales fût détachée; la chute arrive toujours à une certaine période, quoique la végétation continue avec activité, puisque les feuilles tombées sont bientôt remplacées par des feuilles naissantes. J'ai agi ainsi, afin d'éloigner l'action que doivent nécessairement exercer des débris végétaux en contact avec un sol humide et l'atmosphère, action comparable à celui des engrais, et que j'ai cru devoir étudier à part. Il est vrai qu'en restant dans cette limite, l'expérience avait moins de

durée, mais la végétation était néanmoins assez prolongée pour que l'assimilation de l'azote se manifestât
nettement, dans le cas où elle aurait lieu.

Expériences faites avec des lupins blancs. — J'ai
pris le poids d'un certain nombre de graines ; après la
pesée, chacune d'elles était enveloppée dans un papier portant un numéro d'ordre et mise dans un flacon.

Dosage de l'azote dans les graines. — Acide normal
équivalent à $0^{gr},0875$ d'azote.

I. Une graine pesant $0^{gr},413$.

Titre de l'acide : avant. $32,7^{cc}$

après. $23,6$

Différence... $9,1$ éq. à azote $0^{gr},0245$; 5,90 p. 100

II. Trois graines pesant 1 gramme.

Titre de l'acide : avant. $34,8^{cc}$

après. $11,8$

Différence... $23,0$ éq. à azote $0^{gr},0578$; 5,78 p. 100

III. Une graine pesant $0^{gr},335$.

Titre de l'acide : avant. $34,8^{cc}$

après. $27,3$

Différence... $7,5$ éq. à azote $0^{gr},0189$; 5,64 p. 100

IV. Une graine pesant $0^{gr},374$.

Titre de l'acide : avant. $34,8^{cc}$

après. $25,95$

Différence... $8,85$ éq. à azote $0^{gr},0223$; 5,96 p. 100

Résumé.

I. Azote pour 100..... 5,90
II. Azote pour 100..... 5,78
III. Azote pour 100.... 5,64
IV. Azote pour 100.... 5,96

Moyenne... $\overline{5,82}$

VÉGÉTATION DU LUPIN PENDANT SIX SEMAINES.
(PREMIÈRE EXPÉRIENCE.)

Graine n° 12, pes. 0^{gr},410 $\Big\}$ 0^{gr},825 dev. conten. 0,0480 d'azote.
Graine n° 13, pes. 0^{gr},415

Les graines ont été mises dans l'appareil le 17 mai. La ponce-sol avait reçu des cendres de fumier de ferme et de la cendre de graines de lupin.

Le 3 juin, les deux plants sont très-beaux. Les feuilles, comme les cotylédons, sont d'un vert foncé.

Le 18 juin, la végétation est magnifique.

Le 25 juin. A partir du 18, les cotylédons ont commencé à perdre leur belle couleur verte ; ils sont maintenant décolorés ; d'une des feuilles il est tombé cinq folioles complétement jaunes. La plante est toujours vigoureuse dans son ensemble ; on remarque plusieurs bourgeons.

Le 28 juin. Depuis que les cotylédons ont perdu leur couleur verte, ils se rident de plus en plus ; comme il est encore tombé quelques folioles, on termine l'expérience.

La hauteur des lupins, au-dessus du sol, est de 15 à 16 centimètres. Les racines sont extrêmement développées, une des fibres a 30 centimètres en longueur ;

I.   3

les pétioles ont 7 à 8 centimètres; chaque plant porte sept de ces pétioles. La couleur des feuilles est moins foncée que celle de la plante venue en plein air et dans un terrain fumé. Il n'est, pour ainsi dire, pas resté de débris végétaux dans la ponce.

Après dessiccation, l'un des plants à pesé... $0^{gr},86$

  »   l'autre plant a pesé..... $0,96$

Récolte sèche........................ $1,82$

Dosage de l'azote dans la récolte. — Dix centimètres cubes d'acide normal équivalent à $0^{gr},0875$ d'azote.

On opère sur la totalité de la récolte, $1^{gr},82$.

Titre de l'acide : avant..... $32,7$

                après..... $14,9$

       Différence... $17,8$ équivalent à azote $0^{gr},0476$

Dosage de l'azote dans le sol. — Dix centimètres cubes de l'acide normal qu'on a employé pour doser l'azote du sol, équivalaient à $0^{gr},04375$ d'azote. Cet acide étant saturé par environ 32 centimètres cubes de liqueur alcaline, on voit que chaque dixième de centimètre cube de la burette représente $0^{milligr},13$ d'azote : en admettant, dans les cas les plus défavorables, une erreur de deux divisions, lors de la détermination des titres, on peut certainement répondre de $0^{milligr},2$ d'azote dans le dosage C'est parce que la matière du sol est très-peu azotée, que j'ai préféré faire usage de liqueurs normales plus diluées, et par conséquent plus sensibles.

La ponce ayant servi de sol a pesé, sèche, $114^{gr},90$. On a procédé à l'analyse en opérant chaque fois sur $22^{gr},98$ de matière. L'opération a été exécutée sans accident, et la totalité de l'ammoniaque produite dans les cinq combustions a été condensée dans une seule pipette d'acide normal.

Matière............ 22,98^{gr}

22,98

22,98

22,98

22,98
_____
114,90

Titre de l'acide : avant.... 32,2^{cc}

après.... 31,7
_____
Différence... 0,5 équivalent à azote 0^{gr},0007

Résumé de la première expérience.

Dans les plantes récoltées, azote..... 0,0476^{gr}

Dans le sol...................... 0,0007
_____
Dans la récolte, azote.............. 0,0483

Dans les graines.................. 0,0480
_____
Durant la végétation, gain en azote..... 0,0003

CONCLUSION. — Il n'y a pas eu une quantité appréciable d'azote fixée pendant la végétation.

VÉGÉTATION DU LUPIN PENDANT DEUX MOIS.

(DEUXIÈME EXPÉRIENCE.)

Le 25 mai, on a planté dans de la ponce enfermée dans un des plus grands appareils B, six graines de lupin blanc :

Graine n° 2, pesant.......... 0,354^{gr}

Graine n° 7, pesant......... 0,358

Graine n° 18, pesant........ 0,375

Graine n° 19, pesant........ 0,370

Graine n° 15, pesant........ 0,372

Graine n° 17, pesant........ 0,373
_____
2,202

devant contenir 0^{gr},1282 d'azote

3.

A la pierre ponce étaient mêlées de la cendre de fumier de ferme et les cendres provenant de graines de lupin. Le ballon où la végétation devait s'accomplir avait une capacité de 86 litres, l'atmosphère confinée renfermait 7 litres de gaz acide carbonique au commencement de l'expérience.

Le 3 juin, les six lupins ont levé.

Le 25 juin, la végétation a une belle apparence, les cotylédons sont pleins et d'un vert foncé.

Le 7 juillet. Depuis quelques jours, tous les cotylédons ont pris graduellement une teinte jaune; plusieurs folioles sont décolorées; deux des petites feuilles sont tombées. Cependant les plants paraissent très-vigoureux; il est poussé de nouveaux jets.

Le 21 juillet, les six plants de lupin sont remarquablement beaux; les quelques feuilles qui se sont détachées ont été remplacées par de nouvelles pousses; il y a plusieurs bourgeons-feuillus sur chaque plante. Les cotylédons sont flétris et prêts à se séparer des tiges.

Comme la végétation semble être parvenue à ce point où, dans un sol privé d'engrais, elle reste stationnaire, où tout ce qui naît vit aux dépens de ce qui meurt, je mets fin à l'expérience.

La hauteur du lupin a été trouvée de 20 à 25 centimètres; quelques fibres radiculaires avaient 40 centimètres de longueur. On a compté sur chaque plante de sept à huit pétioles garnis de feuilles, et les tiges étaient terminées par un bourgeon. Lors de l'ouverture de l'appareil, on n'a pas senti la plus légère odeur de moisissure. Les quelques folioles tombées avaient pris une couleur brune.

Après avoir enlevé les six plants de lupin et recueilli les folioles détachées, il est resté dans le sol des débris fort nombreux de chevelu provenant des racines. Mais, pendant la dessiccation de la ponce-sol, on n'a pu constater la présence de l'ammoniaque. Les six plants desséchés, auxquels on avait réuni les feuilles détachées, ont pesé 6^{gr},73.

Dosage de l'azote dans la récolte. — Les analyses ont été faites dans des tubes de verre de Bohême de grandes dimensions, afin de faire intervenir une forte proportion de chaux sodée, et en opérant successivement sur la moitié des plantes récoltées.

Dix centimètres cubes de l'acide normal équivalent à 0^{gr},0875 d'azote.

Première moitié de la récolte :

Titre de l'acide : avant...... 32,6^{cc}

après...... 16,0

Différence... 16,6 équivalent à azote 0^{gr},0446

Deuxième moitié de la récolte :

Titre de l'acide : avant...... 32,6^{cc}

après...... 18,4

Différence... 14,2 équivalent à azote 0^{gr},0381

Dans les plantes récoltées, azote... 0^{gr},0827

J'avais procédé en deux opérations, à cause du poids de la matière, et aussi pour ne pas être exposé à perdre, par suite d'un accident, le résultat d'une expérience heureusement terminée. On voit que les deux dosages n'ont pas donné, à beaucoup près, la même proportion d'azote, bien que la matière eût été partagée en deux lots égaux. C'est probablement que le mélange des racines, des feuilles, des pétioles, des tiges, des tests, est resté imparfait, quoique toutes les parties des plantes eussent été coupées très-menues. Les deux analyses ont été parfaitement conduites, fortement chauffées et le balayage longtemps continué par le gaz venant de la décomposition de $3^{gr},5o$ d'acide oxalique. Les tubes ayant été brisés après le refroidissement, j'ai reconnu qu'il ne restait pas sensiblement de charbon mêlé à la chaux sodée.

Rien ne montre mieux que la différence constatée dans ces analyses combien, dans des recherches aussi délicates, il est préférable d'opérer sur la totalité des plantes récoltées, plutôt que d'opérer sur une fraction même assez forte. En effet, si l'on eût conclu la quantité d'azote dans les six lupins de l'une ou de l'autre analyse, on aurait obtenu, **en doublant le résultat** :

$$\begin{array}{lr} \text{Dans un cas, azote.} \cdots \ldots \ldots \ldots & 0,089\text{2} \\ \text{Dans l'autre cas, azote} \ldots \ldots \ldots & 0,076\text{2} \\ \hline \text{Différence} \ldots & 0,013\text{o} \end{array}$$

Dosage de l'azote du sol. — La ponce-sol, après dessiccation, pesait 84o grammes.

Dix centimètres cubes d'acide normal équivalent à $o^{gr},o4375$ d'azote.

On a chauffé à la fois 42 grammes de ponce mêlée à de la chaux sodée; on titrait après avoir reçu dans l'acide normal l'ammoniaque provenant de cinq opérations. Deux forts tubes en verre de Bohème, qu'on

laissait refroidir lentement, ont suffi pour exécuter ce
long et pénible travail (1).

I. Matière, 210 grammes.

Titre de l'acide : avant.... $32,0$ cc

après.... $24,7$

Différence... $7,3$ équivalent à azote $0^{gr},0100$

II. Matière, 210 grammes.

Titre de l'acide : avant.... $32,0$ cc

après.... $22,2$

Différence... $9,8$ équivalent à azote $0^{gr},0134$

III. Matière, 210 grammes.

Titre de l'acide : avant.... $32,2$ cc

après.... $26,3$

Différence... $5,9$ équivalent à azote $0^{gr},0080$

Dans la matière.. 630 azote $0^{gr},0314$

Poids de la ponce. 840

Matière restante.. 210 Proportionnellement, azote $0^{gr},0105$

Dans le sol ponce, azote... $0^{gr},0419$

Résumé de la deuxième expérience.

Dans les plantes récoltées, azote.... $0,0827$ gr

Dans le sol...................... $0,0419$

Dans la récolte.................. $0,1246$

Dans les six graines.............. $0,1282$

Durant la culture, perte en azote.... $0,0036$

---

(1) J'ai exécuté, sans le concours d'aucun aide, tous les dosages
d'azote mentionnés dans cette troisième série de mes recherches, et
je ne m'en suis rapporté qu'à moi-même pour monter les appareils
et surveiller les observations, dans les trois années qui viennent de
s'écouler.

CONCLUSION. — Il n'y a pas eu d'azote fixé pendant la végétation.

VÉGÉTATION DU LUPIN PENDANT SEPT SEMAINES.
(TROISIÈME EXPÉRIENCE.)

Le 4 juin, dans de la ponce préparée, contenant de la cendre de fumier et de la cendre de lupin, on a planté deux graines qu'on a placées dans un appareil B :

$$
\begin{array}{lr}
\text{Graine n}^o \text{ 1, pesant} \dots\dots\dots\dots\dots & \overset{cc}{\text{0,300}} \\
\text{Graine n}^o \text{ 20, pesant.} \dots\dots\dots\dots & \text{0,300} \\
\hline
 & \text{0,600}
\end{array}
$$

devant contenir $0^{gr},0349$ d'azote.

Le 18 juin, les plants sont peu avancés, mais en bon état.

Le 25 juin, les cotylédons sont entièrement ou-verts. Apparition des feuilles.

Le 18 juillet, la végétation est très-développée. Sur l'un des plants, les cotylédons commencent à devenir jaunes.

Le 22 juillet, les cotylédons, qui étaient jaunes le 18 juillet, sont aujourd'hui complétement flétris ; la végétation est belle sur ce plant, toutes les feuilles sont vertes. Les cotylédons de l'autre plant sont en-core verts.

Le 27 juillet, tous les cotylédons sont devenus jaunes. Sur l'un et l'autre lupin, il y a deux folioles qui ont perdu la couleur verte.

Le 28 juillet, je termine l'expérience avant la chute des folioles pâles et des cotylédons. Les deux plantes sont très-vigoureuses ; elles ont 16 et 17 centimètres de hauteur ; chacune porte huit pétioles garnis de

feuilles bien développées et d'un vert assez foncé. Les
fibres des racines ont de 22 à 25 centimètres de long.
Les plantes, séchées à une douce température, pesaient $1^{gr},95$.

Dosage de l'azote dans la récolte. — Dix centimètres cubes de l'acide normal équivalent à $0^{gr},0875$
d'azote.

On opère sur la totalité de la matière.

Titre de l'acide : avant.... $32,6$ cc
               après.... $20,7$

Différence... $11,9$ équivalent à azote $0^{gr},0319$

Dosage de l'azote du sol. — La ponce-sol sèche a
pesé 134 grammes.

Dix centimètres cubes de l'acide normal équivalent
à $0^{gr},04375$ d'azote.

La ponce a été traitée par la chaux sodée par cinquième.

I. Matière.............	$26,8$ gr
II. Matière.............	$26,8$
IÌI Matière.............	$26,8$
IV. Matière.............	$26,8$
	$107,2$
Poids de la ponce.............	$134,0$
Matière restante.............	$26,8$

Titre de l'acide : avant.... $32,2$
               après.... $31,0$

Différence ... $1,0$ équivalent à azote $0^{gr},0016$

Pour la matière restante, azote...... $0^{gr},0004$

Dans le sol, azote................. $0^{gr},0020$

Résumé de la troisième expérience.

	gr
Dans les plantes récoltées, azote	0,0319
Dans le sol	0,0020
Dans la récolte	0,0339
Dans les deux graines	0,0349
Durant la culture, perte en azote	0,0010

CONCLUSION. — Il n'y a pas eu d'azote fixé pendant la végétation.

VÉGÉTATION DU LUPIN PENDANT SIX SEMAINES.
(QUATRIÈME EXPÉRIENCE.)

Dans cette expérience, on a ajouté à la ponce préparée, ayant déjà de la cendre de fumier, 2 grammes de cendre d'os porphyrisée, afin d'augmenter la proportion des phosphates dans le sol. Une graine n° 16, pesant $0^{gr},343$, devant, par conséquent, contenir $0^{gr},0200$ d'azote, a été plantée, le 28 juin, dans un des appareils B.

Le 12 juillet, la plante a une belle apparence.

Le 25 juillet, les cotylédons, très-charnus, sont d'un vert très-foncé; la plante est couverte de feuilles.

Le 8 août, les cotylédons sont flétris, épuisés depuis quelques jours. Deux feuilles ont déjà une teinte jaune; on termine l'expérience.

Le lupin a été un des plus beaux que j'aie obtenus, soit que la température très-élevée de juillet ait favorisé son développement, soit que le phosphate de chaux ajouté au sol, en sus des cendres de fumier, ait réellement exercé de l'influence. La plante avait 20 centimètres de hauteur; elle portait onze rameaux garnis de feuilles d'un vert assez foncé et presque aussi grandes que celles d'un lupin venu en pleine terre. Le lupin, après dessiccation, a pesé $1^{gr},o5$.

Dosage de l'azote de la récolte. — Dix centimètres d'acide normal équivalent à $o^{gr},o875$ d'azote. Matière employée, $1^{gr},o5$, la totalité de la plante employée.

Titre de l'acide : avant..... $32,6^{cc}$

après..... $15,2$

Différence... $7,4$ équivalent à azote $o^{gr},o199$

Dosage de l'azote du sol. — La ponce sèche a pesé $94^{gr},3$, elle a été passée au tube en trois opérations.

Dix centimètres de l'acide normal équivalent à $o^{gr},o4375$ d'azote.

  I. Matière........... $31,43^{gr}$

  II. Matière......... $31,43$

  III. Matière........ $31,44$

       $94,3o$

Titre de l'acide : avant..... $32,2^{cc}$

    après..... $31,8$

Différence... $o,4$ équivalent à azote $o^{gr},ooo5$

Résumé de la quatrième expérience.

Dans la plante récoltée, azote..... $o,o199^{gr}$

Dans le sol .... $o,ooo5$

Dans la récolte............... $o,o2o4$

Dans la graine............... $o,o2oo$

Durant la culture, gain en azote... $o,ooo4$

CONCLUSION. — Il n'y a pas eu une quantité appréciable d'azote fixée pendant la végétation.

VÉGÉTATION DU LUPIN PENDANT SIX SEMAINES.

(CINQUIÈME EXPÉRIENCE.)

On a employé, comme sol, de la brique pilée et calcinée, dans laquelle on avait introduit des cendres de fumier et 5 grammes de cendre d'os porphyrisée; le 5 juillet, on y a planté deux lupins :

$$\begin{array}{lr} \text{Le n}^\circ \text{ 11, pesant} & \overset{\text{gr}}{0},346 \\ \text{Le n}^\circ \text{ 22, pesant} & 0,341 \\ \hline & 0,685 \end{array}$$

devant contenir $0^{gr},0399$ d'azote.

Le 24 août, les cotylédons tombent; quelques feuilles commencent à jaunir. La végétation est très-active; mais j'arrête néanmoins la végétation, afin d'avoir la plante en pleine vigueur.

Les plants avaient 15 centimètres de hauteur, et chacun d'eux portait huit pétioles. Les fibres radiculaires, peu développées, ne dépassaient pas 10 centimètres. On se formera une idée de la proportion d'eau que renferme une plante élevée dans une atmosphère confinée. par cette circonstance que les deux lupins verts, en sortant de l'un des appareils B, pesèrent $8^{gr},1$, et, après dessiccation, $1^{gr},53$ seulement. En conséquence, dans la plante verte il entrait 81 pour 100 d'humidité.

Dosage de l'azote dans la récolte. — Dix centimètres cubes de l'acide normal équivalent à $0^{gr},0875$ d'azote.

Matière employée, $1^{gr},53$, la totalité de la plante récoltée.

Titre de l'acide : avant.... $32,5$ cc

après.... $18,8$

Différence... $13,7$ équivalent à azote $0^{gr},0369$

Dosage de l'azote du sol. — La brique pilée sèche a pesé $318^{gr},40$. On a dosé l'azote dans $159^{gr},15$, en opérant à la fois sur $31^{gr},5$ de matière.

Dix centimètres cubes de l'acide normal équivalent à $0^{gr},04375$ d'azote.

I.	Matière..............	$31,84$ gr
II.	Matière.............	$31,84$
III.	Matière.............	$31,84$
IV.	Matière.............	$31,84$
V.	Matière.............	$31,84$
		$159,20$
	Matière............	$318,40$
	Reste.............	$159,20$

Titre de l'acide : avant.... $32,0$ cc

après.... $31,0$

Différence... $1,0$ équivalent à azote $0^{gr},0014$

Pour la matière restante, azote $0^{gr},0014$

Dans le sol................ $0^{gr},0028$

Résumé de la cinquième expérience.

Dans les plantes récoltées, azote... $0,0369$ gr

Dans le sol. .... $0,0028$

Dans la récolte................ $0,0397$

Dans les deux graines........... $0,0399$

Durant la culture, perte en azote.. $0,0002$

CONCLUSION. — Il n'y a pas eu d'azote fixé pendant la végétation.

VÉGÉTATION D'UN HARICOT NAIN PENDANT DEUX MOIS.

(SIXIÈME EXPÉRIENCE.)

Les haricots employés dans cette expérience et les suivantes provenaient de la récolte de 1850; on les avait pesés quand on exécuta les dosages qui fixèrent leur contenu en azote à 4,475 pour 100. Depuis lors on les avait conservés dans un flacon, chaque haricot portant l'indication du poids qu'on lui avait trouvé. Ce poids était resté le même, à un milligramme près.

Le 7 mai, un haricot pesant $0^{gr},792$, et devant contenir $0^{gr},0354$ d'azote, a été planté dans de la ponce mélée à de la cendre de fumier, dans un des grands appareils B.

Le 18 juin, le haricot a plusieurs feuilles dont la couleur est bien moins intense que celle des feuilles d'une plante venue en pleine terre.

Le 25 juin, la plante est vigoureuse, la tige se tient droite; mais, depuis que les cotylédons sont flétris, les feuilles sont devenues plus pâles.

Le 9 juillet, on aperçoit plusieurs fleurs naissantes. Dans son ensemble, la plante est remarquablement belle; malheureusement son extrémité étant arrivée au sommet du ballon, je suis, bien à regret, obligé de terminer l'expérience.

J'ai compté vingt feuilles bien formées; les plus grandes avaient 5, et les plus petites $2^{centim},5$ de longueur mesurée de la pointe au pétiole. La racine présentait quelques fibres de 30 centimètres. Le diamètre de la tige, au point le plus fort, était d'un demi-centimètre; sa hauteur, de 50 centimètres.

La ponce humide, retirée du ballon, n'avait pas la moindre odeur de moisissure; une partie de cette ponce, desséchée en vase clos, n'a pas donné d'indices d'ammoniaque.

La plante verte pesait 11 grammes; après une dessiccation ménagée, 2^{gr},35, soit 79 d'eau pour 100.

Dosage de l'azote dans la récolte. — Dix centimètres cubes de l'acide normal équivalent à 0^{gr},0875 d'azote.

Pour ne pas compromettre le résultat de cette expérience, on a fait deux dosages en opérant successivement sur la moitié de la matière.

Première moitié de la récolte :

Titre de l'acide : avant.... 32,6^{cc}

après.... 25,7

Différence... 6,9 équivalent à azote 0^{gr},01852

Seconde moitié de la récolte :

Titre de l'acide : avant.... 32,6^{cc}

après.... 26,7

Différence... 5,9 équivalent à azote 0^{gr},01584

Dans la plante récoltée, azote.......... 0^{gr},03436

Ces dosages prouvent, une fois de plus, l'inconvénient qu'il y a à ne pas analyser la totalité de la plante récoltée.

Ainsi, la première moitié a donné :

Azote... 0,0185^{gr} soit pour la totalité... 0,0370^{gr}

La seconde moitié a donné :

Azote... 0,0158 soit pour la totalité... 0,0316

Différence... 0,0054

différence bien supérieure à celle qui pourrait provenir d'une erreur due au procédé d'analyse.

Dosage de l'azote du sol. — Dix centimètres cubes de l'acide normal équivalent à $0^{gr},04375$ d'azote. La ponce-sol desséchée a pesé $251^{gr},2$; on a dosé l'azote dans la moitié de cette quantité, en opérant chaque fois sur $29^{gr},12$ de matière.

I. Matière............	$25^{gr},12$
II. Matière............	$25,12$
III. Matière............	$25,12$
IV. Matière............	$25,12$
V. Matière,.........:	$25,12$
	$125,60$
Poids de la ponce..	$251,20$
Reste...........	$125,60$

Titre de l'acide : avant....	$32,2^{cc}$
après....	$31,6$
Différence... 0,6 équivalent à azote	$0^{gr},0008$
Pour la moitié restante.......	$0^{gr},0008$
Dans le sol...............	$0^{gr},0016$

Résumé de la sixième expérience.

Dans la plante récoltée, azote.....	$0,0344^{gr}$
Dans le sol..................	$0,0016$
Dans la récolte...............	$0,0360$
Dans la graine	$0,0354$
Durant la culture, gain en azote...	$0,0006$

Conclusion. — Il n'y a pas eu une quantité appréciable d'azote fixé pendant la végétation.

VÉGÉTATION D'UN HARICOT NAIN PENDANT DEUX MOIS ET DEMI.

(SEPTIÈME EXPÉRIENCE.)

Le 17 mai, on a planté, dans de la ponce mêlée à de la cendre de fumier de ferme, un haricot pesant $0^{gr},665$, devant contenir $0^{gr},0298$ d'azote. La ponce fut mise dans un petit creuset percé, qu'on introduisit dans le ballon d'un appareil B.

Le 6 juillet, la plante portait six fleurs entièrement épanouies, et à peu près aussi volumineuses que celles des haricots du jardin. Les cotylédons et les feuilles séminales étaient fanés, mais encore adhérents à la tige.

Le 1er août, les feuilles étant sur le point de tomber, j'ai procédé à la dessiccation. On comptait sur le haricot douze feuilles moyennes et un nombre égal de petites feuilles; les plus développées avaient 4 à 5 centimètres, de la pointe à la naissance du pétiole, et 2 centimètres dans la plus grande largeur. La hauteur de la tige était de 30 centimètres; la plante sèche a pesé $2^{gr},80$.

Dosage de l'azote dans la récolte. — Dix centimètres cubes de l'acide normal équivalent à $0^{gr},0875$ d'azote. On a opéré sur la totalité de la plante sèche.

Titre de l'acide : avant.... $32,6^{cc}$
après.... $23,8$

Différence... $8,8$ équivalent à azote $0^{gr},02363$

Dosage de l'azote du sol — Dix centimètres cubes de l'acide normal équivalent à $0^{gr},04375$ d'azote. La

I   4

ponce desséchée pesait 28^{gr},52 ; on a opéré sur la moitié de la matière.

$$
\begin{aligned}
&\text{Matière} \ldots\ldots\ldots && 14^{gr}\!,26 \\
&\text{Ponce} \ldots\ldots\ldots && 28,52 \\
\cline{3-3}
&\text{Reste}\ldots && 14,26
\end{aligned}
$$

Titre de l'acide : avant.... 32,2^{cc}
après... 31,6

Différence... 0,6 équivalent à azote 0^{gr},00082
Pour la moitié restante......... 0^{gr},00082

Dans le sol................. 0^{gr},00164

Dosage de l'azote du creuset-pot. — Dix centimètres
cubes de l'acide normal équivalent à 0^{gr},04375 d'azote.
Le creuset sec a pesé 143^{gr},2. On en a analysé la moitié en opérant chaque fois sur 35^{gr},8 de matière.

$$
\begin{aligned}
&\text{I.}\quad \text{Matière}\ldots\ldots && 35^{gr}\!,8 \\
&\text{II.}\quad \text{Matière}\ldots\ldots && 35,8 \\
\cline{3-3}
&&& 71,6 \\
&\text{Creuset}\ldots\ldots && 143,2 \\
\cline{3-3}
&\text{Restant}\ldots\ldots && 71,6
\end{aligned}
$$

Titre de l'acide : avant.... 32,2^{cc}
après.... 31,3

Différence... 0,9 équivalent à azote 0^{gr},00122
Pour la moitié restant......... 0^{gr},00122

Dans le creuset-pot.......... 0^{gr},00244

Résumé de la septième expérience.

Dans la plante récoltée, azote.... 0,02363^{gr}
Dans le sol................. 0,00164
Dans le creuset-pot.......... 0,00244

Dans la récolte............. 0,02771
Dans la graine............. 0,02980

Durant la culture, perte en azote.. 0,00209

Conclusion. — Il n'y a pas eu d'azote fixé pendant la végétation.

VÉGÉTATION DU CRESSON ALÉNOIS PENDANT TROIS MOIS ET DEMI.

(HUITIÈME EXPÉRIENCE.)

Cette expérience a offert un intérêt tout particulier, par cette circonstance que la plupart des plants, étant morts faute d'espace, peu de temps après la germination, ont agi à la manière d'un engrais azoté sur ceux qui ont survécu. Comme résultat, elle devait nécessairement faire connaître si la présence d'un engrais favorise l'assimilation de l'azote gazeux contenu dans l'atmosphère confinée où la végétation s'accomplit.

L'expérience a été faite dans un petit appareil B ayant, par exception, une capacité de 5 litres seulement. Comme je désirais obtenir une végétation très-avancée, je n'ai dû semer qu'un nombre fort limité de graines. Il était donc nécessaire de prendre des mesures qui permissent de doser avec certitude de très-faibles quantités d'azote. La pipette d'acide normal dont j'ai fait usage équivalait à $0^{gr},0292$ d'azote. Or, comme cet acide exigeait, pour être saturé, $34^{cc},7$ de dissolution alcaline, on voit que 1 centimètre cube de la burette à alcali représentait $\frac{0^{gr},0292}{34,7} = 0^{gr},00084$ d'azote; soit pour un dixième de centimètre cube, $0^{milligr},084$. Une incertitude de 2 dixièmes de centimètre cube, survenue dans la détermination des titres, se traduisait donc par un gain ou par une perte

4.

de $0^{milligr},17$. On pouvait donc doser l'azote à $0^{milligr},2$ près. Le dosage de la récolte et celui des graines ont d'ailleurs été effectués avec le même acide normal et la même chaux sodée, car les semences n'ont été analysées qu'à la fin de l'expérience.

On a formé deux lots de treize graines de cresson alénois, chacun pesant $0^{gr},0335$.

Le 13 juillet, dans de la ponce préparée renfermant de la cendre de fumier, et mise dans le petit appareil B, on a semé un de ces lots; l'autre a été réservé pour l'analyse.

Le 14 juillet, les treize graines du lot avaient germé. La végétation avançait rapidement; mais, à peine les jeunes plantes étaient-elles montées de 3 à 4 centimètres, qu'on les voyait fléchir, s'affaisser et mourir. Trois plants seulement survécurent.

Le 14 septembre, les plants sont couverts de fleurs.

Le 17 septembre, les fleurs sont épanouies; elles paraissent bien conformées, mais elles sont très-petites : leur corolle pourrait être inscrite dans un cercle de 2 à 3 millimètres en diamètre. La longueur des feuilles est de 4 à 5 millimètres; leur couleur est assez foncée. Les tiges, quoique extrêmement grêles, se tiennent parfaitement droites.

Le 5 octobre, de nouvelles fleurs ont remplacé celles qui sont tombées. Des feuilles de la partie inférieure sont flétries, mais il en est surgi de nouvelles à la partie supérieure.

Le 27 octobre. Depuis le 14 septembre, on a observé une succession non interrompue de feuilles et de fleurs qui remplaçaient celles qui tombaient. Cette végétation active était des plus curieuses, et elle aurait probablement duré longtemps encore si on ne l'eût arrêtée.

Chaque plant portait plusieurs graines beaucoup plus petites que les graines normales. Les tiges, bien qu'aussi déliées qu'un fil très-fin, n'ont pas fléchi; leur hauteur était 11, 14 et 16 centimètres. Les trois plantes desséchées ont pesé $0^{gr},065$; elles provenaient de trois semences dont le poids ne devait pas dépasser $0^{gr},008$; ces plantes, sans compter les débris épars dans le sol, renfermaient donc dix fois autant de matière organique que dans les graines.

Dosage de l'azote dans la récolte. — Dix centimètres cubes de l'acide normal équivalent à $0^{gr},0292$.

Matière, $0^{gr},065$.

Titre de l'acide : avant....	$34,7$
après....	$33,5$
Différence...	$1,2$ équivalent à azote $0^{gr},00101$

Dosage de l'azote du sol. — Dix centimètres cubes de l'acide normal équivalent à $0^{gr},0292$ d'azote.

La ponce séchée pesait 120 grammes; on en a analysé le quart.

Matière	30^{gr}
Ponce	120
Reste...	90
Titre de l'acide : avant...	$34,7$
après...	$34,6$
Différence...	$0,1$ équivalent à azote $0^{gr},00008$
Pour la ponce restant............	$0^{gr},00025$
Dans le sol....................	$0^{gr},00033$

Dosage de l'azote dans les treize graines de cresson.
— Dix centimètres cubes de l'acide normal équivalent à $0^{gr},0292$ d'azote.

Titre de l'acide : avant.... $34,7$ ^{cc}

après.... $33,1$

Différence... $1,6$ équivalent à azote $0^{gr},00135$

Si l'on considère que seulement trois de ces treize graines donnèrent les trois plantes ayant porté des fleurs et des fruits, on trouve que, pendant la végétation, il y a eu évidemment fixation d'azote. En effet,

Dans les trois graines il y avait, azote.... $0,00045$ ^{gr}

Dans les trois plantes récoltées.......... $0,00101$

Durant la culture, gain en azote........ $0,00056$

On voit que, pendant les deux mois et demi de végétation, les plantes dont le développement a été complet, puisqu'elles ont donné des fleurs et des fruits, ont acquis une certaine quantité d'azote, mais que cette quantité ne dépasse pas celle que renfermaient les dix graines qui sont intervenues comme engrais azoté. Aussi, en résumant cette huitième expérience, on a :

Dans les plants récoltés, azote.......... $0,00101$ ^{ga}

Dans le sol....................... $0,00033$

Dans la récolte.................... $0,00134$

Dans les treize graines semées .... $0,00135$

Durant la culture, perte en azote....... $0,00001$

CONCLUSION. — Les graines mortes, en agissant comme engrais, n'ont pas déterminé l'assimilation de l'azote de l'air pendant la végétation du cresson alénois.

VÉGÉTATION DU LUPIN PENDANT CINQ MOIS.
(NEUVIÈME EXPÉRIENCE.)

Dans le plus grand de mes appareils B, dont le grand ballon contenait, comme sol, de la ponce à laquelle étaient mélangées de la cendre de fumier et de la cendre venant de la combustion de vingt graines, j'ai placé, en les répartissant dans toute la masse, huit lupins auxquels on avait enlevé la faculté germinatrice en les tenant plongés dans de l'eau bouillante, qu'on a versée ensuite sur la ponce-sol, parce qu'elle devait nécessairement renfermer quelques principes solubles. Ces huit graines, introduites comme engrais, pesaient :

	^{gr}
Le n° 3.....................	0,316
n° 4.....................	0,310
n° 5.....................	0,316
n° 6.....................	0,316
n° 7.....................	0,312
n° 8.....................	0,312
n° 9.....................	0,316
n° 10.....................	0,314
	2,512

devant contenir $0^{gr},1462$ d'azote.

Le 4 juin, j'ai mis dans la ponce-sol ainsi fumée deux lupins :

	^{gr}
Le n° 21, pesant...............	0,312
n° 14, pesant...............	0,315
	0,627

devant contenir $0^{gr},0365$ d'azote.

Le 25 juillet, les deux plants sont très-avancés; tous les cotylédons sont flétris.

Le 8 août, la végétation est magnifique, et bien que, depuis le 25 juillet, les cotylédons soient tombés, les deux plants continuent à prospérer. On ne voit pas une seule feuille *jaune*.

Le 14 août, les feuilles ont une belle couleur verte; les plantes paraissent aussi fortes que celles provenant de graines semées le 4 juin dans le jardin, à côté de l'appareil B.

Le 1er septembre, un abaissement subit de température, survenu pendant la nuit, a occasionné la chute de quelques pétioles garnis de feuilles.

Les lupins venus en pleine terre ont mieux supporté le froid.

Le 15 octobre, on termine l'expérience. Depuis le 1er septembre, il est encore tombé plusieurs pétioles; mais il y a eu de nouvelles pousses.

Durant cette observation, l'influence de l'engrais a été manifeste. Après la chute des cotylédons, la végétation a suivi son cours ordinaire; les parties vertes ont continué à se développer sans qu'on vît jaunir et tomber les premières feuilles, comme cela arrive constamment quand la plante croît dans un sol dénué de matières organiques azotées (1).

---

(1) Je puis ajouter qu'il en est ainsi à l'air libre, c'est-à-dire dans des conditions atmosphériques identiques à celles des cultures en plein champ. Pour l'établir, j'emprunterai au travail que je prépare la description de quelques expériences.

Le 18 mai, un lupin pesant 0^{gr},368 a été mis dans de la ponce munie de cendres et préparée comme celle introduite dans les appa-

Lorsqu'on démonta l'appareil B, on put constater dans le grand ballon une légère odeur herbacée. Il fut impossible d'apercevoir, soit dans la ponce, soit sur les feuilles tombées et noircies, le moindre indice de moisissure. Comme je l'ai déjà fait remarquer, cette circonstance s'est reproduite dans presque toutes les expériences que j'ai faites dans des atmosphères confinées. Je l'attribue aux soins que j'ai mis à préparer la ponce, les cendres, l'eau distillée et les vases dans lesquels ces divers matériaux ont séjourné.

---

reils A et B. Le creuset-pot a été exposé en plein air, abrité seulement par un toit en verre pour empêcher qu'il ne reçût de la pluie.

Le 7 juillet, la végétation du lupin est magnifique.

Le 11 juillet, les cotylédons commencent à jaunir, quelques feuilles pâlissent, mais la plante conserve toute sa vigueur.

6 août. Depuis le 11 juillet, les cotylédons sont flétris. La plante a perdu plusieurs feuilles qui ont été remplacées par de nouvelles pousses. Dans leur ensemble, les feuilles sont moins vertes.

22 août. La plante perd tous les jours des feuilles, depuis que les cotylédons se sont détachés; on la dessèche pour l'analyser.

La plante sèche a pesé $1^{gr},58$.

En trois mois de végétation, 1 de graine a produit 4,27 de plante sèche.

Dans l'air confiné, 1 de lupin a donné 3,1 de plante sèche, mais seulement en deux mois de végétation.

Le 28 mai, on a mis dans de la ponce préparée un lupin pesant $0^{gr},330$ qu'on a cultivé en plein air, à l'abri de la pluie.

Le 25 juin, la végétation est remarquablement belle, les cotylédons sont encore verts.

Le 15 juillet, les cotylédons deviennent jaunes, quelques feuilles commencent à pâlir. J'arrête l'expérience pour avoir la plante dans sa plus grande vigueur. Le lupin sec a pesé $0^{gr},98$.

En six semaines de végétation, 1 de graine a produit 2,36 de plante sèche.

Dans l'air confiné, et pour une végétation dont la durée a été de six semaines, 1 de graine a produit 3,06, — 2,23, — 2,13 de plante sèche.

Les deux plants de lupin et leurs débris ont été enlevés avec précaution, mais très-rapidement. Les tiges avaient 30 centimètres de hauteur; les plus longues des fibres chevelues, 35 centimètres. Dans la ponce, à l'exception des tests, on ne reconnaissait plus aucune trace des graines mises comme engrais.

Les deux plantes sèches ont pesé $5^{gr},762$.

Dosage de l'azote dans les plantes récoltées. — Dix centimètres cubes d'acide normal équivalent à $0^{gr},0875$ d'azote.

Le 18 mai, on a planté dans de la pierre ponce préparée et exposée à l'air libre, un haricot flageolet pesant $0^{gr},537$.

Le 28 juin, la végétation est belle.

Le 4 juillet, six fleurs sont épanouies.

Le 11 juillet, les cotylédons sont détachés, les trois plus grandes feuilles ont pris une teinte très-pâle.

Le 22 juillet, deux des grandes feuilles sont tombées, elles sont presque décolorées ; on voit des bourgeons feuillus.

Le 2 août, une des grandes feuilles s'est détachée après avoir perdu sa couleur verte. Depuis la séparation des cotylédons, la chute des feuilles n'a pas cessé. On met fin à l'expérience. La plante sèche a pesé $2^{gr},11$. En trois mois de végétation, 1 de graine a donné $3,93$ de plante sèche.

Ainsi, à l'air libre, les plantes se sont comportées à très-peu près comme dans les atmosphères confinées. L'affaiblissement de la vie végétale s'est fait sentir aussitôt après que les cotylédons, que les feuilles séminales ont été épuisées. C'est un phénomène qui ne manque jamais de se manifester, lorsque la plante croît dans un sol dénué de matière azotée assimilable; il est l'indice certain de l'insuffisance et à plus forte raison de l'absence d'une semblable matière. Quand, après la chute des organes nourriciers, la végétation suit son cours normal, c'est qu'il y a, soit dans le sol, soit dans l'eau avec laquelle on abreuve la plante, des substances qui interviennent à la manière des engrais azotés.

La matière, après avoir été coupée très-menue, a été divisée en deux parties égales pesant chacune $2^{gr},881$, qu'on a analysée séparément dans des tubes en verre de Bohême.

I. Matière, $2^{gr},881$.

Titre de l'acide : avant.... $32,9$ cc
     après.... $11,7$

   Différence... $21,2$ équivalent à azote $0^{gr},0564$

Après l'analyse, on a brisé le tube, et l'on a reconnu que la chaux sodée, au point où elle avait été mélangée avec la matière, était d'un gris très-clair.

II. Matière, $2^{gr},881$.

Titre de l'acide : avant.... $32,9$ cc
     après.... $10,5$

   Différence... $22,4$ équivalent à azote $0^{gr},0596$

On a trouvé à la chaux sodée qui avait été en contact avec la matière une couleur assez foncée pour faire craindre que la combustion du carbone n'ait pas été assez complète. J'ai recueilli cette chaux sodée pour l'analyser, après l'avoir mêlée à deux fois son volume de chaux sodée fraîche.

III.

Titre de l'acide : avant.... $32,9$ cc
     après.... $32,7$

   Différence... $0,2$ équivalent à azote $0^{gr},0005$

La chaux sodée retirée du tube ne contenait plus d'indice de charbon.

On a ainsi, pour l'azote des plantes récoltées :

I.	Azote	0,0564
II.	Azote	0,0596
III.	Azote	0,0005
		0,1165

Dosage de l'azote dans l'eau éliminée pendant la dessiccation du sol. — Dix centimètres cubes d'acide normal équivalent à 0gr,04375.

Comme on devait supposer que les lupins enfouis comme engrais avaient, en se putréfiant, donné naissance à des sels volatils ammoniacaux, j'ai procédé à la dessiccation en introduisant la ponce-sol dans un alambic muni de son bain-marie. J'ai mis dans la cucurbite une dissolution saturée de sel marin bouillant à 110 degrés. On a chauffé jusqu'à ce qu'il ne se condensât plus d'eau dans le serpentin. Cette eau, qui devait retenir l'ammoniaque, n'avait, au reste, aucune odeur; elle était parfaitement limpide. L'ammoniaque a été dosée dans l'appareil dont j'ai fait usage pour déterminer les très-petites quantités de cet alcali contenues dans l'eau de pluie.

Il y avait eu 300 centimètres cubes d'eau éliminée pendant la dessiccation. De ces 300 centimètres cubes on a retiré par la distillation 100 centimètres cubes, c'est-à-dire le tiers du liquide distillé, dans lequel se trouvait certainement la totalité de l'ammoniaque à l'état caustique, parce qu'on avait ajouté de la potasse dans le ballon faisant office de cucurbite.

Pour titrer, l'on a employé un acide normal équivalent à 0gr,0053 d'ammoniaque.

1°. Cent centimètres cubes d'eau retirés :

Titre de l'acide : avant... $31,6$ cc

avant... $11,5$

Différence... $20,1$ éq. à ammoniaque $0^{gr},00337$

ou à $0^{gr},00278$ d'azote.

2°. Cent centimètres cubes d'eau retirés :

Titre de l'acide : avant... $31,6$ cc

après... $31,6$

Différence... $0,0$

il n'y avait plus d'ammoniaque dans le second produit de la distillation. La ponce-sol, après la dessiccation opérée au bain d'eau salée, paraissait sèche; cependant elle contenait encore assez d'humidité pour
qu'on ait pu la broyer sans qu'il se produisît de la
poussière. En cet état, elle pesait $926^{gr},65$.

Dosage de l'azote dans le sol desséché. — Le dosage
a été fait sur la moitié de la matière, c'est-à-dire sur
$463^{gr},325$, après qu'on eût intimement mêlé les
$926^{gr},65$. On a fait deux déterminations d'azote, cor-
respondant chacune à $231^{gr},66$ de matière, analysés
en cinq fois.

Dix centimètres cubes de l'acide normal équivalaient à $0^{gr},04375$ d'azote.

I. Matière............... $46^{gr},33$

$46,33$

$46,33$

$46,33$

$46,34$

$231,66$

Titre de l'acide : avant.... $31,6$ cc

après.... $22,7$

Différence... $8,9$ équivalent à azote $0^{gr},0123$

II. Matière............ $46,33^{gr}$

$46,33$

$46,33$

$46,33$

$46,34$

$\overline{231,66}$

Titre de l'acide : avant.... $31,6^{cc}$

après.... $22,3$

Différence... $\overline{9,3}$ équivalent à azote $0^{gr},0129$

azote . $0^{gr},0252$

Pour les $463^{gr},33$ de matière restant... $0^{gr},0252$

Dans la ponce-sol.................. $0^{gr},0504$

Dans l'eau qui imbibait la ponce...... $0^{gr},0028$

Dans le sol...................... $0^{gr},0532$

Si l'on compare les plantes récoltées aux graines d'où elles sont sorties, on trouve que, pendant les cinq mois de végétation, elles ont acquis une très-notable proportion d'azote; en effet, il y avait :

Dans les deux plantes, azote.... $0,1165^{gr}$

Dans les deux graines......... $0,0365$

Gain en azote. .... $0,0800$

Les plantes récoltées contenaient donc, à très-peu près, trois fois autant d'azote que les graines; mais si, résumant l'expérience dans son ensemble, on fait intervenir dans la comparaison les huit semences de lupin mises dans le sol, après-qu'on eut détruit leur faculté germinative, on en tire cette conséquence, que l'azote acquis provient évidemment de ce que ces semences, en se putréfiant, se sont comportées comme un véritable engrais.

Résumé de la neuvième expérience.

Dans les plantes récoltées, azote. $o,1165^{gr}$

Dans le sol. . . . . $o,o532$
_____
$o,1697$

Dans les deux graines, azote. $o,o365^{gr}$

Dans les huit graines mises
comme engrais. . . . . $o,1462$
_____
$o,1827$ $o,1827$
_____

Durant la végétation, perte en azote. . . . . . . $o,o13o$

CONCLUSION. — Les graines mortes, en agissant comme engrais, n'ont pas déterminé l'assimilation de l'azote de l'air pendant la végétation du lupin.

Dans cette expérience, dont la durée a été de cinq mois, l'azote qui a disparu représente à peu près le dixième de celui que contenait l'engrais. Il est extrêmement probable que cet azote est passé à l'état gazeux; du moins je me suis assuré, en lessivant la moitié de la ponce-sol qui n'avait pas été soumise à l'analyse, qu'il n'avait pas contribué à la formation d'un nitrate alcalin, du moins en proportion notable.

J'ai réuni en un tableau les résultats des observations dont je viens de présenter tous les détails :

DÉSIGNATION DES PLANTES.	DURÉE de la végétation.	NOMBRE de graines employées.	POIDS de la semence.	POIDS de la plante récoltée; sèche.	AZOTE dans les semences.	AZOTE dans la récolte et dans le sol.	GAIN OU PERTE en azote pendant la végétation
			gr.	gr.	gr.	gr.	gr.
Haricot nain.............	2 mois.	1 graine.	0,780	1,87	0,0349	0,0340	— 0,0009
Avoine.................	2 mois.	10 graines.	0,377	0,54	0,0078	0,0067	— 0,0011
Haricot flageolet........	3 mois,	1 graine.	0,530	0,89	0,0210	0,0189	— 0,0021
Haricot flageolet........	3 mois.	1 graine.	0,618	1,13	0,0245	0,0226	— 0,0019
Avoine.................	2 mois et demi.	4 graines.	0,139	0,44	0,0031	0,0030	— 0,0001
Lupin blanc.............	6 semaines.	2 graines.	0,825	1,82	0,0180	0,0183	+ 0,0003
Lupin blanc.............	2 mois.	6 graines.	2,202	6,73	0,1282	0,1246	— 0,0036
Lupin blanc.............	7 semaines.	2 graines.	0,600	1,95	0,0349	0,0339	— 0,0010
Lupin blanc.............	6 semaines.	1 graine.	0,343	1,05	0,0200	0,0204	+ 0,0004
Lupin blanc.............	6 semaines.	2 graines.	0,686	1,53	0,0339	0,0357	+ 0,0005
Haricot nain.............	2 mois.	1 graine.	0,792	2,35	0,0354	0,0360	+ 0,0006
Haricot nain.............	2 mois et demi.	1 graine.	0,665	2,80	0,0298	0,0277	— 0,0021
Cresson alénois..........	3 mois et demi.	3 graines.	0,008	0,65	0,0013	0,0013	0,0000
Cresson alénois..........	Comme engrais.	10 graines.	0,026				
Lupin blanc.............	5 mois.	2 graines.	0,627	5,76	0,1827	0,1697	— 0,0130
.upin blanc.............	Comme engrais.	8 graines.	2,512				

Il ressort de l'ensemble de ces expériences, que le gaz azote de l'air n'a pas été assimilé pendant la végétation des haricots, de l'avoine, du cresson et des lupins. Dans une autre Partie, je rechercherai les conditions dans lesquelles a lieu l'assimilation de cet élément, lorsque les plantes, placées dans un sol stérile, sont cultivées à l'air libre, c'est-à-dire lorsqu'elles se développent sous la double influence des vapeurs ammoniacales et des corpuscules organiques que renferme l'atmosphère.

DEUXIÈME PARTIE.

SUITE DES EXPÉRIENCES ENTREPRISES DANS LE BUT D'EXAMINER SI LES PLANTES FIXENT DANS LEUR ORGANISME L'AZOTE GAZEUX DE L'ATMOSPHÈRE.

Dans cette série d'observations, je fais voir que dans une atmosphère confinée la végétation s'accomplit d'une manière normale, si le sol renferme tous les éléments nécessaires à la vie des plantes; je recherche ensuite si un végétal vivant dans une atmosphère purifiée et continuellement renouvelée condense le gaz azote; enfin je détermine quelles ont été les quantités d'azote absorbées par des plantes qui ont vécu en plein air.

Dans la première Partie de ce travail, j'ai constaté que trois plants de cresson venus dans une atmosphère confinée ont porté des fleurs et des graines; j'ai fait

I.   5

remarquer que les organes développés dans cette circonstance n'avaient pas atteint, à beaucoup près, les
dimensions ordinaires. Ainsi les tiges, bien que très-
droites, étaient aussi déliées qu'un fil très-fin et ne
dépassaient pas une hauteur de 14 centimètres; la surface des feuilles était tellement réduite, qu'on en tra-
çait le périmètre dans une circonférence de 2 à 3 millimètres de diamètre, et les graines obtenues différaient
considérablement, par leur moindre volume, de celles
qu'on avait ensemencées. Comme le sol avait été suffisamment pourvu des substances minérales exigées
par la végétation, que l'atmosphère confinée renfermait en volume plusieurs centièmes de gaz acide carbonique qu'on renouvelait au besoin, j'attribuai cette
exiguïté des organes et des fruits à l'absence de la matière azotée assimilable, de l'engrais qu'on avait exclu
à dessein. Si cette explication était juste, on devait faire
disparaître les différences observées entre les produits
de la culture confinée et ceux de la culture normale,
en donnant à la plante enfermée un sol où se trou-
veraient réunis tous les éléments de la fertilité.

Le 17 mai 1854, j'ai rempli un pot à fleurs avec
3 kilogrammes de bonne terre prise dans le jardin;
j'ai mis un poids égal de la même terre dans un vase
cylindrique en verre d'une capacité de 68 litres. La
terre était bien égouttée. De part et d'autre, j'ai semé
trois graines de cresson alénois. Le vase en verre a
été bouché au moyen d'un liége et d'un manchon en
caoutchouc, par un ballon contenant 2 litres de gaz
acide carbonique; le fond de l'appareil pénétrait de
1 décimètre dans le sol du jardin. Un mois après, le
16 juin, les plants venus dans l'air confiné avaient une

hauteur double de celle des plants à l'air libre ; les
feuilles étaient aussi beaucoup plus larges.

Dès le commencement de cette expérience, j'eus
l'occasion de faire une remarque assez curieuse :
quand le temps se maintenait au beau, la terre enfermée dans le vase en verre devenait, le jour, aussi
sèche à la superficie que le sol du jardin ; généralement,
elle redevenait humide pendant la nuit : cependant il
arrivait quelquefois que le matin l'imbibition n'était
pas encore complète, car on apercevait çà et là des
places circulaires que l'eau n'avait pas envahies.
Pendant la pluie, cette dessiccation superficielle ne se
manifestait pas, dessiccation qu'on explique d'ailleurs
par les températures si différentes qui régnaient dans
l'appareil le jour ou la nuit, et, par suite, par les diverses quantités de vapeur aqueuse que l'atmosphère
confinée devenait capable de retenir.

Le 28 juin, les tiges du cresson enfermé étaient
beaucoup plus grandes et beaucoup plus fortes que
celles du cresson à l'air libre. Le 15 juillet, le cresson
confiné était couvert de belles fleurs ; sa tige la plus
haute atteignait 64 centimètres ; les tiges du cresson
poussant à l'air libre ne dépassaient pas 34 centimètres.

Le 15 août, les deux cressons portaient des graines,
mûres pour la plus grande partie, bien que, depuis le
15 juillet, chaque jour eût vu épanouir de nouvelles
fleurs. Les plants ont été arrachés.

Les tiges du cresson confiné avaient alors 72 à
75 centimètres de longueur, et 3 à 4 millimètres en
diamètre ; elles ont fourni deux cent dix graines.

Les tiges du cresson venu à l'air libre avaient 40 à

5.

42 centimètres de longueur, et 2 à 3 millimètres en diamètre; on en a retiré trois cent soixante-neuf graines.

Le cresson venu à l'air libre, bien qu'ayant eu en apparence une végétation moins vigoureuse, des fleurs moins abondantes, a cependant rendu plus de graines que le cresson développé dans l'appareil. La différence entre les rendements des deux récoltes est peut être due en partie à ce que la terre du pot à fleurs a été tenue parfaitement nette, tandis que dans l'impossibilité où l'on se trouvait de pouvoir sarcler, la végétation confinée a été infestée de mauvaises herbes. C'est ainsi qu'il s'est développé dans le vase en verre trois touffes de fromental hautes de 20 à 23 centimètres, et deux plants de mouron dont chacun portait une vingtaine de semences.

Cette expérience établit de nouveau qu'en vase clos une plante accomplit toutes les phases de la vie végétale; et, de plus, qu'elle peut y atteindre un accroissement comparable à celle qu'elle acquiert dans les conditions ordinaires de la culture, quand le sol qui la supporte et l'atmosphère qui l'environne réunissent en proportion suffisante tous les principes nécessaires à son existence (1).

---

(1) Je rapporterai ici une expérience de M. Mistcherlich sur la végétation de deux plants de *Bilbergia zebrina* qu'il avait renfermés dans un grand vase de verre rendu parfaitement imperméable à l'air, au moyen d'une glace dépolie et de différents luts. A partir de 1841, ces plantes se développèrent dans cette atmosphère comme elles l'eussent fait à l'air libre. Un des plants a fleuri, et tous, en 1842, commencèrent à donner des rejetons, qui, depuis, se sont développés en grandes plantes indépendantes, avec des feuilles aussi larges que

VÉGÉTATION DANS UNE ATMOSPHÈRE RENOUVELÉE.

Dans cette série d'expériences, les graines placées
dans un sol de pierre ponce calciné, mêlé de cendres
et humecté d'eau pure, se sont développées dans une
cage A d'une capacité de 124 litres, *fig.* 3, *Pl. I*, formée par un assemblage de glaces fixées sur des châssis
en fer vernis et scellés à demeure sur un socle en
marbre.

La face B de la cage est divisée, à 2 décimètres
de la partie inférieure, par une bande de fer vernis
dans laquelle sont pratiquées trois ouvertures *c*, *d*, *e*
garnies de douilles ou gorges pouvant recevoir des
bouchons enduits de suif. Par *c* on fait arriver du
gaz acide carbonique; par *d*, de l'air atmosphérique;
c'est par l'ouverture *e* qu'on arrose les plantes, qu'on
enlève les feuilles quand elles viennent à tomber. La
petite glace F est maintenue avec du mastic, de manière à pouvoir l'enlever et la replacer avec promptitude; c'est en quelque sorte la porte de la cage
que l'on ouvre lorsqu'on veut introduire où retirer
les plantes.

La face G est aussi divisée en deux par une bande
de fer verni, au milieu de laquelle un ajutage *o* lié à
un tube en caoutchouc établissant la communication

---

celles de la plante mère, et d'un vert pur et intense. Le développement de ces nouvelles plantes avait donc eu lieu aux dépens de la
plante mère. Au fond du vase il y avait de l'eau qui, charriée des racines aux feuilles, s'évaporait et ruisselait sur les parois du vase pour
revenir aux racines. (MITSCHERLICH, Remarque sur la végétation,
journal *l'Institut*, n° 630, p. 35.)

de l'appareil avec un aspirateur d'une contenance de 5oo litres établi près d'une source.

L'air qui arrive dans la cage A par l'ouverture d lorsque l'aspirateur fonctionne, est pris en h; il traverse d'abord le tube hh' rempli de gros fragments de ponce imbibés d'acide sulfurique, ensuite l'éprouvette I contenant aussi de la ponce sulfurique placée au-dessus du réservoir i' où se rassemble l'acide qui peut s'écouler. De l'éprouvette I l'air se rend dans le flaçon barboteur k où il y a de l'eau distillée; là il reprend la vapeur qu'il a abandonnée pendant son trajet à travers la ponce acide, dont le développement en longueur est de $1^m,5o$. Le barboteur k a un autre genre d'utilité : c'est de permettre de constater si l'air aspiré a traversé le système purificateur. On s'assure d'ailleurs de temps à autre si l'appareil est bien clos dans son ensemble; il suffit pour cela d'appliquer le doigt en h, car si la clôture est bonne, tout mouvement cessera dans le flacon k, et l'eau ne sortira plus de l'aspirateur. C'est un mode de vérification qu'il ne faut pas négliger, surtout si, ce qui serait au reste une disposition vicieuse, l'appareil reposait directement sur la terre végétale, parce que si de l'air émanant du sol venait à s'introduire par la base de la cage, il apporterait certainement des vapeurs ammonia-cales. Mon appareil a été établi sur un mur en maçonnerie élevé de 8o centimètres.

Le gaz acide carbonique qui entre en c, *fig.* 3, est produit dans le flacon L. Le tube m contient des fragments de craie préalablement chauffés; cette craie est mise là pour arrêter la buée acide entraînée par le gaz. Dans le flacon n il y a une dissolution de bicarbonate de soude où le gaz est lavé, et, pour plus de sûreté, ce gaz, avant d'arriver dans la cage, traverse encore de la ponce mouillée n' avec la même dissolution alcaline. Le bicarbonate a été préparé avec du carbonate de soude chauffé au rouge, parce que le bicarbonate du commerce est rarement exempt de carbonate d'ammoniaque dont il importait surtout de prévenir l'intervention ; dans 1 kilogramme de ce sel, on a dosé jusqu'à 2 centigrammes de cet alcali. C'est dans le même but préventif que j'ai pris la précaution de chauffer le blanc d'Espagne avec lequel j'ai fait le mastic employé à fixer la glace F ; son poids, d'ailleurs, n'excédait pas 20 à 30 grammes. Après son application, il était enduit de suif, pour le préserver de l'action de la pluie.

J'ai réduit, autant que possible, l'emploi du mastic de vitrier comme lut, parce que j'ai reconnu que cette matière, alors même qu'elle avait été préparée avec soin, renferme néanmoins une quantité appréciable d'une substance organique azotée (1), susceptible d'entrer en putréfaction en donnant naissance à du carbonate d'ammoniaque. L'expérience que je vais rapporter ne laisse à cet égard aucun doute.

Dans 1 litre d'eau parfaitement pure, j'ai mis 500 grammes de mastic de vitrier, fraîchement préparé et coupé en morceaux de la grosseur d'une noi-

---

(1) Dosage de l'azote dans le mastic. Acide normal équivalent à $0^{gr},0583$ d'azote.

Matière, 3 grammes. Titre de l'acide :

Avant. . . . . . $35^{cc},0$
Après. . . . . . $34^{cc},2$
Différence... $0^{cc},8$ équivalent à $0^{gr},00133$.

sette. Le flacon contenant le mélange a été bouché et
laissé en repos pendant dix jours, la température
s'étant maintenue entre 10 et 14 degrés. Les morceaux de mastic n'ont pas été désagrégés. L'eau a été
introduite dans l'appareil à l'aide duquel je dose
l'ammoniaque dans la pluie. Voici le résultat :

Acide normal équivalent à $0^{gr},0106$ d'ammoniaque.
Le premier décilitre d'eau recueilli.

Titre de l'acide :

Avant........ $31^{cc},6$
Après........ $22,1$
Différence... $\overline{9,5}$ $9^{cc},5$

Le deuxième décilitre d'eau recueilli.

Titre de l'acide :

Après........ $29^{cc},1$
Différence... $\overline{2,5}$ $2^{cc},5$

Le troisième décilitre d'eau recueilli.

Titre de l'acide :

Après........ $31^{cc},0$
Différence... $\overline{0,6}$ $0^{cc},6$
                               $\overline{12^{cc},6}$

Puisque $31^{cc}.6$ de la burette à l'alcali équivalent à
106 milligrammes d'ammoniaque, $12^{cc},6$ en représentent $4^{milligr},2$. C'est la quantité d'ammoniaque émise
en dix jours par les 500 grammes de mastic de vitrier.
Or, comme ces 500 grammes contenaient, d'après
l'analyse, $0^{gr},22$ d'azote, ils auraient pu émettre, sous
l'influence du temps, de la chaleur et de l'humidité,

0^{gr},267 d'ammoniaque, dans la supposition, il est vrai, où la totalité de la substance organique azotée fût passée à l'état de carbonate ammoniacal. Quoi qu'il en soit, les faits que je viens d'exposer justifient la mesure que j'ai prise d'éloigner des appareils un lut qui pouvait exercer une certaine influence sur le résultat des expériences très-délicates que j'allais entreprendre.

Le gaz acide carbonique était obtenu soit par l'action de l'acide chlorhydrique dilué sur des fragments de calcaire, soit par l'action de l'acide sulfurique faible sur du bicarbonate de soude, le carbonate étant placé dans le flacon L.

Il s'agissait d'entretenir dans l'atmosphère de la cage A, 2 à 3 pour 100 en volume d'acide carbonique; ce gaz devait donc arriver constamment et suivant une proportion déterminée par la vitesse du passage de l'air dans l'appareil : il fallait, par conséquent, que la production en fût régulière, continuelle et indépendante de la présence de l'opérateur. Je suis parvenu à réaliser ces conditions au moyen des dispositions suivantes : J'ai commencé par constater ce que 100 centimètres cubes d'acide chlorhydrique, ou d'acide sulfurique concentrés, en attaquant le carbonate de chaux ou le bicarbonate de soude, dégageaient de gaz acide. Connaissant combien de centimètres cubes d'acide il fallait faire agir sur les carbonates placés dans le vase L, pour produire un volume donné de gaz acide carbonique, on ajoutait assez d'eau à l'acide concentré pour qu'il occupât un volume de 2 litres, capacité du flacon *p* placé dans une cavité pratiquée dans un bloc de grès Q. L'écou-

lement de l'acide dilué était régularisé par le tube de
Mariotte *s* dont l'orifice inférieur se trouvait à 1 centimètre au-dessus de l'axe du robinet en cristal *r*. Le
liquide tombait goutte à goutte dans le tube *t*, dont le
diamètre avait 1 ½ centimètre, et qui était terminé à
son extrémité inférieure par une issue de 1 millimètre.
La vitesse de l'écoulement dépendait nécessairement de l'ouverture du robinet *r*, et il était facile de
régler la section d'écoulement de manière à ce que les
2 litres de liquide contenus en *p* passassent en un certain nombre d'heures dans le flacon L. On parvenait
ainsi à obtenir un dégagement extrêmement régulier
de gaz acide carbonique.

En plaçant le réservoir *p* dans l'intérieur du bloc
de grès Q, on n'a pas eu uniquement pour objet de
l'établir solidement, mais encore de l'abriter le plus
possible contre la chaleur du soleil qui, en dilatant
l'air enfermé dans le flacon, eût accéléré outre mesure
l'écoulement de l'acide. En effet, le tube de Mariotte
ne fonctionne bien qu'autant que la température du
réservoir auquel il est appliqué reste stationnaire. Les
autres flacons ont été consolidés en les entourant de
briques; aussi, après une exposition en plein air qui
a duré près de quatre mois, aucune des parties de
l'appareil n'a éprouvé d'avarie.

Les graines ont été plantées dans des pots à fleurs
d'une contenance de 4 décilitres, pleins de ponce en
fragments mélangée avec des cendres; chaque pot
était dans un vase évasé en verre au fond duquel on
entretenait de l'eau, *fig.* 4, *Pl. I;* immédiatement
avant une expérience, les pots étaient chauffés à une
chaleur rouge et la ponce calcinée.

J'ai réduit le sol à un volume de quelques décimètres cubes, parce que j'ai entrevu une cause d'erreur possible dans l'emploi d'une grande masse de matière terreuse. Quoi qu'on fasse, en effet, une substance poreuse qu'on laisse exposée à l'air après sa calcination, et sur laquelle on manipule, finit toujours par recevoir de la matière organique, en si faible proportion, il est vrai, qu'il serait bien difficile d'en constater la présence par nos moyens analytiques. Mais si la terre calcinée, les vases perméables qui la renferment ont un poids de plusieurs kilogrammes, et que l'azote assimilable introduit accidentellement y entre seulement pour un cent-millième, la plante, par son aptitude à trouver dans le terrain où elle croît les quantités les plus minimes des substances qui conviennent à son organisme, pourra néanmoins assimiler plusieurs centigrammes d'azote. Cette cause d'erreur sera singulièrement atténuée, si la végétation a lieu dans un sol ayant un volume d'un demi-litre, dont le poids ne dépasse pas 200 grammes, puisque dans la supposition que j'ai faite, la plante ne trouverait plus que quelques milligrammes d'azote assimilable.'

Comme j'ai eu occasion de le dire dans une autre circonstance, le sol calciné a toujours été refroidi sous une cloche en présence de l'acide sulfurique. La précaution pourra paraître exagérée, cependant, et c'est un fait fort remarquable, si l'on considère combien est faible la proportion de carbonate d'ammoniaque contenue dans l'atmosphère, qu'une substance pulvérisée ou une substance poreuse absorbe de l'ammoniaque pendant son exposition à l'air. Les expériences que j'ai faites à ce sujet établissent la réalité de cette absorption, et, comme elles sont très-délicates, j'exposerai la méthode que j'ai suivie.

Douze cents grammes de sable quartzeux ont été fortement chauffés au rouge blanc; immédiatement après la calcination, on les a exposés à l'air sur un plat en porcelaine, dans une pièce inhabitée située au premier étage, dont les fenêtres restaient constamment ouvertes. Après trois jours d'exposition, on a recherché l'ammoniaque par le procédé que je vais décrire.

On a mis 3 litres d'eau distillée dans un petit alambic. Par la distillation on a retiré 1 litre d'eau, qu'on a rejeté; puis 1 décilitre d'eau dans lequel on a recherché l'ammoniaque au moyen des liqueurs titrées, l'acide normal équivalent à 0^{gr},0106 d'azote.

Titre de l'acide :

Avant	31,5^{cc}
Après	31,5
Différence	0,0

Il n'y avait donc plus trace d'ammoniaque dans les 2 litres d'eau restés dans l'alambic.

On a laissé refroidir cette eau dans la cucurbite; puis, après avoir ajouté le sable et un peu de potasse caustique préalablement chauffée au rouge, la distillation a été continuée jusqu'à ce qu'on eût reçu 1 litre d'eau qu'on a tout de suite introduit dans le ballon de l'appareil à doser l'ammoniaque de la pluie.

Acide normal équivalent à 0^{gr},0106 d'ammoniaque.
Premier décilitre d'eau recueilli. ·

Titre de l'acide :

$$\text{Avant.}\ldots\ldots\ \overset{cc}{3}1,6$$
$$\text{Après.}\ldots\ldots\ 29,6$$
$$\text{Différence.}\ldots\ \underline{2,0}\qquad 2^{cc},0$$

Deuxième décilitre d'eau recueilli.

Titre de l'acide :

$$\text{Après.}\ldots\ldots\ \overset{cc}{3}1,1$$
$$\text{Différence.}\ldots\ \underline{0,6}\qquad 0^{cc},6$$

Troisième décilitre d'eau recueilli.

Titre de l'acide :

$$\text{Après.}\ldots\ldots\ \overset{cc}{3}1,4$$
$$\text{Différence.}\ldots\ \underline{0,2}\qquad 0^{cc},2$$
$$\underline{2^{cc},8}$$

$2^{cc},8$ équivalent à $0^{milligr},94$ d'ammoniaque.

Pour 1 kilogramme de sable, $0^{milligr},78$ d'ammoniaque.

Pour se convaincre que l'absorption de l'ammoniaque par le sable exposé à l'air était bien réelle, on a disposé une expérience ainsi qu'il suit.

On a, comme précédemment, préparé 2 litres d'eau pure en mettant dans la cucurbite d'un petit alambic 3 litres d'eau distillée avec un peu de potasse préalablement chauffée au rouge, retirant 1 litre de liquide par la distillation, puis laissant refroidir le résidu.

D'un autre côté, on avait calciné 1200 grammes de sable. Quand le creuset fut assez refroidi pour qu'on pût le toucher avec la main, on versa le sable dans les 2 litres d'eau restés dans la cucurbite, et l'on retira, par la distillation 1 litre de liquide que l'on traita dans l'appareil à doser l'ammoniaque.

On voit que cette seconde expérience ne diffère de la première que par cette circonstance, que le sable calciné n'avait pas été exposé à l'air.

Acide normal équivalent à $0^{gr},0106$ d'ammoniaque. Premier décilitre d'eau recueilli.

Titre de l'acide :

$$
\begin{array}{lr}
\text{Avant} \dots \dots \dots & 31,6 \\
\text{Après} \dots \dots \dots & 31,6 \\ \hline
\text{Différence} \dots & 0,0
\end{array}
$$

Deuxième décilitre d'eau recueilli.

Titre de l'acide :

$$
\begin{array}{lr}
\text{Après} \dots \dots \dots & 31,6 \\ \hline
\text{Différence} \dots & 0,0
\end{array}
$$

Ainsi le sable calciné, traité immédiatement après la calcination sans avoir été exposé à l'atmosphère, ne contenait pas la moindre trace d'ammoniaque.

Ce même sable a été calciné de nouveau, puis exposé à l'air pendant deux jours. Traité par la méthode que j'ai indiquée, on a obtenu 1 litre d'eau qui a été distillé dans l'appareil.

Acide normal équivalent à $0^{gr},0106$ d'ammoniaque. Premier décilitre d'eau recueilli.

Titre de l'acide :

$$
\begin{array}{lrr}
\text{Avant} \dots \dots \dots & 31,6 \\
\text{Après} \dots \dots \dots & 30,4 \\ \hline
\text{Différence} \dots & 1,2 & \quad 1^{cc},2
\end{array}
$$

D'autre part $1^{cc},2$

Deuxième décilitre d'eau recueilli.

Titre de l'acide :

Après......... $31,1$

Différence... $\overline{0,5}$ $0^{cc},5$

Troisième décilitre d'eau recueilli.

Titre de l'acide :

Après......... $31,5$

Différence... $0,1$ $0^{cc},1$

$\overline{1^{cc},8}$

$1^{cc},8$ équivaut à $0^{milligr},60$ d'ammoniaque.

Pour 1 kilogramme de sable, $0^{milligr},50$ d'ammo-niaque.

J'ai constaté, par les mêmes moyens, que les os calcinés, la brique pilée et le charbon absorbent aussi, par l'exposition à l'air, de faibles quantités d'ammo-niaque.

Brique pilée. — 800 grammes de brique pilée gros-sièrement ont été chauffés au rouge et exposés à l'air pendant deux jours dans un plat en porcelaine. L'eau (1 litre) dans laquelle l'ammoniaque avait été con-centrée a donné dans l'appareil :

Acide normal équivalent à $0^{gr},0106$ d'ammoniaque. Premier décilitre d'eau recueilli.

Titre de l'acide :

Avant....... $31,6$

Après....... $30,6$

Différence... $\overline{1,0}$ $1^{cc},0$

D'autre part $1^{cc},0$

Deuxième décilitre d'eau recueilli.

Titre de l'acide :

$$
\begin{array}{lll}
\text{Après.......} & 31,4 \\
\text{Différence...} & 0,2 & 0^{cc},2 \\
& & \overline{1^{cc},2}
\end{array}
$$

$1^{cc},2$, équivaut à $0^{milligr},40$ d'ammoniaque.
Pour 1 kilogramme, $0^{milligr},50$ d'ammoniaque.

Os calcinés en poudre. — 560 grammes d'os, après
la calcination, ont été exposés à l'air pendant trois
jours. Le litre d'eau dans lequel l'ammoniaque était
concentrée a donné dans l'appareil :

Acide normal équivalent à $0^{gr},0106$ d'ammoniaque.
Premier décilitre d'eau recueilli.

Titre de l'acide :

$$
\begin{array}{lll}
\text{Avant.......} & 31^{cc},6 \\
\text{Après ....} & 30,6 \\
\text{Différence...} & 1,0 & 1^{cc},0
\end{array}
$$

Deuxième décilitre d'eau recueilli.

Titre de l'acide :

$$
\begin{array}{lll}
\text{Avant.......} & 31,3 \\
\text{Différence....} & 0,3 & 0^{cc},3
\end{array}
$$

Troisième décilitre d'eau recueilli.

Titre de l'acide :

$$
\begin{array}{lll}
\text{Après ....} & 0,1 & 0^{cc},1 \\
& & \overline{1^{cc},4}
\end{array}
$$

$1^{cc},4$ équivaut à $0^{milligr},47$ d'ammoniaque.

Pour 1 kilogramme, $0^{milligr},84$ d'ammoniaque.

Charbon de bois. — 220 grammes de charbon calciné en gros fragments sont restés exposés à l'air pendant trois jours.

· Le litre d'eau renfermant l'ammoniaque a donné :

Acide normal équivalent à $0^{gr},0106$ d'ammoniaque.
Premier décilitre d'eau recueilli.

Titre de l'acide :

Avant.......	$3\overset{cc}{1},6$	
Après........	$30,1$	
Différence ..	$1,5$	$1^{cc},5$

Deuxième décilitre d'eau recueilli.

Titre de l'acide :

Après........	$31,2$	
Différence...	$0,4$	$0^{cc},4$

Troisième décilitre d'eau recueilli.

Titre de l'acide :

Après........	$31,6$	
Différence ...	$0,0$	
		$1^{cc},9$

$1^{cc},9$ équivaut à $0^{milligr},63$ d'ammoniaque.

Pour 1 kilogramme, $2^{milligr},9$ d'ammoniaque.

On voit que, dans les limites de volume et de poids où j'ai maintenu le sol employé dans mes recherches, une proportion d'ammoniaque aussi minime que

I.   6

celle dont l'absorption a été constatée par ces expériences n'aurait pu exercer aucun effet, car il eût fallu que le sol pesât quelques kilogrammes pour que l'ammoniaque absorbée fît sentir son influence.

La cendre ajoutée au sol provenait de plants de lupins et de haricots; quelquefois on la mêlait avec de la cendre lavée de fumier. J'ai fait tous mes efforts pour ne faire intervenir dans ces recherches que des cendres exemptes de charbon, parce que j'avais eu l'occasion de remarquer que lorsqu'elles sont alcalines et qu'elles renferment du charbon, et le plus souvent elles sont charbonneuses parce qu'elles sont alcalines, elles contiennent de faibles proportions d'azote. Ainsi, dans la cendre de haricots et de lupins, qui, malgré les soins que j'avais mis à la préparer, avait conservé une teinte grise et s'était légèrement frittée par l'action du feu à cause de sa richesse en potasse, j'ai trouvé 0,0001 d'azote. Dans des cendres plus riches en alcali et plus chargées de charbon j'ai dosé de plus fortes proportions d'azote. J'entrerai dans quelques détails à cet égard, parce qu'on croit généralement qu'il suffit de faire subir à la cendre une température élevée pour y détruire tout principe azoté; dans les expériences de physiologie où les cendres interviennent, on ne se préoccupe aucunement du charbon qu'elles retiennent : on le considère comme un corps à peu près aussi inerte que le sable calciné. Sans doute, par lui-même le charbon n'exerce pas une action bien prononcée; mais si sa présence devient l'indice d'un principe azoté, il y a une raison suffisante pour ne faire usage que de cendres qui en soient exemptes, ou, s'il n'est pas possible de les obtenir parfaitement blanches, même par une incinération ménagée, on ne doit pas négliger de les soumettre à l'analyse pour y rechercher et, s'il y a lieu, pour y doser l'azote. C'est un cas qui se présentera fréquemment; car si l'on parvient à force d'attention à brûler complétement la totalité du carbone des substances organisées qu'on incinère, en opérant avec lenteur sur de faibles quantités, et à une température très-peu élevée, il n'en est plus de même lorsqu'on est obligé d'agir sur une certaine masse : l'incinération opérée d'abord sur une plaque de fonte ou dans un fourneau est alors achevée dans un creuset, dans un têt, et s'il y a des sels alcalins fusibles, les particules charbonneuses emprisonnées dans une sorte de fritte sont soustraites à l'action de l'oxygène. Aussi, dans les résultats des analyses faites par des chimistes les plus habiles, voit-on presque toujours le charbon figurer au nombre des substances signalées dans les cendres.

Pour doser par la chaux sodée l'azote resté dans les cendres, j'ai fait usage d'un acide sulfurique normal *décime*, capable de neutraliser $0^{gr},02125$ d'ammoniaque, équivalent, par conséquent, à $0^{gr},0175$ d'azote. Comme liqueur alcaline, j'ai employé tout simplement de l'eau de chaux ; et puisque en définitive il s'agit d'apprécier de fort petites proportions d'azote, il faut avant tout s'assurer de la pureté des agents dont on fait usage, et, s'il y a impureté, il faut déterminer la valeur de l'erreur qu'elle occasionne, afin d'appliquer au résultat de chaque analyse une correction qui sera constante tant qu'on emploiera les mêmes agents et les mêmes doses.

6.

La chaux sodée, quand elle a été faite convenablement, et quand surtout elle est conservée avec soin,
n'introduit pas la moindre trace d'azote dans l'analyse. Il n'en est pas ainsi de l'acide oxalique qu'on
décompose à la fin de chaque opération pour *balayer*
le tube à combustion; j'ai toujours vu apparaître de
l'ammoniaque par le fait de cette décomposition. Je ne
parle pas ici de l'acide oxalique du commerce, dans
lequel il y a ordinairement de l'acide azotique, j'ai en
vue l'acide purifié de nos laboratoires; je ne vais pas
jusqu'à prétendre qu'il soit impossible d'avoir de
l'acide oxalique d'une pureté absolue, mais ce que je
puis assurer, c'est que celui qu'on purifie par les
moyens ordinaires donne constamment des traces
d'ammoniaque lorsqu'il est décomposé en présence
de la chaux sodée. La quantité d'alcali produite dans
cette circonstance, et lorsqu'on agit sur 2 grammes
de matières, est le plus souvent tout à fait négligeable
dans les cas ordinaires, lorsque, par exemple, on se
sert d'un acide sulfurique normal équivalent à $0^{gr},175$
d'azote, et que cet acide est saturé par 32 ou 33 centimètres cubes de liqueur alcaline; car avec des réactifs aussi concentrés il n'est guère possible, dans le
dosage, de répondre d'un milligramme d'azote. De
même encore l'impureté de l'acide oxalique, fût-elle
même assez forte, n'aurait aucune influence sur les
résultats des analyses faites pour résoudre la question
physiologique dont je m'occupe, quand on suit la
méthode dont j'ai exposé les principes dans la première Partie. En effet, comme on dose l'azote dans la
graine et dans la totalité de la récolte qu'elle a fournie, en employant dans les deux dosages le même

poids d'acide oxalique, il est évident qu'il n'y a aucune correction à introduire, puisque, après tout, il s'agit de constater une différence. Mais lorsqu'on doit fixer une quantité absolue, l'erreur occasionnée par l'impureté de l'acide ne saurait être négligée pour minime qu'elle soit, par la raison que, dans l'application du résultat obtenu, elle pourrait être multipliée par un nombre assez fort, comme cela arriverait, par exemple, si l'on ajoutait au sol 40 à 50 grammes de cendres dont on aurait déterminé l'azote en opérant sur quelques grammes seulement.

J'emploie dans chaque analyse une mesure dans laquelle il entre 2 grammes d'acide oxalique; c'est sur cette quantité que j'ai opéré. La moitié de la mesure était mêlée à la chaux sodée ; on destinait l'autre moitié au balayage du tube.

I. Titre de l'acide :

Avant...... $25,0$ acide équivalent à $0^{gr},0175$ d'azote
Après ...... $24,1$
Différence... $0,9$ $=$ azote $0^{gr},00063$

II. Titre de l'acide :

Avant...... $25,1$
Après ...... $24,2$
Différence... $0,9$ $=$ azote $0^{gr},00063$

On voit qu'un gramme de cet acide, bien que purifié par plusieurs cristallisations, retenait néanmoins $0^{gr},000315$ d'azote.

DOSAGE DE L'AZOTE DANS DES CENDRES RETENANT DU CHARBON.

Cendres de plants de lupins et de plants de hari-cots. — Les cendres que j'ai ajoutées à la pierre ponce calcinée, dans les expériences faites en 1854, prove-naient de la combustion d'un mélange de jeunes plants de lupins blancs et de haricots nains ; ces cen-dres étant très-alcalines, j'ai éprouvé beaucoup de difficultés pour les obtenir exemptes de charbon : encore n'ai-je pas entièrement réussi, car, bien qu'elles fussent d'un gris clair, le résidu qu'elles laissaient quand on les traitait par un acide était légèrement charbonneux ; je dus, en conséquence, y rechercher l'azote.

Trois grammes de cendres furent introduits dans le tube à analyse après avoir été intimement mêlés à un volume de chaux sodée égal au leur, et à une demi-mesure (1 gramme) d'acide oxalique, l'autre gramme d'acide ayant été disposé au fond du tube pour le balayage. Acide normal équivalent à azote $0^{gr},0175$.

Titre de l'acide décime :

Avant...............	$25,1^{cc}$		
Après...............	$23,8$		
Différence...	$1,3$ = azote	$0^{gr},00091$
Correction pour l'acide oxalique......		$0^{gr},00063$
Dans les 3 grammes de cendres, azote...		$0^{gr},00028$
Dans 1 gramme		$0^{gr},0001$

proportion tout à fait négligeable dans les quantités de cendres que j'ai données au sol calciné. On voit effectivement qu'il en aurait fallu 100 grammes pour introduire avec elles 1 centigramme d'azote très-probablement assimilable.

Cendres de foin. — J'ai brûlé sur une plaque de tôle une botte de foin d'une de nos prairies hautes (non irriguées). Une partie de la cendre a été introduite dans un creuset et maintenue au rouge pendant plusieurs heures : on agitait constamment pour favoriser la combustion du charbon; la matière prit au rouge-cerise une consistance pâteuse qui persista malgré l'abaissement de la température au rouge sombre. Les cendres retirées du creuset étaient très-foncées en couleur, presque noires et fortement alcalines. On les chauffa de nouveau à une chaleur supérieure au rouge-cerise, presque au blanc, sans les décolorer; elles étaient alors fortement *frittées.*

Trois grammes de ces cendres ont été mêlés à de la chaux sodée et à une demi-mesure d'acide oxalique, l'autre demi-mesure étant réservée pour le balayage.

Acide décime équivalent à o^{gr},0175 d'azote.

Titre de l'acide décime :

Avant...............	25,1^{cc}
Après...............	6,8
Différence ... 18,3 = azote	o^{gr},01276
Correction pour l'acide oxalique........	o^{gr},00063
Dans les 3 grammes de cendres, azote...	o^{gr},01213
Dans 1 gramme	o^{gr},00404

Après l'analyse, la chaux sodée avait une teinte rosée due à de l'oxyde de fer. Cette proportion d'azote est loin d'être négligeable, puisqu'il suffirait d'introduire dans le sol 10 grammes de cendres pour y apporter 4 centigrammes d'azote, dont une partie, si ce n'est la totalité, constitue certainement un cyanure. En effet, en ajoutant à la lessive de cette cendre assez d'acide acétique pour la rendre sensiblement acide, séparant la silice et versant dans la liqueur filtrée du sulfate de fer, il s'est déposé un précipité blanc qui, peu à peu, a pris une teinte bleue occasionnée par l'apparition du bleu de Prusse. La réaction du sulfate de cuivre fut encore plus nette, en ce que le précipité produit présenta tout de suite la couleur cramoisie du cyanoferrure de cuivre, ce qui prouve que dans la cendre il y avait du ferrocyanure de potassium.

Cendres provenant d'une gerbe de blé. — Une gerbe de blé brûlée sur une plaque de tôle a laissé une cendre dans laquelle les grains de froment carbonisés avaient conservé leur forme. Après avoir broyé la cendre, on l'a chauffée au rouge dans un creuset de terre sans qu'on ait pu détruire le charbon qui lui communiquait une teinte grise. On l'a calcinée à un rouge très-vif sans qu'il y ait eu changement d'aspect.

Trois grammes de cette cendre d'un gris très-foncé ont été traités par la chaux sodée. Acide décime équivalent à azote $0^{gr},0175$.

Après l'analyse, lorsqu'on eut introduit les six gouttes de teinture de tournesol avant de procéder à la détermination du titre, on reconnut que la totalité de l'acide était saturée. On ajouta, en conséquence, une deuxième pipette d'acide décime et six autres gouttes de teinture de tournesol.

Acide décime équivalent à $0^{gr},0175$ d'azote.

Titre de l'acide :

Avant.............. $25,1^{cc}$
Après.............. $24,5$

Différence... $0,6$ équivalent à azote.. $0^{gr},00043$
Azote dosé par la première pipette d'acide......... $0^{gr},01750$

$0^{gr},01793$
Correction pour l'acide oxalique............... $0^{gr},00063$

Dans 3 grammes de cendres, azote............. $0^{gr},01730$
Dans 1 gramme......................... $0^{gr},00577$

Ainsi 10 grammes de cette cendre apporteraient dans une expérience près de 6 centigrammes d'azote. J'ai reconnu que cet azote n'était pas à l'état de cyanure.

Afin de diminuer la quantité de charbon, j'ai exposé sous le moufle d'un fourneau de coupelle, dans un têt, quelques grammes de cendres qui devinrent d'un gris clair et dans lesquels on rechercha l'azote. Voici le résultat :

Acide décime équivalent à $0^{gr},0175$ d'azote; cendres, $1^{gr},50$.

Avant..... $25,1^{cc}$
Après..... $24,1$

Différence.. $1,0$ équivalent à azote.. $0^{gr},00070$
Correction...................... $0^{gr},00063$

Dans $1^{gr},5$ de cendres, azote......... $0^{gr},00007$

La présence de l'azote est à peine appréciable, et, dans tous les cas, la proportion en serait si minime, qu'elle ne pourrait exercer d'influence.

Cendres de pois. — On a incinéré 1 litre de pois

dans un creuset; on a broyé la cendre très-riche en charbon, puis on a continué l'incinération en élevant graduellement la température jusqu'au point où la matière commençait à devenir pâteuse. Sa cendre était d'un gris clair; on y distinguait quelques particules de charbon.

Acide décime équivalent à $0^{gr},0175$ d'azote. 3 grammes de cendres.

Titre de l'acide :

Avant..... $25^{cc},3$
Après..... $11,0$

Différence.. $14,3$ équivalent à azote. . $0^{gr},01000$
Correction....................... $0^{gr},00063$

Dans 3 grammes de cendres, azote....... $0^{gr},00937$
Dans 1 gramme.. .... $0^{gr},00312$

Cendres de graines d'avoine. — J'ai brûlé dans un creuset 1 litre d'avoine, en n'élevant pas la température au-dessus du rouge-cerise. Sur la fin, quand le charbon paraissait consumé, on a chauffé un peu plus sans amener toutefois l'agglomération de la matière. On a obtenu une cendre d'un gris très-clair, et il fallait employer la loupe pour y distinguer quelques particules de charbon. Ces cendres étaient si peu colorées, que je fus sur le point de ne pas y rechercher l'azote; elles en contenaient cependant une proportion très-notable.

Acide décime équivalent à $0^{gr},0175$ d'azote. Après l'analyse, la liqueur acide est devenue alcaline. On a mis une seconde pipette d'acide; on avait opéré sur 3 grammes de cendres.

Titre de l'acide :

Avant........ 25,1^{cc}

Après........ 17,1

Différence... 8,0 équivalent à azote..... 0^{gr},0056

Pour la 1re pipette d'acide saturé., av. le titrage. 0^{gr},0175

0^{gr},0231

Correction............................ 0^{gr},0006

Dans 3 grammes de cendres, azote............ 0^{gr},0225

Dans 1 gramme .... 0^{gr},0075

Cet azote ne se trouvait pas à l'état de cyanure. Ces cendres étaient d'ailleurs peu alcalines.

Cendres de chiendent. — On a mis le feu à un gros tas de chiendent qu'on avait extirpé d'une vigne. Il est resté un *brûlis*, ou cendre très-riche en charbon, que l'on considère avec raison comme un excellent amendement. J'ai été curieux d'y chercher l'azote. D'abord, je me suis assuré que ces cendres, qui communiquent à l'eau dans laquelle on les fait bouillir une teinte jaune, due probablement à un acide brun dissous par un alcali, ne renferment pas la plus petite trace de cyanure.

Acide décime équivalent à 0^{gr},0175 d'azote; cendres, 1 gramme.

Titre de l'acide :

Avant..... 25,3^{cc}

Après 19,5

Différence.. 5,8 équivalent à azote. 0^{gr},0040

Correction................. .... 0^{gr},0006

Dans 1 gramme de cendres, azote...... 0^{gr},0034

Cendres de feuilles de betteraves. — Après avoir été desséchées au four, les feuilles ont été brûlées sur une plaque de tôle. On a obtenu une cendre noire très-poreuse fortement alcaline, qui s'est fondue complétement quand on l'a chauffée dans un creuset au rouge très-sombre; la matière est devenue aussi liquide que de l'eau; je l'ai entretenue au rouge pendant deux heures, en l'agitant fréquemment avec une baguette de fer. Après le refroidissement, elle avait l'apparence de la soude brute; sa saveur était très-alcaline en même temps qu'hépatique. Dans la lessive de cette cendre, j'ai reconnu une assez forte proportion de cyanure et de ferrocyanure de potassium. En agissant sur une quantité suffisante de cendres, j'ai pu préparer un bel échantillon de bleu de Prusse.

Le dosage de l'azote a été fait sur 2 grammes de matière. Acide normal décime équivalent à $0^{gr},0175$ d'azote. Deux pipettes d'acide.

Titre de l'acide :

Avant.....	$24,0$ cc
Après.....	$22,9$
Différence..	$1,1$ équivalent à azote.... $0^{gr},0008$
Pour la première pipette d'acide.........	$0^{gr},0175$
	$0^{gr},0183$
Correction pour l'acide oxalique.........	$0^{gr},0006$
Dans 2 grammes de cendres, azote........	$0^{gr},0177$
Dans 1 gramme........................	$0^{gr},0089$

Ainsi, en supposant que la totalité de cet azote constituât du cyanogène, la cendre de feuilles de betteraves renfermait 4 pour 100 de cyanure de potassium.

Cendres de soleil (helianthus). — Les racines, les tiges, les feuilles et les fruits de plusieurs *helianthus* ont été brûlés sur une plaque de tôle. L'incinération a été achevée au rouge obscur. La cendre, d'un gris foncé, était fortement frittée. La lessive de cette cendre contenait du cyanure de potassium, mais pas trace de ferrocyanure.

On a dosé l'azote sur $2^{gr},27$ de cendres. Acide normal décime équivalent à $0^{gr},0175$ d'azote.

Titre de l'acide :

Avant..... $24,0$ cc
Après..... $16,8$

Différence.. $8,2$ équivalent à azote.... $0^{gr},006$
Correction pour l'acide oxalique......... $0^{gr},0006$

Dans $2^{gr},27$ de cendres, azote.......... $0^{gr},0060$
Dans 1 gramme........................ $0^{gr},0027$

Comme dans les expériences exécutées dans des atmosphères confinées, l'eau que j'ai employée était complètement exempte de carbonate d'ammoniaque ; la précaution était d'autant plus nécessaire, que, dans ces nouvelles recherches, on devait en faire intervenir une grande quantité pour arroser les plantes. J'ai invariablement opéré de la manière suivante pour obtenir l'eau pure. On chargeait un petit alambic avec 12 litres d'eau de source (1); on rejetait les 4 premiers litres sortis du serpentin, et l'on réservait pour les expériences les 4 litres qui venaient après. Cette eau, essayée à l'aide de l'appareil dont je me suis servi dans mes recherches sur la pluie, n'a jamais donné le moindre indice de la présence de l'ammoniaque.

Cette condition de l'absence de l'ammoniaque est

---

(1) Cette eau, provenant d'une source sortant du grès des Vosges, ne renferme d'ailleurs que des traces d'ammoniaque.

indispensable, autrement on serait astreint, pendant toute la durée de l'expérience, c'est-à-dire pendant plusieurs mois, à mesurer avec exactitude l'eau avec laquelle on arroserait chaque plante, et à mettre en réserve, toutes les fois qu'on arroserait, une quantité d'eau égale à celle qu'on aurait employée, afin d'être à même d'y rechercher un jour la proportion d'ammoniaque que l'arrosage aurait apportée au sol ; et encore faudrait-il que l'eau mise en réserve eût la même origine que celle versée sur les plantes, c'est-à-dire qu'elle fût prise dans le même flacon, pour être sûr qu'elle provînt non-seulement de la même distillation, mais encore de la même phase de la distillation, la proportion d'ammoniaque dans l'eau distillée variant à chacune de ces phases. Les corrections que l'on appliquerait à un résultat, en négligeant de se conformer à ces prescriptions, manqueraient évidemment de sincérité.

Les lupins et les haricots nains employés dans les expériences de 1854 avaient été réservés lors de mes premiers travaux ; on les avait pesés et mis en flacons aussitôt qu'on eut dosé l'azote sur les graines de même nature et de même origine. Comme résultats moyens, sur 100 parties, on avait trouvé :

Dans les lupins, azote. . . . . $5^{gr},820$

Dans les haricots nains. . . . . $4^{gr},475$

Les soins apportés à la conservation de ces graines rendaient certainement inutiles de nouvelles analyses ; néanmoins, comme vérification, j'ai cru devoir faire une détermination d'azote sur un des haricots nains.

Cette graine pesait $0^{gr},710$. L'acide normal équivalait à $0^{gr},0875$ d'azote.

Titre de l'acide :

Avant..... $30,8$ cc

Après..... $19,6$

Différence.. $11,2$ équivalent à azote .. $0^{gr},03182$

Pour 100, azote................ .... $4^{gr},480$

Il n'existait donc aucun motif pour modifier la teneur en azote trouvée dans les graines précédemment
examinées, et c'est cette teneur que j'ai adoptée dans
les expériences que je vais décrire.

VÉGÉTATION DU LUPIN PENDANT DEUX MOIS ET DEMI.
(PREMIÈRE EXPÉRIENCE.)

Une graine de lupin, pesant $0^{gr},337$, et devant contenir $0^{gr},0196$ d'azote, a été plantée le 12 mai 1854,
dans de la ponce calcinée, renfermant $0^{gr},5$ de cendres *mixtes*, provenant de la combustion de plants de
lupins et de haricots.

Le 4 juin, il y a quatre feuilles bien formées, mais
moins grandes que celles de lupins cultivés en terre
de jardin, à côté de l'appareil, comme terme de comparaison. La teinte des feuilles est aussi moins foncée.
Les cotylédons sont encore pleins et d'un beau vert.

Le 7 juillet, on comptait neuf feuilles et un bourgeon feuillu. Un cotylédon s'était détaché.

Le 19 juillet, la plante portait onze feuilles, dont
plusieurs ayant une teinte noire. Le cotylédon restant
était flétri. On a procédé à la dessiccation.

Durant cette première expérience, l'aspirateur avait
fait passer dans l'appareil 40500 litres d'air.

Desséchée à l'étuve, la plante a pesé $2^{gr},14$.

Dosage de l'azote dans la plante récoltée. — On a analysé, en une seule opération, la totalité de la récolte. 10 centimètres cubes de l'acide normal équivalent à $0^{gr},0875$ d'azote.

Titre de l'acide :

Avant .... $30,7^{cc}$
Après .... $\underline{24\ 5}$
Différence... $6,2$ équivalent à azote $0^{gr},0170$

Dosage de l'azote dans le sol.

La ponce ayant servi de sol, sèche, pesait $127,52^{gr}$; le $\frac{1}{10}$. $12,75^{gr}$
Le pot à fleurs..................... $134,68$..... $13,47$
$\overline{26,22}$

Acide normal décime équivalent à $0^{gr},0175$ d'azote.

I. Matière, $26^{gr},22$.

Titre de l'acide :

Avant........ $25,1^{cc}$
Après........ $23,9$
Différence... $\overline{1,2}$ équivalent à azote. $0^{gr},00084$

II. Matière, $26^{gr},22$.

Titre de l'acide :

Avant........ $25,1^{cc}$
Après........ $24,0$
Différence... $\overline{1,1}$ équivalent à azote $0^{gr},00077$
$0^{gr},00161$

Correct. p. l'erreur introd. par l'acide oxal. $0^{gr},00126$ (1)
Azote dans le $\frac{1}{5}$ du sol................. $0^{gr},00035$
Azote dans la totalité du sol............ $0^{gr},00175$

---

(1) Je n'ai pas appliqué la correction au résultat du dosage de la plante récoltée, parce que le résultat du dosage de la graine n'avait pas été corrigé de l'erreur apportée par l'acide oxalique.

Résumé de la première expérience.

	gr
Dans la plante récoltée, azote......	0,0170
Dans le sol...................	0,0017
Dans la récolte................	0,0187
Dans la graine pesant 0gr,337	0,0196
Durant la culture, perte en azote....	0,0009

CONCLUSION. — Il n'y a pas eu d'azote fixé pendant la végétation.

VÉGÉTATION D'UN HARICOT NAIN PENDANT DEUX MOIS ET DEMI. FLORAISON.

(DEUXIÈME EXPÉRIENCE.)

Un haricot pesant 0gr,720 et devant contenir 0gr,0322 d'azote a été mis le 14 mai 1854 dans de la ponce calcinée avec 0gr,10 de cendres *mixtes* et 5 grammes de cendres de fumier lavées (1).

Le 22 juin, la plante a six feuilles normales d'un vert foncé. Les feuilles primordiales persistent, fortes et charnues.

Le 28 juin, on a enlevé les cotylédons détachés.

Le 2 juillet, les feuilles primordiales sont fanées. Le 10 juillet, les trois feuilles normales inférieures commencent à se flétrir; les feuilles supérieures sont d'un beau vert; on aperçoit quatre fleurs. Le 20 juil-

_____

(1) J'appelle *cendre lavée*, de la cendre qui a séjourné pendant quelques heures dans 2 décilitres d'eau, qu'on recueille sur un filtre, et qu'on calcine ensuite au rouge sombre. J'ai procédé ainsi, parce que j'avais reconnu que l'alcalinité trop prononcée des cendres mixtes nuisait à la végétation à ce point que la jeune plante succombait presque constamment huit ou dix jours après la germination.

I.   7

let, les fleurs sont épanouies; trois des feuilles inférieures sont tombées; il pousse trois nouvelles feuilles. La plante porte neuf feuilles bien développées. Le 25 juillet, le haricot a douze feuilles normales et trois feuilles naissantes; on termine l'expérience; la plante a 23 centimètres de hauteur, elle paraît fortement constituée; après la dessiccation, elle a pesé 2 grammes.

Dans cette deuxième expérience, il a passé dans l'appareil 42500 litres d'air.

Dosage de l'azote dans la plante récoltée. — On a analysé en une seule opération la totalité de la récolte. Dix centimètres cubes de l'acide normal équivalent à $0^{gr},0875$ d'azote.

Titre de l'acide :

Avant......... $30,8^{cc}$
Après......... $20,8$
Différence... $10,0$ équivalent à azote.. $0^{gr},0284$

Dosage de l'azote dans le sol.

La ponce-sol a pesé $60^{gr},00$; le $\frac{1}{10}$ ... $6,00^{r}$
Le pot à fleurs.... $89,85$.......... $8,99$
                                      $14,99$

Acide normal décime équivalent à $0^{gr},0175$ d'azote.
I. Matière, $14^{gr},99$.

Titre de l'acide :

Avant.......... $25,0^{cc}$
Après.......... $23,6$
Différence... $1,4$ équivalent à azote. $0^{gr},00096$

II. Matière, $14^{gr},99$.

Titre de l'acide :

Avant.......... $25,0^{cc}$

Après.......... $23,4$

Différence... $\quad 1,6$ équivalent à azote. $\quad 0^{gr},00112$

$\qquad\qquad\qquad\qquad\qquad\qquad\qquad 0^{gr},00208$

Correction pour l'acide oxalique.......... $0^{gr},00126$

Azote dans le $\frac{1}{5}$ du sol.............. $0^{gr},00082$

Dans la totalité du sol.............. $0^{gr},00410$

Résumé de la deuxième expérience.

Dans la plante récoltée, azote.. $\quad 0,0284^{gr}$

Dans le sol.............. $\quad 0,0041$

Dans la récolte.............. $\quad 0,0325$

Dans la graine pesant $0^{gr},720$.. $\quad 0,0322$

Durant la culture, gain en azote. $\quad 0,0003$

CONCLUSION. — Il n'y a pas eu de quantité appréciable d'azote fixée pendant la végétation.

VÉGÉTATION D'UN HARICOT NAIN PENDANT TROIS MOIS;
FLORAISON ET PRODUCTION DE GRAINES.

(TROISIÈME EXPÉRIENCE.)

Un haricot pesant $0^{gr},748$ et devant contenir $0^{gr},0335$ d'azote, a été planté le 14 mars 1854 dans de la ponce, à laquelle on avait ajouté $0^{gr},20$ de cendres mixtes, et 1 gramme de cendres lavées.

Le 12 juin, les feuilles primordiales sont grandes et charnues, on compte six feuilles normales dont la cou-

leur est aussi foncée que celle des feuilles des haricots du jardin ; les cotylédons sont jaunes.

Le 22 juin, les cotylédons sont flétris; les feuilles
séminales presque complétement décolorées; il y a six
feuilles normales développées et six jeunes feuilles.

Le 1ᵉʳ juillet, le haricot commence à porter des
fleurs. On compte neuf feuilles développées, trois
feuilles moyennes et six feuilles naissantes. Depuis la
chute des cotylédons et des feuilles primordiales, les
feuilles sont devenues pâles. La plante porte huit
fleurs dont deux sont épanouies.

Le 15 juillet, il y a deux gousses ayant chacune
3 centimètres de long ; les feuilles, depuis la floraison,
sont encore devenues plus pâles, plusieurs sont tombées ; il reste neuf feuilles normales et douze petites.

Le 24 juillet, une des deux gousses a pris un développement remarquable; l'autre, qui n'avait fait
presque aucun progrès, vient de se détacher. Les
feuilles continuent à perdre leur couleur verte et à
tomber à mesure que la gousse grossit.

Le 12 août, on ne voit plus apparaître de nouvelles
feuilles ; la gousse, qui était d'un beau vert le 24 juillet, est devenue jaune.

Le 17 août, la maturité de la gousse paraît achevée,
la plante est extraite de l'appareil ; la tige, qui est la
seule partie qui ait conservé une couleur verte, a
28 centimètres de hauteur ; son diamètre, pris à la
base, est de 6 millimètres.

La gousse avait 6 centimètres de longueur et 7 millimètres de largeur; on en a retiré 2 haricots blancs
parfaitement conformés, mais très-petits, puisque les
deux n'ont pesé que 6 centigrammes; les cavités

qu'ils occupaient dans la gousse étaient assez grandes pour contenir des graines beaucoup plus fortes, car avant de les sortir, à en juger par les renflements, je croyais trouver des haricots gros comme des pois.

Pendant cette troisième expérience, l'appareil a reçu 54000 litres d'air.

La plante séchée a pesé 2^{gr},847.

Dosage de l'azote dans la plante récoltée. — Dans la crainte de compromettre le résultat d'une expérience qui présentait d'autant plus d'intérêt, que la plante avait donné non-seulement des fleurs, mais des graines parfaitement mûres, la récolte a été analysée en deux opérations.

Dix centimètres cubes d'acide normal équivalent à 0^{gr},0875 d'azote.

I. Matière, 1^{gr},4235.

Titre de l'acide :

Avant........	30,7^{cc}
Après........	24,7
Différence...	6,0 équivalent à azote. 0^{gr},01710

II. Matière, 1^{gr},4235.

Titre de l'acide :

Avant........	30,6^{cc}
Après........	24,7
Différence...	5,8 équivalent à azote. 0^{gr},01658

	0^{gr},03368
Correction pour l'acide oxalique.... ...	0^{gr},00063 (1)
Dans la plante récoltée, azote.........	0^{gr},03305

(1) Ici j'applique une fois seulement la correction pour l'erreur due à l'impureté de l'acide oxalique ; la correction n'ayant pas, comme je l'ai dit, été appliquée au dosage de l'azote de la graine.

Dosage de l'azote dans le sol.

Ponce-sol, sèche, pesait $125^{gr},48$; le $\frac{1}{10}$. $12^{gr},55$

Pot à fleurs, pesait $146^{gr},44$......... $14,64$

$$27,19$$

Acide normal décime équivalent à $0^{gr},0175$ d'azote.

I. Matière $27^{gr},19$.

Titre de l'acide :

   Avant........ $25,0^{cc}$

   Après........ $24,0$

   Différence... $1,0$ équivalent à azote. $0^{gr},00070$

II. Matière, $27^{gr},19$.

Titre de l'acide :

   Avant........ $25,0^{cc}$

   Après........ $23,9$

   Différence... $1,1$ équivalent à azote. $0^{gr},00077$

                                $0^{gr},00147$

Correction pour l'acide oxalique....... $0^{gr},00126$

Azote dans le $\frac{1}{5}$ du sol................ $0^{gr},00021$

Dans la totalité du sol............... $0^{gr},00105$

Résumé de la troisième expérience.

Dans la plante récoltée, azote.... $0,0330^{gr}$

Dans le sol .. ..,......... $0,0011$

Dans la récolte............... $0,0341$

Dans la graine .... $0,0335$

Durant la culture, gain en azote... $0,0006$

CONCLUSION. — Il n'y a pas eu une quantité appréciable d'azote fixée pendant la végétation.

VÉGÉTATION D'UN HARICOT NAIN PENDANT TROIS MOIS
ET DEMI.

(QUATRIÈME EXPÉRIENCE.)

Un haricot pesant $0^{gr},755$ et devant contenir
$0^{gr},0339$ d'azote a été mis le 10 mai 1854 dans de la
ponce renfermant $0^{gr},5$ dè cendres mixtes et 1 gramme
de cendres lavées.

Le 12 juin, les feuilles primordiales sont très-lon-
gues et très-épaisses; il y a seulement deux feuilles
normales; les cotylédons sont déjà d'un vert pâle.

Le 22 juin, les cotylédons sont flétris; les feuilles
primordiales commencent à devenir jaunes.

Le 1er juillet, les cotylédons et les feuilles primordiales sont détachés, on voit des fleurs; on compte
onze feuilles bien développées et d'un beau vert.

Le 7 juillet, les feuilles placées vers la partie inférieure de la tige sont jaunes et pendantes; elles se
sont flétries à mesure que de nouvelles feuilles appa-
raissaient, on les enlève: il reste neuf feuilles développées et trois feuilles naissantes. Toutes ces feuilles
sont moins foncées en couleur que celles des haricots
du jardin; les plus anciennes sont les plus pâles. La
plante porte huit belles fleurs, dont deux sont épanouies.

Le 15 juillet, la couleur verte des feuilles perd tous
les jours de son intensité. Il y a sur le plant douze
feuilles développées et trois feuilles naissantes d'un
beau vert; les trois feuilles les plus anciennes sont
presque entièrement décolorées. Il y a quatre gousses,
longues de 2 à 3 centimètres.

Le 22 juillet, plusieurs feuilles sont tombées depuis le 15; cependant il y a toujours douze feuilles, parce que de nouvelles feuilles ont remplacé celles qui se sont détachées : une des gousses a pris beaucoup de développement.

Le 30 juillet, il ne reste plus que six feuilles. Les gousses sont d'un vert assez vif. Depuis quelques jours on ne voit plus sortir de jeunes feuilles, mais, chose singulière, on remarque une nouvelle fleur.

Le 10 août, de la nouvelle fleur il est surgi une gousse qui a déjà 3 centimètres.

Le 13 août, il a encore paru une fleur.

Le 22 août, il reste deux gousses adhérentes: l'une est mûre; l'autre, provenant d'une des dernières fleurs, est verte et d'une couleur foncée. Celle-ci, qui est mûre, a 6 centimètres; on en a retiré un très-petit haricot blanc bien formé, qui, après avoir été exposé au soleil, a pesé 4 centigrammes.

La tige, presque dégarnie de feuilles, était d'un vert pâle; elle avait 30 centimètres de hauteur. La plante a été mise à l'étuve.

Pendant la quatrième expérience, il est passé 58000 litres d'air.

La récolte sèche a pesé $2^{gr},24$.

Dosage de l'azote dans la plante récoltée. — La récolte a été analysée en deux opérations.

Dix centimètres cubes de l'acide normal équivalent à $0^{gr},0875$ d'azote.

I. Matière, 1^{gr},12.

Titre de l'acide :

Avant........ 30,7^{cc}

Après........ 25,8

Différence ... 4,9 équivalent à azote   0^{gr},01396

II. Matière, 1^{gr},12.

Titre de l'acide :

Avant........ 30,7^{cc}

Après........ 25,5

Différence ... 5,2 équivalent à azote.   0^{gr},01482

0^{gr},02878

Correction........................   0^{gr},00063

Dans la plante récoltée, azote.........   0^{gr},02815

Dosage de l'azote dans le sol.

Ponce-sol sèche.. 128^{gr},00 ; le $\frac{1}{10}$.. 12,80^{gr}

Pot à fleurs ..... 132^{gr},5o   13,25

26,05

Acide normal équivalent à 0^{gr},0175 d'azote.

I. Matière, 26^{gr},05.

Titre de l'acide :

Avant........ 25,1^{cc}

Après........ 23,4

Différence ... 1,7 équivalent à azote   0^{gr},00118

II. Matière, 26^{gr},05.

Titre de l'acide :

Avant........ 25,1^{cc}

Après........ 23,6

Différence... 1,5 équivalent à azote.   0^{gr},00105

0^{gr},00223

Correction ....   0^{gr},00126

Dans le $\frac{1}{5}$ du sol, azote............   0^{gr},00097

Dans la totalité du sol................   0^{gr},00485

Résumé de la quatrième expérience.

Dans la plante récoltée, azote....	0gr 0281
Dans le sol...................	0,0048
Dans la récolte..............	0,0329
Dans la graine...............	0,0339
Durant la culture, perte en azote..	0,0010

Conclusion. — Il n'y a pas eu d'azote fixé pendant la végétation.

VÉGÉTATION DE DEUX HARICOTS NAINS PENDANT DEUX MOIS ET UNE SEMAINE.

(CINQUIÈME EXPÉRIENCE.)

Deux haricots pesant 1gr,510 et devant contenir 0gr,0676 d'azote ont été plantés le 12 mai 1854 dans de la ponce renfermant 0gr,3 de cendres mixtes et 3 grammes de cendres lavées.

Le 12 juin, il y a des feuilles normales.

Le 1er juillet, les deux plants sont couverts de feuilles ; ils ont perdu leurs cotylédons et leurs feuilles primordiales.

Le 17 juillet, plusieurs des feuilles de la partie inférieure des tiges sont tombées ; celles qui restent adhérentes, et on en compte vingt-six, sont moins colorées que les feuilles des haricots du jardin ; les plants portent treize fleurs.

Le 25 juillet, les plants ont quatre gousses d'un vert foncé qui forme un contraste avec le vert très-pâle des feuilles.

Le 10 août, deux gousses seulement ont pris du développement; elles ont des renflements qui indiquent qu'elles renferment des graines.

Le 19 août, les deux gousses sont mûres. Une autre gousse peu avancée a conservé sa couleur verte : c'est un *haricot vert,* long de 35 millimètres. Les feuilles sont presque entièrement décolorées, particulièrement dans le bas de la tige; c'est au reste ce qui arrive dans la culture normale, avec cette différence que la décoloration est moins prononcée. Les deux gousses mûres ont été exposées au soleil; le reste de la plante a été mis à l'étuve.

Des gousses, on a retiré trois haricots blancs parfaitement constitués, en tout semblables, à la grosseur près, à la semence qui les avait produits; ils ont pesé 7 centigrammes; la récolte sèche, 5^{gr},15.

Pendant la cinquième expérience, l'appareil a été traversé par 55500 litres d'air.

Dosage de l'azote dans les deux plantes récoltées.— On a fait deux opérations.

Dix centimètres cubes de l'acide normal équivalent à 0^{gr},0875 d'azote.

I. Matière, 2^{gr},575.

Titre de l'acide :

Avant........	30,7 cc		
Après........	18,7		
Différence...	12,0 équivalant à azote.	0^{gr},03127	

D'autre part. $0^{gr},03127$

II. Matière, $2^{gr},575$.

Titre de l'acide :

Avant........ $37,0^{cc}$

Après........ $20,8$

$9,9$ équivalent à azote. $0^{gr},02822$

$0^{gr},05949$

Correction .... $0^{gr},00063$

Dans la récolte, azote................. $0^{gr},05885$

Dosage de l'azote dans le sol.

Ponce-sol sèche. $126^{gr},50$; le $\frac{1}{10}$. $12,65^{gr}$

Pot à fleurs.... $139^{gr},75$ $13,98$

$26,63$

Acide normal décime équivalent à $0^{gr},0175$ d'azote.

I. Matière, $26^{gr},63$.

Titre de l'acide :

Avant........ $25,0^{cc}$

Après........ $22,8$

Différence... $2,2$ équivalent à azote. $0^{gr},00154$

II. Matière, $26^{gr},63$.

Titre de l'acide :

Avant........ $25,0^{cc}$

Après........ $23,2$

Différence... $1,8$ équivalent à azote. $0^{gr},00126$

$0^{gr},00280$

Correction .... $0^{gr},00126$

Dans le $\frac{1}{5}$ du sol, azote................ $0^{gr},00154$

Dans la totalité du sol................ $0^{gr},00770$

Résumé de la cinquième expérience.

	gr
Dans les plantes récoltées, azote...	0,0589
Dans le sol....................	0,0077
Dans la récolte...............	0,0666
Dans les graines	0,0676
Durant la culture, perte en azote.	0,0010

CONCLUSION. — Il n'y a pas eu d'azote fixé pendant la végétation.

Dans la première Partie j'ai rapporté une expérience faite sur le lupin, dans une atmosphère confinée, qui établirait, autant que peut le faire une seule observation, qu'un engrais ajouté au sol ne détermine pas l'assimilation du gaz azote de l'air. Dans le programme que je m'étais tracé, je devais répéter cette expérience sur une plante vivant dans une atmosphère renouvelée. Cette recherche a été l'objet des observations dont je vais présenter les résultats.

VÉGÉTATION DU LUPIN PENDANT UN MOIS ET TROIS SEMAINES.

(SIXIÈME EXPÉRIENCE.)

Le 28 juin 1854, dans de la ponce calcinée à laquelle on avait ajouté $0^{gr},05$ de cendres mixtes et 1 gramme de cendres lavées, on a planté un lupin pesant $0^{gr},310$, devant contenir azote. . $0^{gr},0180$

Comme engrais, un lupin dont on avait détruit la faculté germinatrice, pesant $0^{gr},300$, devant contenir, azote. $0^{gr},0175$

$0^{gr},0355$

Le 18 août, la plante était très-belle; elle portait neuf feuilles d'un vert un peu moins foncé que le vert des feuilles des lupins du jardin. Comme le lupin se trouvait dans toute sa vigueur, on a terminé l'expérience, parce que je voulais savoir si, pendant une végétation dont la durée ne dépassait pas deux mois, la plante avait déjà emprunté de l'azote à l'engrais qu'on avait mis à sa disposition. La récolte, séchée à l'étuve, a pesé 1^{gr},73.

Durant la sixième expérience, il est passé dans l'appareil 30500 litres d'air.

Dosage de l'azote dans la plante récoltée. — Dix centimètres cubes de l'acide normal équivalent à 0^{gr},0875 d'azote.

Matière, 1^{gr},73.

Titre de l'acide :

Avant........ 30,7 ^{cc}
Après........ 20,1
_____
Différence... 10,6 équivalent à azote. 0^{gr},0302

Dosage de l'azote dans le sol.

Ponce-sol sèche.....	67^{gr},7; le $\frac{1}{10}$..	6,77 ^{gr}
Pot à fleurs........	93^{gr},8	9,38
		16,15

Acide normal décime équivalent à 0^{gr},0175 d'azote.

I. Matière, 16^{gr},15.

Titre de l'acide :

Avant........ 25,0 ^{cc}
Après........ 23.5
_____
Différence... 1,5 équivalent à azote 0^{gr},00106

II. Matière, $16^{gr},15$.

Titre de l'acide :

Avant........ $25,0^{cc}$
Après........ $23,8$

Différence... $1,2$ équivalent à azote $0^{gr},00084$

$0^{gr},00190$
Correction .... $0^{gr},00126$

Dans le $\frac{1}{5}$ du sol, azote.............. $0^{gr},00064$
Dans la totalité du sol.............. $0^{gr},00320$

Si l'on compare le lupin récolté à la graine d'où il est sorti, on trouvera que pendant sa végétation il a acquis une assez forte proportion d'azote; ainsi :

La plante a renfermé, azote.... $0^{gr},0302$
Dans la graine, il y avait....... $0^{gr},0180$

Gain en azote............... $0^{gr},0122$

La plante avait donc acquis une quantité d'azote à peu près égale à celle que contenait la semence. Mais, si l'on tient compte de la constitution de la graine morte de lupin enfouie dans le sol, on voit que l'azote acquis provient évidemment de l'engrais.

Résumé de la sixième expérience.

Dans la plante récoltée, azote............ $0,0302^{gr}$
Dans le sol........................ $0,0032$

$0,0334$
Dans la graine plantée, azote.... $0^{gr},0180$
Dans la graine mise comme engrais $0^{gr},0175$

$0^{gr},0355$ $0,0355$

Durant la végétation, perte en azote....... $0,0021$

CONCLUSION. — La graine morte, en agissant comme engrais, n'a pas déterminé l'assimilation de l'azote de l'air pendant la végétation du lupin.

VÉGÉTATION DU CRESSON ALÉNOIS PENDANT DEUX MOIS ET QUATORZE JOURS.

(SEPTIÈME EXPÉRIENCE.)

Le 2 juillet, dans du sable calciné auquel on avait ajouté $0^{gr},05$ de cendres mixtes et 1 gramme de cendres lavées, on a semé quarante-deux graines de cresson pesant $0^{gr},1$.

Le 18 juillet, on voit déjà des feuilles normales. Le 6 août, la floraison commence, les tiges sont très-grêles, mais elles se tiennent droites. On compte seulement trente plants; douze des graines semées n'ayant pas levé, chacun des plants porte une ou deux fleurs.

Le 3 septembre, il y a une graine bien formée, mais très-petite, sur chaque plant.

Le 16 septembre, les graines étant complétement mûres, les plants sont réunis aux feuilles primordiales qu'on avait recueillies avec soin. Après dessiccation, ils ont pesé $0^{gr},533$.

Dosage de l'azote dans les graines, dans la récolte et dans le sol. — Ayant à opérer sur d'aussi faibles quantités de matières, j'ai dû naturellement, pour les dosages, employer l'acide normal décime, dont 10 centimètres cubes équivalent à $0^{gr},0175$ d'azote.

Dosage de l'azote dans les graines. — Quarante-deux graines pesant $0^{gr},1$.

Titre de l'acide :

Avant........ 25,3^{cc}

Après........ 17,8

Différence... 7,5 équivalent à azote 0^{gr},00519

Correction pour l'acide oxalique........ 0^{gr},00063

Dans la graine semée, azote............ 0^{gr},00456

Dosage de l'azote dans la récolte. — Matière, 0^{gr},533.

Titre de l'acide :

Avant........ 25,3^{cc}

Après........ 19,8

Différence... 5,5 équivalent à azote 0^{gr},00380

Correction de l'acide oxalique......... 0^{gr},00063

0^{gr},00317

Dosage de l'azote dans le sol.

Poids du sable... 153^{gr},90; le $\frac{1}{10}$ 15,39^{gr}

Poids du vase.... 129^{gr},25   12,92

18,31

I. Matière, 28^{gr},31.

Titre de l'acide :

Avant........ 25,3^{cc}

Après....... 24,2

Différence... 1,1 équivalent à azote 0^{gr},00076

II. Matière, 28^{gr},31.

Titre de l'acide :

Avant.......... 25,3^{cc}

Après........ 24,0

Différence... 1,3 équivalent à azote 0^{gr},00090

0^{gr},00166

Correction pour l'acide oxalique........ 0^{gr},00126

Dans le $\frac{1}{5}$ du sol, azote................ 0^{gr},00040

Dans la totalité du sol................. 0^{gr},00200

I.   8

Résumé de la septième expérience.

Dans les plants récoltés, azote..... $\overset{gr}{0,0032}$

Dans le sol................... 0,0020

—————

0,0052

Dans les 42 graines semées........ 0,0046

Durant la culture, gain en azote..... 0,0006

CONCLUSION. — Il n'y a pas eu une quantité appréciable d'azote fixé pendant la végétation.

En considérant l'ensemble des résultats précédents comme une seule expérience, on a

NUMÉROS des expériences.	GRAINES semées.	POIDS des graines.	AZOTE dans les graines.	POIDS des récoltes sèches.	AZOTE dans les récoltes.	POIDS du sol.	AZOTE dans le sol.
1re et 6e....	Lupins....	$\overset{gr}{0,947}$	$\overset{gr}{0,0551}$	$\overset{gr}{3,87}$	$\overset{gr}{0,0472}$	$\overset{gr}{423,70}$	$\overset{gr}{0,005}$
2e, 3e, 4e, 5^e	Haricots..	3,733	0,1672	12,24	0,1486	948,52	0,018
7e.........	Cresson...	0,100	0,0046	0,53	0,0032	283,15	0,002
	Totaux...	4,780	0,2269	16,64	0,1990	1655,37	0,025

Résumé.

Dans les récoltes, azote. $\overset{gr}{0,199}$

Dans le sol.......... 0,025

—————

0,224

Dans les graines, azote. 0,227

Perte en azote........ 0,003

VÉGÉTATION A L'AIR LIBRE, A L'ABRI DE LA PLUIE.

Dans cette troisième série d'observations, rien n'a été changé aux dispositions adoptées dans les recherches précédentes, en ce qui concernait le sol, les cendres et l'eau ; les cendres se sont développées dans de la pierre ponce ou du sable calciné au rouge ; les cendres avaient été préparées de manière à les avoir à peu près exemptes de charbon, et, en tous cas, eu égard à la quantité qu'on faisait intervenir, les traces de substance azotée qu'elles pouvaient encore retenir ne pouvaient exercer aucune influence ; l'eau distillée était aussi pure qu'il est possible de l'obtenir. Les pots à fleurs ont été placés dans une cage *c*, une sorte de lanterne vitrée, *fig.* 5, *Pl. II*, de forme hexagonale, et recouverte par une toiture, un châssis en fonte portant des vitres. et formant une pyramide tronquée. La cage repose sur une table en marbre au moyen de quatre supports en liége *s*, *s*, *s*, *s*, de $\frac{1}{2}$ centimètre d'épaisseur ; de même, la toiture est supportée par quatre petits morceaux de liége de 1 centimètre d'épaisseur *s'*, *s'*, *s'*, *s'*, reposant sur le périmètre de la cage. Les espaces qui séparent la base du toit du périmètre supérieur, et la table de marbre du périmètre inférieur de la cage, suffisent amplement à la circulation de l'air, car, pour peu que le vent se fasse sentir, les feuilles sont agitées sans qu'il y ait à craindre que celles qui se détacheraient soient entraînées au dehors. La toiture, qui par son poids donne de la stabilité au système, met les plantes à l'abri de la pluie. Pendant la nuit et même le jour, quand i pleut et que l'air est très-agité, on enlève les supports en liége *s'*, afin de mieux clore la cage.

Il est extrêmement probable que dans le voisinage immédiat du sol l'air contient plus d'ammoniaque qu'à une certaine élévation. Une observation inté-

8.

ressante, due à M. Lassaigne, semble même mettre le fait hors de doute, puisque en exposant pendant quelques jours, à une petite distance de la terre d'un jardin, un entonnoir mouillé avec de l'acide chlorhydrique, on voit le verre se couvrir de cristaux de sel ammoniac. J'ajouterai que, d'après les recherches que j'ai exécutées avec M. Léwy, l'atmosphère confinée dans les pores d'un sol arable fumé renfermait des quantités dosables d'ammoniaque, bien qu'on n'opérât que sur 50 à 60 litres d'air seulement (1).

Afin de soustraire les plantes à l'influence de ces vapeurs ammoniacales émanant de la terre, j'ai établi l'appareil qui les abritait sur un balcon élevé de 10 mètres au-dessus du sol d'un jardin.

VÉGÉTATION D'UN HARICOT NAIN PENDANT TROIS MOIS ET DEMI A L'AIR LIBRE.

(PREMIÈRE EXPÉRIENCE.)

Le 27 juin 1851, on a mis dans un sol-ponce préparé avec de la cendre de fumier, un haricot nain du poids de $0^{gr},780$, dans lequel il devait y avoir $0^{gr},0349$ d'azote. La végétation a passé, à très-peu près, par toutes les phases qu'on a signalées dans l'expérience qu'à la même époque on avait disposée dans l'air confiné (2). Il y eut cependant cette différence essentielle, que la plante venue à l'air libre porta de belles fleurs et une gousse dans laquelle il

---

(1) *Annales de Chimie et de Physique,* 3ᵉ série; t. XXXVII, p. 5.
(2) Voyez la première expérience de la première série.

se trouvait une graine incomplétement développée.
On mit fin à l'expérience le 12 octobre, parce que
les feuilles qui tombaient n'étaient plus remplacées,
et que la plante n'en avait plus que trois fixées vers
le sommet de la tige. La hauteur du haricot était
de 23 centimètres; après la dessiccation, il a pesé
$2^{gr},17$.

Dosage de l'azote dans la plante récoltée. — On a
analysé la totalité de la récolte. L'acide normal équivalait à $0^{gr},0875$ d'azote.

Titre de l'acide :

Avant....... $32,1$ cc

Après....... $20,3$

Différence... $11,8$ équivalent à azote $0^{gr},0321$

Dosage de l'azote dans le sol. — Acide normal
équivalent à $0^{gr},0875$ d'azote. La ponce et le petit
creuset qui la contenait ont pesé, secs, 85 grammes.

Matière, $31^{gr},7$.

Titre de l'acide :

Avant....... $32,0$ cc

Après....... $31,2$

Différence... $0,8$ équivalent à azote $0^{gr},0022$

Pour $53^{gr},3$ de matière restant......... $0^{gr},0037$

Azote dans le sol.................... $0^{gr},0059$

Résumé de la première expérience.

Dans la plante récoltée, azote........ .. $0^{gr},0321$

Dans le sol...................... $0^{gr},0059$

Dans la récolte................... $0^{gr},0380$

Dans la graine................... $0^{gr},0349$

Durant la culture, gain en azote .... $0^{gr},0031$

VÉGÉTATION D'UN HARICOT FLAGEOLET PENDANT TROIS MOIS, A L'AIR LIBRE.

(DEUXIÈME EXPÉRIENCE.)

Le 10 mai 1852, on a mis dans de la ponce préparée, renfermant de la cendre de fumier, un haricot flageolet pesant $0^{gr},537$, devant contenir $0^{gr},0213$ d'azote. Ce haricot avait été pris parmi ceux dans lesquels les analyses avaient indiqué, pour 100, 3,97 d'azote (1).

Le 4 juillet, la plante porte six belles fleurs.

Le 11 juillet, les fleurs se sont détachées sans laisser de gousses ; les feuilles pour la plupart sont tombées depuis la floraison ; on en compte encore six adhérentes, mais elles sont pâles.

Le 22 juillet. Depuis le 11 deux grandes feuilles se sont détachées. On voit poindre trois nouvelles fleurs.

Le 12 août. De cette seconde floraison il est résulté une gousse d'un beau vert, longue de 8 millimètres. Il reste sur la plante sept feuilles de moyenne grandeur.

La tige a 24 centimètres de hauteur ; son diamètre, à la base, est de 5 millimètres.

Les feuilles moyennes ont une surface de 8 centimètres carrés.

La plante desséchée à l'étuve a pesé $2^{gr},11$.

Dosage de l'azote dans la plante récoltée. — L'ana-

----

(1) Voir à la deuxième série de la Ire Partie.

lyse a été faite sur la totalité de la récolte; acide normal équivalent à $0^{gr},0875$ d'azote.

Titre de l'acide :

Avant....... $33^{cc},4$
Après....... $26,3$
Différence... $7,1$ équivalent à azote $0^{gr},0186$

Dosage de l'azote dans le sol. — Acide normal équivalent à $0^{gr},0875$ d'azote. Ponce-sol et creuset-pot pesaient 144 grammes.

Matière, 36 grammes.

Titre de l'acide :

Avant....... $33^{cc},4$
Après....... $22,9$
Différence... $0,5$ équivalent à azote $0^{gr},0013$
Pour les 108 grammes de matière restant. $0^{gr},0039$
Dans le sol, azote................. $0^{gr},0052$

Résumé de la deuxième expérience.

Dans la plante récoltée, azote...... $0^{gr},0186$
Dans le sol .... $0^{gr},0052$
Dans la récolte................. $0^{gr},0238$
Dans la graine .... $0^{gr},0213$
Durant la culture, gain en azote.... $0^{gr},0025$

VÉGÉTATION DE L'AVOINE PENDANT TROIS MOIS ET DEMI, A L'AIR LIBRE.

(TROISIÈME EXPÉRIENCE.)

Quatre graines d'avoine pesant $0^{gr},151$, et dans lesquelles il devait y avoir o^{gr},oo31 d'azote (1), ont été mis, le 20 mai 1852, dans de la ponce à laquelle on avait ajouté de la cendre de fumier.

Le 28 juin, les plants sont très-beaux ; sur chacun d'eux il y a trois feuilles vertes et une feuille d'un brun violet ; les tiges sont grêles.

Le 8 juillet, les tiges restent grêles, mais très-rigides ; à mesure que des feuilles jaunissent vers le bas, il en surgit de nouvelles vers le haut.

Le 17 juillet, les quatre plants ont cinq fleurs. Les tiges ne fléchissent pas ; les feuilles devenues jaunes restent adhérentes.

Le 1er septembre. Depuis trois semaines il est survenu des jets latéraux à trois des plants. Les tiges et les feuilles, à l'exception des jets latéraux, sont jaunes ; les graines sont mûres. Le plant A porte six feuilles et un jet latéral ; le plant B neuf feuilles et un jet latéral ; le plant C huit feuilles et un jet ; le plan D quatre feuilles. Les tiges ont 1 à 2 millimètres de diamètre ; elles sont restées très-droites. Les cinq graines sont mûres, bien conformées, mais très-petites ; séchées au soleil, les cinq ont pesé 2 centigrammes, et la récolte séchée à l'étuve, o^{gr},67.

Dosage de l'azote dans les plantes et les graines. récoltées. — On a fait usage d'un acide normal décime équivalent à o^{gr},02917 d'azote. On a opéré sur la totalité de la récolte.

---

(1) Voir la première série de la Ire Partie, deuxième expérience.

Titre de l'acide :

Avant....... $34,7^{cc}$
Après....... $31,0$
               ————
Différence... $3,7$ équivalent à azote $0^{gr},0031$

Dosage de l'azote dans le sol. — Même acide normal; on opère sur la totalité de la pierre ponce, pesant 30 grammes.

Titre de l'acide :

Avant....... $34,7^{cc}$
Après....... $33,5$
               ————
Différence... $1,2$ équivalent à azote $0^{gr},0010$

Résumé de la troisième expérience.

Dans les plantes récoltées, azote....	$0^{gr},0031$
Dans le sol...................	$0^{gr},0010$
	————
Dans la récolte...............	$0^{gr},0010$
Dans les graines..............	$0^{gr},0031$
	————
Durant la culture, gain en azote ...	$0^{gr},0010$

VÉGÉTATION D'UN LUPIN PENDANT TROIS MOIS, A L'AIR LIBRE.

(QUATRIÈME EXPÉRIENCE.)

Un lupin blanc, pesant $0^{gr},368$, devant contenir $0^{gr},214$ d'azote (1), a été mis, le 18 mai 1853, dans un sol-ponce auquel on avait ajouté de la cendre de fumier.

————————————————————

(1) Les graines de lupins renfermaient, pour 100, azote 5,8. Voir les analyses rapportées dans la 1re Partie.

Le 7 juillet, la végétation est remarquablement belle.

Le 11 juillet, les cotylédons prennent une couleur jaune.

Le 6 août, les cotylédons sont détachés; la plante a perdu des feuilles qui ont été remplacées par des feuilles nouvelles.

Le 22 août. Depuis le 6 les feuilles ont pris une teinte pâle. La plante porte onze feuilles, dont les pétioles ont 7 à 8 centimètres; après dessiccation elle a pesé $1^{gr},585$.

Dosage de l'azote dans la plante récoltée. — Acide normal équivalent à $0^{gr},0875$ d'azote.

Matière, $1^{gr},585$.

Titre de l'acide :

Avant....... $32,5^{cc}$
Après .... $24,9$
Différence... $7,6$ équivalent à azote $0^{gr},0205$

Dosage de l'azote dans le sol. — Acide normal équivalent à $0^{gr},04375$ d'azote; ponce-sol, $38^{gr},64$.

I.   Matière.......... $12,88^{gr}$
II. Matière.......... $12,88$
III. Matière......... $12,88$
$38,64$

Titre de l'acide :

Avant........ $33,0^{cc}$
Après .... $30,7$
Différence... $2,3$ équivalent à azote $0^{gr},0030$

Creuset-pot, 138gr,5. Acide normal équivalent à azote 0gr,04375.

		gr
I.	Matière	27,7
II.	Matière	27,7
III.	Matière	27,7
IV.	Matière	27,7
V.	Matière	27,7
		138,5

Titre de l'acide :

	cc
Avant	33,0
Après	31,4
Différence	1,6 équivalent à azote 0gr,0021

Résumé de la quatrième expérience.

Dans la plante récoltée, azote	0gr,0205
Dans le sol	0gr,0030
Dans le vase	0gr,0021
Dans la récolte	0gr,0256
Dans la graine	0gr,0214
Durant la culture, gain en azote	0gr,0042

VÉGÉTATION DU FROMENT PENDANT TROIS MOIS ET DEMI, A L'AIR LIBRE.

(CINQUIÈME EXPÉRIENCE.)

Le 18 mai 1853, on a mis cinq graines de froment pesant 0gr,293, dans un sol-ponce auquel on avait ajouté de la cendre de fumier.

Le 12 juin, les plants ont 14 centimètres de hauteur; les tiges se tiennent droites, mais quelques-unes des feuilles commencent à devenir jaunes vers leur base.

Le 18 juin, chaque plant a une feuille entièrement jaune.

Le 25 juin, le nombre des feuilles jaunes augmente à mesure qu'il surgit de nouvelles pousses.

Le 9 juillet, les tiges, quoique grêles, continuent à se tenir droites; les feuilles jaunes et sèches sont plus nombreuses. En général, il y a toujours trois belles feuilles vertes sur chacun des plants, car lorsqu'une nouvelle feuille se développe, on voit jaunir peu à peu une ancienne feuille; l'altération se propage de la base vers la pointe.

Le 29 août, il ne reste plus que quatre plants vivants, l'un des cinq est mort il y a quelques jours. Chaque tige porte onze feuilles tant sèches que vertes; toutes les feuilles desséchées sont restées adhérentes aux tiges.

La hauteur des plants varie entre 20 et 25 centimètres.

Les plants, desséchés à l'étuve, ont pesé 0^{gr},90.

Dosage de l'azote dans la graine de froment. — Acide normal décime équivalent à azote, 0^{gr},004375.

Les cinq graines de froment pesaient 0^{gr},293.

On emploie deux pipettes de l'acide normal.

Titre d'une pipette d'acide :

Avant...... 32,6^{cc}
Après....... 17,6

Différence... 15,0 équivalent à azote 0^{gr},0020
Pour la première pipette d'acide....... 0^{gr},0044

Dans les graines de froment, azote ..... 0^{gr},0064

Dosage de l'azote dans les plantes récoltées. — Même acide normal dont on emploie deux pipettes.

Matière, 0^{gr},90.

Titre d'une pipette d'acide :

Avant....... 32,6^{cc}
Après....... 23,6
Différence... 9.0 équivalent à azote 0^{gr},0012
Pour la première pipette d'acide............ 0^{gr},0044
Dans les plantes récoltées, azote........ 0^{gr},0056

Dosage de l'azote dans le sol. — Acide normal décime équivalent à azote, 0^{gr},004375.

La ponce-sol séchée pesait 37^{gr},35. Opéré sur la totalité.

Titre de l'acide :

Avant........ 32,0^{cc}
Après....... 21,6
Différence... 10,4 équivalent à azote 0^{gr},0014

Le creuset-pot pesait 140 grammes. Même acide normal.

I.   Matière.......... 28^{gr}
II. Matière.......... 28
III. Matière.......... 28
                        84

Titre de l'acide :

Avant....... 32,0^{cc}
Après....... 29,4
Différence... 2,6 équivalent à azote 0^{gr},0004
Pour les 56 grammes de matière restant. 0^{gr},0001
Azote dans le creuset-pot............ 0^{gr},0005

Résumé de la cinquième expérience.

Dans les plantes récoltées, azote . . . . $0^{gr},0056$

Dans le sol . . . . $0^{gr},0014$

Dans le creuset-pot. . . . . $0^{gr},0005$

Dans la récolte . . . . $0^{gr},0075$

Dans les graines . . . . $0^{gr},0064$

Durant la culture, gain en azote . . . . $0^{gr},0011$

VÉGÉTATION D'UN LUPIN PENDANT DEUX MOIS ET TROIS SEMAINES, A L'AIR LIBRE.

(SIXIÈME EXPÉRIENCE.)

Un lupin pesant $0^{gr},341$, devant contenir $0^{gr},0199$ d'azote, a été planté le 15 mai 1854 dans de la ponce renfermant $0^{gr},1$ de cendres mixtes et 2 grammes de cendres lavées. On a arrosé avec de l'eau chargée de gaz acide carbonique.

Le 22 juin, la plante a six feuilles presque aussi colorées que celles des lupins du jardin; les cotylédons sont verts et charnus.

Le 15 juillet, la plante porte douze feuilles; les cotylédons commencent à prendre une teinte jaune.

Le 23 juillet, le lupin a treize feuilles, dont quelques-unes sont décolorées. Les cotylédons sont flétris. Un lupin semé le 15 mai dans de la terre de jardin a vingt-cinq feuilles d'un beau vert; les cotylédons de cette plante sont encore très-charnus.

Le 7 août, les feuilles inférieures perdent leur couleur et tombent. Il n'en reste plus que dix. Néanmoins la plante est vigoureuse, elle a 17 centimètres de hauteur. On arrête la végétation.

Desséché, le lupin a pesé $1^{gr},96$.

Dosage de l'azote dans la plante récoltée. — L'analyse est faite sur la totalité, en une seule opération.

Acide normal équivalent à $0^{gr},0875$ d'azote.

Titre de l'acide :

Avant........ $30,8^{cc}$
Après....... $24,5$
Différence... $\overline{\quad 6,3}$ équivalent à azote $0^{gr},0179$

Dosage de l'azote du sol.

Ponce-sol.... $56^{gr},60$; le $\frac{1}{10}$ $5,66^{gr}$
Pot à fleurs... $79^{gr},70$ $\quad 7,97$
$\overline{\quad\quad 13,63}$

Acide décime normal équivalent à $0^{gr},0175$ d'azote.

I. Matière, $13^{gr},63$.

Titre de l'acide :

Avant...... . $25,0^{cc}$
Après....... $23,5$
Différence... $\overline{\quad 1,5}$ équivalent à azote $0^{gr},00106$

II. Matière, $13^{gr},63$.

Titre de l'acide :

Avant....... $25,0$
Après....... $23,3$
Différence... $\overline{\quad 1,7}$ équivalent à azote $0^{gr},00119$
$0^{gr},00225$
Correction pour l'acide oxalique...... . $0^{gr},00126$
Azote dans le $\frac{1}{5}$ du sol............. $0^{gr},00099$
Dans la totalité du sol......... ..... $0^{gr},00493$

Résumé de la sixième expérience.

Dans la plante récoltée, azote.............. $0^{gr},0179$
Dans le sol........................ $0^{gr},0050$

Dans la récolte........................ $0^{gr},0229$
Dans la graine........................ $0^{gr},0199$

Durant la culture, gain en azote........ $0^{gr},0030$

VÉGÉTATION DU LUPIN PENDANT DEUX MOIS, A L'AIR LIBRE.

(SEPTIÈME EXPÉRIENCE.)

Deux lupins, pesant ensemble $0^{gr},630$, devant contenir $0^{gr},0367$ d'azote, ont été placés le 30 juin 1854 dans de la ponce qui avait reçu 2 grammes de cendres lavées. La plante a été arrosée avec de l'eau chargée d'acide carbonique.

Le 24 juillet, les lupins ont chacun cinq feuilles et de forts bourgeons feuillus; les cotylédons sont d'un vert foncé, mais les feuilles sont moins colorées que celles des lupins du jardin.

Le 5 septembre, chaque lupin porte huit feuilles. Les cotylédons sont flétris et décolorés. Quelques feuilles sont assez pâles. Les plantes ont 11 centimètres de hauteur.

Les folioles ont 22 millimètres de longueur, 18 millimètres de largeur; celles des lupins du jardin, 42 millimètres de longueur et 20 millimètres de largeur.

Les plantes desséchées ont pesé $2^{gr},18$.

Dosage de l'azote dans les plantes récoltées. — Acide normal équivalent à 0^{gr},0875 d'azote. La totalité de la récolte a été analysée en une seule opération.

Titre de l'acide :

Avant....... 30,8^{cc}

Après....... 19,6

Différence... 11,2 équivalent à azote 0^{gr},0318

Dosage de l'azote dans le sol. — Acide normal décime équivalent à 0^{gr},0175 d'azote.

Ponce-sol..... 69^{gr},60; le $\frac{1}{10}$ 6,96^{gr}
Pot à fleurs.... 80^{gr},05 8,00
————
14,96

I. Matière, 14^{gr},96.

Titre de l'acide :

Avant....... 25,1^{cc}
Après....... 23,3

Différence... 1,8 équivalent à azote 0^{gr},00125

II. Matière, 14^{gr},96.

Titre de l'acide :

Avant....... 25,1^{cc}
Après....... 23,1
————
Différence... 2,0 équivalent à azote 0^{gr},00140
————
0^{gr},00265
Correction.................... 0^{gr},00126
————
Azote : dans le $\frac{1}{5}$ du sol........... 0^{gr},00139
dans la totalité du sol... ...... 0^{gr},00695

I.

9

Résumé de la septième expérience.

Dans les plantes récoltées, azote........	$0^{gr},0318$
Dans le sol......................	$0^{gr},0069$
Dans la récolte....................	$0^{gr},0387$
Dans les graines..................	$0^{gr},0367$
Durant la culture, gain en azote.......	$0^{gr},0020$

VÉGÉTATION D'UN HARICOT NAIN PENDANT DEUX MOIS ET DEMI, A L'AIR LIBRE.

(HUITIÈME EXPÉRIENCE.)

Un haricot nain pesant $0^{gr},710$, devant renfermer $0^{gr},0318$ d'azote, a été placé le 14 mai 1854 dans de la ponce calcinée, avec $0^{gr},1$ de cendres mixtes, et 4 grammes de cendres lavées. La plante a été arrosée avec de l'eau chargée d'acide carbonique.

Le 30 mai, les feuilles primordiales sont développées ; elles sont d'un vert foncé.

Le 12 juin, il y a huit feuilles normales d'un assez beau vert et trois feuilles naissantes.

Le 22 juin, les cotylédons sont tombés ; les feuilles primordiales sont charnues et conservent leur couleur. Il y a six feuilles normales, moins grandes, mais aussi colorées que celles des plantes venues dans le jardin. Je remarque que ce haricot est plus beau que celui qu'on a placé le même jour dans l'appareil à air renouvelé, bien que ce dernier vive dans une atmosphère plus riche en acide carbonique.

Le 4 juillet, les feuilles primordiales sont tombées. Les feuilles normales, placées à la partie inférieure de la tige, et par conséquent les plus anciennes, sont presque entièrement décolorées.

Le 12 juillet, le haricot est en fleurs.

Le 24 juillet, il y a de nouvelles pousses qui remplacent les feuilles inférieures tombées depuis le 4. La plante porte quatre belles fleurs épanouies; on compte dix-huit feuilles, à l'exception des feuilles inférieures, dont la couleur est très-pâle; la plante est vigoureuse dans son ensemble. La tige a 29 centimètres de hauteur. On met fin à l'expérience. Le haricot, après dessiccation, a pesé 2^{gr},20.

Dosage de l'azote dans la plante récoltée. — L'analyse a été faite en une seule opération. Dix centimètres cubes de l'acide normal équivalent à 0^{gr},0875 d'azote.

Titre de l'acide :

Avant....... $30,8^{cc}$

Après....... $20,7$

Différence... $10,1$ équivalent à azote 0^{gr},0287

Dosage de l'azote dans le sol.

La ponce-sol desséchée a pesé $70,50^{gr}$; le $\frac{1}{10}$ $7,05^{gr}$

Le pot à fleurs........... $90,00$ $9,00$

$16,05$

Acide normal décime équivalent à 0^{gr},0175 d'azote.

I. Matière, 16^{gr},05.

Titre de l'acide :

Avant....... $25,2^{cc}$

Après....... $23,2$

Différence... $2,0$ équivalent à azote 0^{gr},00140

II. Matiere, $16^{gr},05$.

Titre de l'acide :

Avant. . . . . . . $25^{cc},2$

Après . . . . $23,6$

Différence. . . $1,6$ équivalent à azote $0^{gr},00111$

$0^{gr},00251$

Correction . . . . $0^{gr},00126$

Dans le $\frac{1}{5}$ du sol, azote . . . . $0^{gr},00125$

Dans la totalité du sol. . . . . $0^{gr},00625$

Résumé de la huitième expérience.

Dans la plante récoltée, azote.	$0,0287$ gr
Dans le sol.	$0,0063$
Dans la récolte.	$0,0350$
Dans la graine	$0,0318$
Durant la culture, gain en azote.	$0,0032$

VÉGÉTATION DU CRESSON ALÉNOIS PENDANT DEUX MOIS, A L'AIR LIBRE.

(NEUVIÈME EXPÉRIENCE.)

Le 15 juillet 1854, $0^{gr},50$ de cresson ont été semés dans du sable calciné, auquel on avait ajouté $0^{gr},1$ de cendres mixtes, et 1 gramme de cendres lavées. La plante a été arrosée avec de l'eau imprégnée d'acide carbonique.

Le 24 juillet, les plants sont pourvus de feuilles primordiales.

Le 30 juillet, les feuilles normales apparaissent.

Le 6 août, les feuilles primordiales sont fanées pour la plupart.

Le 18 août, la floraison commence. Les feuilles sont très-petites, si on les compare à celles du cresson semé dans le jardin le 15 juillet. Les tiges sont extrèmement grèles, cependant elles se maintiennent très-droites.

Le 28 août. Depuis le 18, la floraison a continué sans interruption. Chaque tige porte une ou deux fleurs. Les feuilles restent petites; celles qui sont fixées vers le bas de la tige se flétrissent à mesure qu'il en surgit de nouvelles vers le haut. On remarque une graine.

Le 15 septembre, le cinquième des plants ont des fruits mûrs; les autres portent des fruits bien formés, mais encore verts. On ne voit plus qu'une fleur.

Bien que les $0^{gr},5$ de graines mises dans le sol continssent deux cent dix individus, il n'y a que cent quarante-cinq plants formés chacun d'une tige unique, au haut de laquelle se trouve un fruit. Presque toutes les feuilles sont tombées; on les a enlevées, autant que possible, à mesure qu'elles se détachaient. Les tiges les plus hautes ne dépassent pas 14 centimètres. La grosseur des fruits mûrs ne diffère pas sensiblement de ceux du cresson du jardin; mais les graines, d'ailleurs bien conformées, sont extrèmement petites.

Les cent quarante-cinq plants, desséchés à l'étuve, auxquels on avait réuni les feuilles recueillies dans le cours de l'expérience, ont pesé $2^{gr},225$: c'est un peu moins de 2 centigrammes pour chaque plant, qui cependant portait un fruit renfermant une graine, et dont le chevelu des racines atteignait quelquefois 20 centimètres de longueur; on peut juger par là quelle devait être la délicatesse des tiges et la petitesse des feuilles. Dans la culture normale du cresson, les plants ont 40 à 42 centimètres de hauteur, et sur chacun d'eux on fait une cueillette de cent vingt-cinq à deux cent cinquante graines.

Dosage de l'azote dans les graines du cresson alénois récolté en 1853. — Acide normal équivalent à 0^{gr},0875 d'azote.

0^{gr},50 de graines dans l'état où l'on a semé. Il y avait deux cent dix semences.

Titre de l'acide :

Avant.......	30,8^{cc}
Après.......	21,7
Différence...	9,1 équivalent à azote 0^{gr},0259

Dosage de l'azote dans les plantes récoltées. — Acide normal équivalent à 0^{gr},0875 d'azote; matière, 2^{gr},225.

Titre de l'acide :

Avant.......	30,8^{cc}
Après.......	24,1
Différence...	6,7 équivalent à azote 0^{gr},0190

Dosage de l'azote dans le sol. — Acide normal décime équivalent à 0^{gr},0175 d'azote.

Ponce et sable sec, 153,90^{gr}; le $\frac{1}{10}$........	15,39^{gr}
Vase en terre cuite, 129,25	12,92
	28,31

I. Matière, 28^{gr},31.

Titre de l'acide :

Avant.......	25,3^{cc}
Après.......	23,4
Différence...	1,9 équivalent à azote 0^{gr},0013

II. Matière, $28^{gr},31$.

Titre de l'acide :

	cc		
Avant.......	25,3		
Après.......	23,0		
Différence...	2,3 équivalent à azote	$0^{gr},00159$

	$0^{gr},00290$
Correction	$0^{gr},00126$
Azote, dans le $\frac{1}{5}$ du sol............	$0^{gr},00164$
Dans la totalité du sol................	$0^{gr},00820$
Dans les 145 plants récoltés, azote......	$0^{gr},01900$
Dans la récolte....................	$0^{gr},02720$

Si l'on considère que les cent quarante-cinq plants provenaient de cent quarante-cinq graines seulement, on trouve qu'il y a eu une notable quantité d'azote assimilée pendant la culture.

En effet :

Dans les cent quarante-cinq graines qui ont produit, il devait y avoir, azote.	$0^{gr},0178$
Dans la récolte, on a trouvé.	$0^{gr},0272$
Azote assimilé. . .	$0^{gr},0094$

Mais cette assimilation doit être attribuée, en très-grande partie, aux soixante-cinq graines dont la végétation n'a pas abouti, et qui ont dû agir comme engrais. Aussi, en résumant l'expérience d'une manière générale, on trouve que s'il y a eu assimilation d'azote, elle a été extrêmement faible.

Résumé de la neuvième expérience.

	gr
Dans les plantes récoltées, azote......	0,0190
Dans le sol.....................	0,0082
Dans la récolte..................	0,0272
Dans deux cent dix graines, pesant 0^{gr},5.	0,0259
Durant la culture, gain en azote......	0,0013

Ainsi, dans les conditions où les neuf expériences ont été faites, la quantité d'azote acquise par les plantes a toujours été tellement faible, que, véritablement, elle resterait comprise dans la limite des erreurs inhérentes à ce genre d'observations, sans cette circonstance que l'assimilation s'est constamment manifestée; je ne connais effectivement qu'un seul cas de culture à l'air libre où il y ait eu perte d'azote, et comme on a constaté cette perte sur une plante vigoureuse, qu'il n'y avait d'ailleurs aucune raison pour douter de l'exactitude des analyses, je rapporterai l'expérience dans tous ses détails.

VÉGÉTATION D'UN HARICOT NAIN PENDANT DEUX MOIS ET DEMI, A L'AIR LIBRE.

(DIXIÈME EXPÉRIENCE.)

La plante a été arrosée avec de l'eau chargée d'acide carbonique.

Le 17 mai 1853, une graine pesant 0^{gr},655, devant contenir 0^{gr},0293 d'azote, a été mise dans de la pierre ponce renfermant de la cendre de fumier.

Le 9 juillet, la plante porte sept belles fleurs épanouies. On a enlevé, pour les conserver, les cotylédons et les feuilles séminales flétris qui adhéraient encore à la tige.

Le 20 août, les fleurs se sont détachées, on les a recueillies et séchées. La plante a quinze feuilles, toutes d'un vert assez foncé, à l'exception d'une seule qui commence à devenir jaune. La tige a 33 centimètres de hauteur. Les feuilles moyennes ont 45 à 50 millimètres de la pointe au pétiole, et 18 à 20 millimètres dans leur plus grande largeur. Comme la plante est dans toute sa vigueur, qu'elle a encore toutes ses feuilles, je mets fin à l'expérience. Desséché à l'étuve, le haricot a pesé 2^{gr},72.

Dosage de l'azote dans la plante récoltée. — Acide normal équivalent à 0^{gr},0875 d'azote.

Matière, 2^{gr},72.

Titre de l'acide :

Avant........	32,6^{cc}
Après........	23,9
Différence...	8,7 équivalent à azote 0^{gr},0233

Dosage de l'azote du sol. — Acide normal équivalent à 0^{gr},04375 d'azote. La ponce sèche pesait 30^{gr},60.

I. Matière..........	15,30^{gr}
II. Matière..........	15,30
	30,60

Titre de l'acide :

Avant........	32,3^{cc}
Après........	31,0
Différence...	1,3 équivalent à azote 0^{gr},00176

Dosage de l'azote du creuset-pot. — Même acide normal. Le creuset-pot desséché a pesé $100^{gr},4$.

$$
\begin{array}{lll}
\text{I.} & \text{Matière} \ldots \ldots \ldots & 25^{gr},10 \\
\text{II.} & \text{Matière} \ldots \ldots \ldots & 25,10 \\
\hline
& & 50,20
\end{array}
$$

Titre de l'acide :

Avant.	$32^{cc},3$
Après	$31,6$

Différence. . .	$0,7$ équivalent à azote	$0^{gr},00095$
Pour les $50^{gr},20$ restant.		$0^{gr},00095$
Azote dans le creuset-pot.		$0^{gr},00190$
Dans la ponce.		$0^{gr},00176$
Dans le sol.		$0^{gr},00366$

Résumé de la dixième expérience.

Dans la plante récoltée, azote.	$0,0233^{gr}$
Dans le sol	$0,0037$
Dans la récolte.	$0,0270$
Dans la graine.	$0,0293$
Durant la culture, perte en azote. . . .	$0,0023$

La très-faible quantité d'azote fixée par les plantes végétant à l'air libre provient-elle du carbonate d'ammoniaque ou des corpuscules organisés transportés par l'atmosphère? C'est ce que l'analyse ne saurait dire. Il est possible cependant que les matières organisées tenues en suspension dans l'air aient une certaine influence; du moins dans toutes les expériences exécutées à l'air libre, leur présence s'est révélée par l'apparition d'une substance verte qui, au bout de quelques semaines, s'attachait à la partie

inférieure des pots à fleurs, et, assez souvent aussi, à
la surface du sol humide, formant çà et là des taches
très-superficielles de peu d'étendue. Je n'ai jamais vu
cette végétation cryptogamique colorer les vases des
appareils dans lesquels les plantes vivaient enfermées,
mais je l'ai observée fréquemment en filaments ver-
dâtres, dans l'eau recueillie au commencement d'une
pluie, et qu'on avait conservée en flacons; c'est sur
ces cryptogames que, tout récemment, M. Bineau a
fait une découverte physiologique d'un haut intérêt,
en constatant que, sous l'influence solaire, ils absorbent et décomposent les sels ammoniacaux, les azotates dont ils s'assimilent les éléments, et qu'une eau
pluviale cesse bientôt d'être ammoniacale quand elle
est en contact avec eux (1).

J'ai cherché à évaluer ce que les matières organisées déposées par l'atmosphère avaient pu apporter
d'azote dans les expériences faites à air libre. A cet
effet, j'ai mis dans un petit pot à fleurs, préalablement
chauffé au rouge, du sable quartzeux calciné et mêlé
à de la cendre de fumier. Le pot a été placé dans un
vase de verre, où l'on a entretenu constamment de
l'eau; puis il est resté sous la cage, à côté des plantes,
pendant deux mois et demi. A la surface du sable
humide, lorsqu'on procéda à la dessiccation afin de
le soumettre à l'analyse, on remarquait deux petites
taches vertes, dues à une végétation cryptogamique.

Le pot et le sable ont été traités par la chaux sodée,
dans un tube d'une dimension suffisante, après y

---

(1) BINEAU, *Observations sur l'absorption de l'ammoniaque et des
azotates par les végétations cryptogamiques*. Lyon, 1854.

avoir ajouté 1 gramme d'acide oxalique, réservant 1 autre gramme d'acide pour le balayage. L'acide normal décime équivalait à $0^{gr},0175$ d'azote.

Titre de l'acide :

Avant..... $25,6^{cc}$
Après..... $23,6$

Différence.. $\overline{2,0}$ équivalent à azote... $0^{gr},00137$

Il résulterait de cette expérience comparative que, durant la végétation à l'air libre, la matière organisée, les poussières que l'atmosphère tient en suspension, auraient apporté au sol un peu plus de 1 milligramme d'azote.

Si l'on groupe, comme résultat d'une seule expérience, les diverses observations de la troisième Partie de ce travail, on a :

NUMÉROS DES EXPÉRIENCES.	GRAINES employées.	POIDS des graines.	AZOTE dans les graines.	POIDS des récoltes sèches.	AZOTE dans les récoltes.	POIDS DU SOL.	AZOTE dans le sol.
		gr	gr	gr	gr	gr	gr
1re, 2e, 8e et 10e expériences..	Haricots.....	2,682	0,1173	9,20	0,1027	524,1	0,0211
4e, 6e et 7e expériences.........	Lupins	1,339	0,0780	5,73	0,0702	463,1	0,0174
3e expérience........	Avoine........	0,151	0,0031	0,67	0,0031	30,0	0,0010
5e expérience	Froment	0,293	0,0064	0,90	0,0056	177,4	0,0019
9e expérience......	Cresson	0,500	0,0259	3,23	0,0190	283,1	0,0082
Totaux........		4,965	0,2307	18,73	0,2006	1477,7	0,0493

RÉSUMÉ.

Dans les plantes récoltées, azote............ 0,2006

Dans le sol................ 0,0493

                                      0,2499

Dans les graines......... 0,2307

Gain en azote.......... 0,0192

Le poids des semences a été $4^{gr},965$; les graines
renfermant en moyenne $0,14$ d'humidité, le poids des
semences sèches devient $4^{gr},270$.

Les plantes récoltées, sèches, ont pesé $18^{gr},73$,
dans lesquels l'analyse a trouvé $0^{gr},2006$ d'azote, soit
$1,1$ pour 100.

Dans le sol, uni à des débris de végétaux, particulièrement au chevelu des racines, il y avait $0^{gr},049$
d'azote, représentant $4^{gr},45$ de matière végétale sèche.
Alors on a, pour $4^{gr},27$ de graines semées, $23^{gr},18$ de
plantes développées, ou, pour 1 gramme de semence,
$5^{gr},42$ de récolte.

J'attribue la faiblesse du développement de la matière organisée, dans toutes ces végétations, à l'absence ou à l'insuffisance d'une substance azotée agissant comme engrais. En effet, aussitôt qu'une substance
de cette nature intervient par le fait de graines mortes
se comportant à la manière du fumier, et très-certai-
nement aussi quand, par négligence, on arrose avec
de l'eau ammoniacale, on voit aussitôt l'organisme des
plantes acquérir un poids plus considérable; c'est ce
qui ressort des résultats que j'ai réunis, après avoir
appliqué à chacun d'eux une correction analogue à
celle qui a été introduite dans la moyenne des observations faites à l'air libre.

INDICATION DES EXPÉRIENCES.	PLANTES.	NOMBRE DE GRAINES		POIDS des graines plan- tées; sèches.	POIDS des récoltes sèches.	POIDS des récoltes rapportés à 1 de graine.	DURÉE de la végétation.
		ayant germé.	ayant agi comme engrais.	gr	gr		
1re Partie... 8e expérience.......	Cresson....	3	10	0,0066	0,067	10,0	3 mois.
1re Partie... 9e expérience.......	Lupin.....	2	8	0,5480	8,380	15,3	5 mois.
2e Partie, 7e expér....	Cresson....	30	12	0,0614	0,866	14,0	2 mois et demi.
2e Partie, 2e partie, 7e expér....	Lupin......	1	1	0,2670	2,210	8,3	2 mois.

J'ajouterai que, dans les conditions où ces expériences ont été faites, le développement de l'organisme
végétal peut devenir considérable quand on ne limite
pas la dose de l'engrais azoté. Ainsi, tandis que du
cresson venu dans un terrain calciné et mouillé ensuite avec de l'eau pure a produit une récolte dont le
poids représentait tout au plus dix fois celui de la semence, la même plante, quand elle s'est développée
dans un semblable appareil où l'air n'était jamais renouvelé, où la transpiration végétale n'avait lieu que
par suite des variations de température éprouvées par
une atmosphère confinée, a néanmoins donné une récolte pesant quatre à cinq cents fois autant que les
graines semées, et cela uniquement parce qu'au sol
rendu stérile par la calcination, et à l'eau exempte
d'ammoniaque, on avait substitué une terre végétale
humide, riche en azote assimilable (1).

En ce qui concerne les expériences sur la végétation accomplie à l'air libre, si l'on compare les résultats consignés dans cette Partie à ceux obtenus lors de
mes premières recherches, on trouve que ces résultats
sont dans le même sens, mais que la proportion d'a-
zote assimilée a été notablement moindre dans les
nouvelles observations. En effet, lorsque, pour une
graine de légumineuse analogue à un lupin quant au
poids et à la composition, l'azote acquis s'est élevé à
8 à 10 milligrammes pendant une culture de trois
mois; dans les expériences récentes, pour une végétation de même durée, l'azote fixé n'a jamais dépassé

---

(1) Dans l'expérience rapportée dans la première Partie, 3 graines
de cresson ont donné une récolte sèche pesant $3^{gr},4$. Le poids des trois
graines semées ne dépassait pas 8 milligrammes.

5 milligrammes. Cette différence entre les anciens et les nouveaux résultats pourrait être expliquée par les progrès de l'analyse, mais je crois que les efforts que j'ai faits dans ces dernières recherches pour n'employer que de l'eau exempte d'ammoniaque ont contribué pour beaucoup à la faire naître ; car il ne faut pas perdre de vue qu'une végétation accomplie soit à l'air libre, soit dans une atmosphère rapidement renouvelée, consomme une très-forte quantité de ce liquide. Lors de mes travaux antérieurs, je ne croyais pas avoir négligé ce point important; mais à l'époque déjà éloignée où ils furent entrepris, si l'on savait que dans la préparation de l'eau distillée on devait rejeter le premier produit de la distillation comme étant sensiblement ammoniacal, on ignorait encore la fraction à éliminer pour avoir de l'eau entièrement privée d'ammoniaque. Il a fallu les expériences que j'ai faites sur la pluie, pour montrer qu'une eau faiblement ammoniacale, quand on la distille, donne un produit renfermant de l'alcali tant que les $\frac{2}{6}$ du liquide mis dans l'alambic ne sont pas sortis du serpentin. Ainsi, 100 litres d'eau de fontaine dans laquelle il y a, par litre, 1 milligramme d'ammoniaque étant soumis à la distillation, si l'on reçoit l'eau distillée par volume de 10 litres, cette eau, aux diverses époques de l'opération, contiendra les proportions suivantes d'ammoniaque :

	millig.	millig.	
Dans les 1ers 10 litres, ammoniaque..	75,0	7,5	par litre.
Dans les 2es..........................	18,8	2,0	»
Dans les 3es..........................	4,7	0,5	»
Dans les 4es..........................	1,2	0,1	»

On voit que, dans ce cas, pour obtenir de l'eau à peu près exempte d'ammoniaque, il faudrait rejeter les quarante premiers litres passés à la distillation.

Enfin, il me paraît hors de doute que les circonstances météorologiques ont une influence très-prononcée sur les proportions d'ammoniaque que l'atmosphère contient, et par suite sur l'azote assimilable qu'elle peut céder à une plante. Mon opinion à cet égard est fondée sur les très-grandes différences que j'ai constatées dans la teneur en ammoniaque des eaux météoriques, suivant qu'elles tombent après une longue sécheresse, ou à de courts intervalles comme il arrive dans un temps pluvieux. Quand on appliquera à l'air les procédés que j'ai appliqués aux eaux pluviales, on trouvera, j'en ai la conviction, que c'est dans les saisons les plus chaudes et les plus sèches qu'il y a le plus d'ammoniaque dans l'atmosphère. Or, les expériences mentionnées dans ce travail ont eu lieu dans des années pluvieuses, et, dans un des chapitres suivants, on verra que des haricots cultivés à l'air libre, dans un sol tout aussi stérile, mais par un temps très-sec, ont fixé notablement plus d'azote.

Si j'ai mis autant d'insistance à établir que l'azote, quand il est à l'état gazeux, n'est pas assimilé pendant la végétation; qu'une plante qui vit uniquement aux dépens de l'eau, de l'air, de l'acide carbonique et des substances minérales ajoutées au sol exempt de débris organiques, ne renferme jamais, à aucune époque de son existence, plus de matière organisée azotée que n'en contenait la graine qui lui a donné naissance, c'est que, dans le cours des recher-

ches dont je m'occupe assidûment depuis plusieurs
années, je crois avoir observé que cette matière organisée concourt de la manière la plus efficace à l'assimilation du carbone, des éléments de l'eau et, si je ne
m'abuse, à l'introduction des phosphates dans l'organisme; que, par conséquent, le nombre de cellules
comme la quantité de principes immédiats dont elles
sont remplies dépendent surtout de sa proportion. Si,
dans les conditions que je viens d'indiquer, la végétation s'accomplit dans toutes ses phases, il en résulte
une plante complète sans doute, mais en quelque
sorte réduite. Les graines, bien que parfaitement con-
stituées, pèsent infiniment moins que la graine origi-
nelle; les feuilles et les fleurs sont généralement plus
petites, la tige moins forte, parce que la matière azotée
est restée ce qu'elle était, et qu'elle se trouve alors
répartie dans les différents organes. L'accroissement
de la plante est tellement lié à l'action exercée par
cette matière azotée, que, sous les mêmes influences
de temps, d'humidité, de température et de lumière,
un lupin, du cresson, des céréales, ne paraissent pas
assimiler plus de carbone, ni élaborer plus de cellulose, d'amidon, de sucre, dans une atmosphère riche
de plusieurs centièmes d'acide carbonique que dans
une atmosphère où il n'y a que 3 à 4 dix-millièmes
de ce gaz.

La matière azotée, et c'est là un fait remarquable,
ne semble pas subir de modifications bien prononcées
dans le cours de la végétation, puisqu'on la retrouve
dans les divers organes à peu près avec les propriétés
qu'elle possédait dans la semence, où l'on peut con-
cevoir qu'elle existe sous la forme d'un réseau très-

extensible se déployant à mesure qu'apparaissent les racines, les tiges, les feuilles, etc.

La limite de l'extension de ce réseau est vraisemblablement le terme du développement d'une plante quand elle croît dans un sol dénué d'engrais et au milieu d'une atmosphère privée de principes azotés assimilables. Dans de telles conditions, un végétal. doit donc élaborer d'autant plus de substance organique, en fixant les principes de l'eau, de l'air et du gaz acide carbonique, que la graine d'où il est issu est plus riche en matière azotée. C'est effectivement ce qui a lieu. Ainsi un haricot contenant $0^{gr},0335$ d'azote a donné une plante dont les racines, la tige, les semences ont pesé $2^{gr},85$ après dessiccation, tandis qu'une plante portant semence, et sortie d'un grain d'avoine dans lequel il entrait seulement $0^{gr},0008$ d'azote, n'a pesé que $0^{gr},19$. Avec une graine plus pauvre en azote, la différence a été plus tranchée encore; par exemple, un plant de cresson alénois provenant d'une graine renfermant au plus $0^{gr},00012$ d'azote, n'a pas pesé au delà de $0^{gr},015$; encore, dans cette circonstance, plusieurs graines mortes avaient-elles agi comme fumier.

Dans la végétation normale, où un engrais azoté intervient, une graine dont le poids est à peine de 1 milligramme produit souvent une plante d'un volume considérable; c'est ainsi qu'une betterave champêtre, lorsqu'on la cultive dans un terrain abondamment fumé, contient quelquefois plus de 2 kilogrammes de matières organiques sèches, bien qu'elle ait eu pour point de départ une semence dont le poids n'excédait pas 1 centigramme. Il est certain que des

graines aussi légères puisent dans le sol, dès les premières époques de la végétation, de la substance azotée assimilable, de manière à créer, au fur et à mesure
des besoins, la matière organisée azotée qu'elles ne
renfermaient pas, et en l'absence de laquelle la plante
n'aurait fait aucun progrès. Les cultivateurs savent
très-bien qu'un semis de graines peu volumineuses
dont on attend des plantes très-pesantes et d'un accroissement rapide, épuisent singulièrement le sol :
d'où est venu ce dicton du Palatinat, rapporté par
Schwertz, « qu'il ne faut pas, en automne, passer à
côté de son champ avec de la graine de navets dans
sa poche. »

Si, en l'absence du fumier, c'est la semence qui doit
fournir à la plante toute la matière organisée azotée,
on conçoit que si l'azote gazeux de l'atmosphère n'intervient pas, une graine pourrait avoir assez peu de
masse pour que la végétation devînt impossible, alors
même que pour la favoriser on donnerait des substances minérales, de l'eau, de l'air et du gaz acide
carbonique. Il paraît évident, en effet, que la plante
sortie d'une graine d'un poids excessivement faible ne
pourrait faire le moindre progrès, puisqu'elle n'aurait
à sa disposition qu'un poids bien plus minime encore
de matière organisée azotée. J'ai cru néanmoins devoir soumettre cette vue à l'expérience.

J'ai prié mon savant confrère à la Société centrale
d'Agriculture, M. Louis Vilmorin, de me procurer
des graines extrêmement petites ; on jugera, au reste,
de leur volume par leur poids.

	Nombre de graines dans 1 milligramme.	Époques de la germination
Raiponce	38	14 juillet.
Campanula baldensis.	68	14 juillet.
Mimulus speciosus.	58	9 juillet.
Calandrinia umbellata.	17	11 juillet.
OEnothera rosea	27	11 juillet.
Linaria macroura	18	10 juillet.

Le 5 juillet 1854, j'ai semé ces graines dans du sable quartzeux, préalablement calciné et additionné de 1 pour 100 de cendres de fumier ; les petits pots à greffes en terre cuite, contenant le sable, avaient aussi été chauffés au rouge. Le sol a été entretenu humide avec de l'eau pure, placée dans un godet en verre, où reposait le petit pot à fleurs. Tous les godets furent posés sur une glace, et abrités par un des appareils *c*, dont les vitres sont restées enduites à l'extérieur de blanc d'Espagne, pour obvier aux inconvénients d'une trop forte insolation. Voici les notes consignées dans mon journal, à partir de l'époque où commença la germination :

12 juillet.

Mimulus speciosus. . . . Dix graines levées. Feuilles primordiales ; tiges, 5 à 10 millimètres.

Linaria macroura . . . . Deux graines levées. Feuilles primordiales ; tiges, 10 millimètres.

14 juillet.

Calandrinia umbellata. Trois graines levées. Feuilles primordiales.

17 juillet.

OEnothera rosea . . . . Quatre graines levées.

5 août.

Raiponce. . . . . Une graine levée. Feuilles primordiales seulement et très-pâles.

Campanula baldensis.   Quatre graines levées. Feuilles primordiales seulement et presque décolorées.

Mimulus speciosus. . . .   Feuilles primordiales seulement, mais d'un beau vert.

Calandrinia umbellata.   Feuilles à l'état où elles se trouvaient le 14 juillet.

OEnothera rosea . . . . .   Un plan de mort, qu'on enlève. Les trois plants restants n'ont fait aucun progrès depuis le 17 juillet.

7 août.

Raiponce . . . .   Le plan est mort, sans qu'il se soit développé de nouvelles feuilles.

Campanula baldensis.   Les plants n'ont fait aucun progrès depuis le 5 août; les feuilles primordiales, qui sont les seules qui se soient développées, bien que la germination ait eu lieu le 14 juillet, sont devenues transparentes et comme gélatineuses, presque entièrement décolorées.

Mimulus speciosus. . . .   Les tiges ont de 10 à 15 millimètres; elles ne portent que des feuilles primordiales. On enlève trois plants qui viennent de mourir, afin qu'ils n'agissent pas comme engrais sur les sept plants restants; deux de ces plants ont les feuilles décolorées.

Calandrinia umbellata.   Les plants n'ont pas changé d'aspect depuis le 17 juillet; les tiges ont 2 à 3 millimètres.

OEnothera rosea . . . . .   Les plants n'ont pas changé depuis le 17 juillet, mais ils sont toujours vivaces, et leurs feuilles d'un vert foncé; les tiges ont de 1 à 2 millimètres.

13 août.

Campanula baldensis.	Les plants sont morts; les feuilles primordiales, il n'y en avait pas d'autres, étaient complétement décolorées.
Mimulus speciosus....	Un plan est mort, les autres ne portent que des feuilles primordiales d'un vert foncé.
Calandrinia umbellata.	Aucun changement d'aspect depuis le 7 août.
OEnothera rosea.....	Feuilles primordiales d'un vert foncé. Aucun progrès depuis le 7 août; 1 à 2 millimètres de hauteur. Tache verte sur le sable provenant d'une végétation cryptogamique.

17 août.

Mimulus speciosus....	Il n'a toujours que des feuilles primordiales.
Calandrinia umbellata.	Aucun changement.
OEnothera rosea.....	Aucun changement.

26 août.

OEnothera rosea.....	Mort, sans qu'il se soit produit de feuilles normales.
Mimulus speciosus....	Quatre plants sont morts, on les enlève; il en reste encore deux en assez bon état; entre les feuilles séminales on croit apercevoir comme un petit bourgeon feuillu.
10 septembre.......	Depuis le 26 août presque tous les plants sont morts sans qu'il y ait eu apparition de feuilles normales. Il ne reste que les deux *Mimulus*, dont l'aspect n'a pas changé.
13 septembre.......	Les *Mimulus* se sont affaissés, peut-être par suite d'une insolation trop peu ménagée.

J'ai beaucoup regretté cet accident, parce qu'il eût été très-curieux de voir pendant combien de temps ces plants, provenant de semences pesant $\frac{1}{58}$ de milligramme, se seraient maintenus dans l'état stationnaire où ils s'étaient placés depuis la germination. Je reviendrai d'ailleurs sur ce sujet intéressant. Ce qu'il y a de certain, c'est que durant plus de deux mois, à partir de l'époque où ont apparu les feuilles primordiales, les *Mimulus* n'ont plus fait le moindre progrès, et il est possible qu'ils fussent demeurés ainsi indéfiniment stationnaires, tant qu'ils auraient eu assez de gaz acide carbonique pour récupérer pendant le jour le carbone éliminé durant la nuit. Une plante qui reste ainsi en permanence à l'état naissant n'est, après tout, que la semence elle-même sous une autre forme, mais d'une conservation rendue très-difficile, en raison de la délicatesse extrême de ses frêles organes.

Cet arrêt de tout accroissement ultérieur dans l'organisme, après la germination, quand la graine, privée d'engrais, n'est formée que d'une quantité de matière pour ainsi dire impondérable, offre peut-être la preuve la plus frappante, par cela seul qu'elle est la plus facile à acquérir, que l'azote qui est à l'état gazeux dans l'atmosphère n'est pas directement assimilable par les plantes. Au reste, pour établir que cette assimilation ne se réalise pas, il n'est aucunement nécessaire d'avoir recours à des appareils compliqués et dispendieux, il suffit de faire développer une graine dans quelques décilitres de sable préalablement calciné, après y avoir ajouté un peu de cendres exemptes de cyanure alcalin et de charbon azoté, le sol étant

d'ailleurs entretenu constamment humide avec de
l'eau distillée, privée d'ammoniaque. Si la graine
renferme assez de matière organisée azotée, comme
un lupin, une fève, un haricot, une graine d'avoine,
et si les circonstances atmosphériques sont favorables,
la plante parcourra toutes les phases de la végétation,
elle portera des fleurs, donnera des semences, et après
trois ou quatre mois, temps nécessaire pour qu'elle
parvienne à l'état de maturité, l'analyse comparée
accusera un gain d'azote de quelques milligrammes,
dû très-probablement à l'ammoniaque de l'air, aux
corpuscules organiques; mais, en présence des résultats fournis par les vingt et une expériences que j'ai
faites, de 1851 à 1854, dans des appareils fermés,
je ne pense pas qu'on puisse en voir l'origine dans
l'assimilation directe de l'azote gazeux de l'atmosphère.

TROISIÈME PARTIE.

DE L'ACTION DU SALPÊTRE SUR LE DÉVELOPPEMENT DES PLANTES.

Le salpêtre exerce sur le développement des plantes
une action des plus favorables et des plus prononcées.
Cette propriété n'était pas inconnue des anciens, et si
l'emploi de ce sel n'a pas été adopté, il faut en voir
la cause dans le prix élevé qu'il atteignait dans les
localités éloignées de sa production, surtout quand
aux frais occasionnés par le transport venaient encore

s'ajouter des taxes souvent excessives. Aussi l'agriculture n'est-elle entrée résolument dans l'application du salpêtre qu'alors qu'on l'eut trouvé au Pérou en gisements extrêmement puissants. La connaissance de cette importante découverte parvint en Europe en 1821. L'analyse du nitrate de soude fut faite pour la première fois à l'École des Mines de Paris, par un jeune Péruvien, M. Mariano de Rivero, et ce fut un des membres les plus illustres de l'Académie des Sciences, l'abbé Haüy, qui en détermina la forme cristalline.

C'est dans la province de Tarapacá, située entre le 19ᵉ et 22ᵉ degré de latitude australe, qu'on rencontre, dans une plaine aride, à huit ou dix lieues de la côte, des amas de nitrate de soude, de sel marin et de borate de chaux. La *Pamba del Tamaragual*, élevée d'environ 1000 mètres au-dessus du niveau de l'océan Pacifique, formée d'alluvions, de conglomérats d'une époque très-récente, présente des gîtes de salpêtre que l'on considère comme intarissables, bien qu'ils ne s'étendent pas à six lieues au delà de la plage ; passé cette limite, le nitre semble avoir été remplacé par le sel marin.

Les Péruviens désignent par le nom de *caliche* des mélanges de sable et d'argile contenant de 20 à 65 pour 100 de nitrate de soude. Le caliche blanc cristallisé est du salpêtre, et sur quelques points il est si dur, si compacte, qu'il faut employer la poudre pour l'exploiter. Assez fréquemment le caliche forme des couches de 2 à 3 mètres de puissance sur un développement de 80 à 400 mètres : pour en extraire le nitrate on le traite par l'eau bouillante ; la dissolution est évaporée par le feu ou par la chaleur du soleil, et quand le sel est sec, il est envoyé au port d'*Iquique* d'où on l'expédie en Europe et aux Etats-Unis. Suivant M. de Rivero, la valeur du salpêtre d'Iquique livré par les exploitants du *Tamaragual* est de 25 francs les 100 kilogrammes.

L'exploitation du salpêtre de la province de Taracapá ne prit de l'extension qu'à partir de 1831. Dans les cinq dernières années, de 1850 à 1854, l'exportation a dépassé 3 millions de quintaux (poids espagnols.)

Il est remarquable qu'avant la conquête les Péruviens ne tiraient aucun parti de ces riches gisements de salpêtre. Cependant les Incas possédaient en agriculture des connaissances pratiques fort étendues. L'observation attentive des circonstances qui accompagnent le refroidissement occasionné par la radiation nocturne, leur avait appris à préserver leurs champs des effets de la gelée, en troublant la transparence de l'air au moyen de la fumée; ils fertilisaient la terre avec le guano, préparaient un engrais actif avec du poisson desséché, et, des excréments de l'homme, ils obtenaient une poudrette qu'on répandait à petites doses au pied de chaque plant de maïs (1).

Les bons effets du nitrate de soude sur les cultures ne sauraient être révoqués en doute depuis les expériences comparatives faites en Angleterre par M. David Barclay, par M. Pusey, en France par M. Kuhlmann, et l'on peut affirmer que dans les importations considérables du salpêtre du Pérou dans la Grande-

---

(1) GARCILASO DE LA VEGA, *Commentarios reales*, t. I, p. 134.

Bretagne, la part prélevée par l'agriculture, déjà très-large aujourd'hui, tend continuellement à s'accroître.

Il existe d'ailleurs une curieuse relation entre les terres d'une grande fertilité et les terres fortement salpêtrées. Un voyageur, Lerot, a observé que sur les terrains qui ont été submergés par les inondations périodiques du Gange, un mois après l'abaissement des eaux, le salpêtre *végète* à travers la vase déposée par le fleuve. Ce limon, si riche en nitrate de potasse, est employé dans l'Inde comme un engrais puissant. Dans les environs de Quito, près de Latacunga, on voit le nitre sortir en grande abondance d'un terrain environné de pâturages. En Espagne, selon Proust, plusieurs localités situées à peu de distance de Sarragosse seraient des mines inépuisables de nitrate de potasse, et il affirme que la terre voisine des nitrières donne des récoltes abondantes sans jamais recevoir de fumier. Bowles, qui a exploré l'Espagne bien avant l'illustre chimiste français, rapporte que le sol de l'Aragon, des deux Castilles, de la Navarre, de Valence, de Murcie, de l'Andalousie, pourrait produire des quantités considérables de nitre. Un salpêtrier auquel il demandait s'il savait comment le nitre se formait dans la terre, lui répondit : « J'ai deux champs; dans l'un je sème du froment qui réussit, dans l'autre je récolte du salpêtre (1). »

Au commencement de ce siècle, Einhoff signala

_____

(1) Una vez pregunté a un salitrero si sabia como se hacia esta generacion de salitre en sus tierras. Y me respondio ingenuamente : Tengo dos campos: en el uno siembro trigo y nace; en el otro cojo salitre.

du nitrate de chaux dans une terre très-fertile dont il avait fait l'analyse (1). J'ai trouvé dernièrement une proportion notable de nitrates dans le sol d'un potager fortement fumé; les betteraves récoltées dans ce terrain en étaient tellement chargées, qu'on ne put que très-difficilement en doser le sucre.

Diverses plantes, particulièrement le tabac, qui poussent près de Mazulipatam, dont les terres sont extrêmement salpêtrées, se chargent d'une telle quantité de nitre, que les feuilles en deviennent toutes blanches. Baumé a eu occasion de constater qu'un grand soleil (*helianthus*), venu sur des couches de terreau, contenait tant de nitre, que sa moelle, jetée sur des charbons, détonait vivement, tandis que la même plante, développée sur la terre franche, en plein champ, n'en renfermait pas sensiblement. On a reconnu le nitrate de potasse dans la séve de la vigne, du noyer, du charme, du hêtre, du bananier; le suc laiteux et vénéneux d'un sablier (*Hura crepitans*) de la vallée de *Magdalena* a fourni une proportion considérable de ce sel dans une analyse que j'en ai faite avec M. de Rivero.

Dans la supposition où les nitrates proviennent du sol, il est tout naturel de les rencontrer dans les plantes, et cela par la même raison qu'on y rencontre des composés ammoniacaux. Ce sont évidemment, dans l'un et dans l'autre cas, des sels récemment introduits, qui n'étaient pas encore élaborés quand le végétal a été enlevé à la terre (2).

On doit à M. Bineau une observation dont j'ai déjà

(1) *Annales de Chimie*, t. LV, p. 309.
(2) On a signalé le nitre dans le *Spilanthus oleracea*, le *Solanum*

eu l'occasion de signaler la portée (1), et qui l'a conduit à reconnaître l'aptitude des algues à faire disparaître les nitrates des eaux où elles végètent, soit
qu'elles assimilent directement l'azote de ces sels, soit
qu'elles déterminent son passage à l'état d'ammoniaque, prête à concourir à leur nutrition.

J'ajouterai que depuis les recherches par lesquelles
la présence de l'acide nitrique dans les eaux météoriques a été mise hors de doute, recherches qui commencent avec Bergmann et se terminent aux récents
et importants travaux de M. Bence Jones et M. Barral, on est disposé à assigner aux nitrates un rôle efficace dans les phénomènes de la végétation. M. Barral
ne s'est pas borné à signaler des nitrates dans la pluie
recueillie à toutes les époques de l'année ; il a cherché
à en fixer la quantité, et, d'après les proportions
constatées par des analyses nombreuses, il en a tiré
cette conclusion, que ces sels, comme l'ammoniaque
qui les accompagne dans la pluie, peuvent apporter de
l'azote aux végétaux ; déjà, dans des expériences faites
en 1851, M. le prince de Salm-Hortsmar avait vu que
le nitrate de potasse et le nitrate de soude peuvent
remplacer l'ammoniaque dans cette circonstance.

La permanence de l'acide nitrique dans les pluies
tombées dans toutes les saisons, sans qu'il y ait eu

---

tuberosum, la *Bryona alba,* l'*Atropa belladona,* le *Mesambryanthe-
mum edule.* Le suc de la canne à sucre en renferme certainement,
puisque la plupart des mélasses contiennent du nitrate de potasse.
J'ai constaté la présence des nitrates dans le fumier de Liebfrauenberg.

(1) BOUSSINGAULT, Recherches sur la végétation (*Annales de Chimie et de Physique,* 3e série, t. XLIII, p. 210).

des phénomènes électriques apparents pour le produire, est un fait considérable en météorologie chimique, dont on trouverait peut-être l'explication
dans une expérience extrêmement intéressante. En
effet, M. Houzeau a montré que si l'on mêle de
l'ammoniaque à de l'oxygène ozoné, il y a production de nitrate d'ammoniaque; l'action est in-
stantanée; aussitôt que la vapeur ammoniacale est
en contact avec le gaz, il se manifeste des fumées
blanches, un *brouillard sec* formé par les particules
du nitrate tenues en suspension. Il est vrai qu'en
donnant cette origine au nitrate que les pluies amè-
nent sur la terre, on arrive à cette conséquence, que
l'ammoniaque et l'ozone ne sauraient exister simultanément dans l'atmosphère, incompatibilité que rien
n'établit jusqu'à présent. Mais il ne serait pas impossible que la réaction n'eût lieu qu'entre certaines limites de quantité, passé lesquelles l'air pourrait renfermer ensemble, en infiniment petites proportions,
de l'ozone et du carbonate d'ammoniaque sans qu'il
y ait réaction.

Une fois établi que les nitrates de potasse et de
soude contribuent énergiquement au développement
des plantes, il reste à connaître comment ils agissent.
Se comportent-ils à la façon des sels alcalins toujours
si efficaces, ou bien, en raison de leur constitution
complexe, agissent-ils à la manière des engrais déri-
vés des substances animales, comme, par exemple,
les sels ammoniacaux? Ces questions ont certainement
leur importance, et c'est avec l'espoir de contribuer
à les résoudre que j'ai institué les expériences dont je
présente les résultats.

La seule explication que je connaisse de l'effet utile des nitrates sur la végétation est de M. Kuhlmann. Cet habile chimiste, en s'appuyant sur d'intéressantes recherches qui généralisent le fait de la production de l'ammoniaque par l'action de l'hydrogène naissant sur l'acide nitrique, arrive à cette conclusion que, lorsque les nitrates interviennent dans la fertilisation des terres, leur azote, avant d'être absorbé par la plante, est transformé le plus souvent en ammoniaque dans le sol même. Il suffit donc, ajoute M. Kuhlmann, pour justifier la haute utilité des nitrates, que ces sels soient placés sous l'influence désoxydante de la fermentation putride dont le résultat définitif doit être du carbonate d'ammoniaque. Il est regrettable que M. Kuhlmann n'ait pas cherché si réellement les matières organisées, en se putréfiant, transforment en ammoniaque l'acide nitrique des nitrates (1); cette recherche était d'autant plus opportune, que l'on sait avec quelle facilité l'azote constitutif de l'ammoniaque est changé en acide nitrique. C'est même sur cette tendance à l'oxydation des éléments de l'ammoniaque qu'est fondée la théorie la plus plausible de la nitrification d'un sol où sont réunies des matières animales et des bases alcalines.

J'ai donc cru devoir examiner si la présence de matières organiques putrescibles dans le sol est indispensable pour que l'azote du nitrate qu'on y a introduit soit assimilé par la plante; car, dans le cas où l'assimilation aurait lieu en leur absence, il serait per-

---

(1) KUHLMANN. *Expériences chimiques et agronomiques*, p. 62, 97 et 103.

I.

mis de tirer deux conclusions. La première, qu'il n'est pas nécessaire que l'azote de l'acide nitrique soit préalablement transformé en ammoniaque, en dehors du végétal, pour devenir apte à être fixé dans l'organisme ; la seconde, que, dans leurs effets sur la végétation, les nitrates ne se comportent pas seulement comme des sels à base de potasse ou de soude, ou bien encore comme des phosphates en raison de leur analogie de constitution avec ces derniers sels.

Le procédé que je devais adopter consistait naturellement à faire naître une plante dans du sable rendu stérile par la calcination, en y ajoutant une quantité connue d'un nitrate alcalin, des cendres, l'arrosement ayant lieu avec de l'eau pure. Dans le cas où les plants viendraient à se développer, il fallait en faire l'analyse, et, pour constater le nitrate qu'elle aurait absorbé, déterminer rigoureusement le nitrate resté dans le sable.

Ici se présentait une difficulté. Pour atteindre un degré satisfaisant de précision, il convenait de soumettre à l'analyse une très-forte fraction du sable ; le mieux eût été d'analyser la totalité. Comme l'opération serait devenue à peu près impraticable dans le cas où la masse du sol eût été considérable, j'ai dû restreindre cette masse ; mais, pour apprécier l'influence que le volume du sol rendu stérile pouvait exercer sur la végétation, j'ai répété des expériences faites à l'air libre consignées dans la dernière Partie, en exagérant la masse du sol stérile dans lequel j'ai fait développer du lupin et du cresson.

EXPÉRIENCE SUR LE LUPIN.

Le sol a été formé de :

Petits cailloux roulés de quartz.	424^{gr},0
Brique pilée en poudre grossière. . .	709,5
Sable quartzeux	391,0
	1524,5

Le 10 mai 1855 on a planté un lupin pesant 0^{gr},302. La plante s'est développée en plein air, mais des mesures étaient prises pour la préserver de la pluie. Le pot à fleurs était placé dans un plat en porcelaine, à 1 mètre au-dessus d'un gazon situé à l'extrémité d'une vigne. Le sable avait reçu :

Cendres lavées.	1^{gr},3
Cendres alcalines.	0,2

Après la germination on a arrosé avec de l'eau saturée de gaz acide carbonique.

On a mis fin à l'expérience le 2 août, lorsque les cotylédons étaient entièrement flétris, lorsque plusieurs feuilles placées à la partie inférieure commençaient à se décolorer. La plante présentait un aspect vigoureux, elle avait 12 centimètres de hauteur et portait quatorze feuilles ; desséchée, elle a pesé 1^{gr},415, c'est-à-dire cinq fois autant que la semence.

Dosage de l'azote de la semence. — Une graine de lupin analogue à celle qu'on avait plantée a été analysée par la chaux sodée.

Poids de la graine, 0^{gr},317 ; acide normal équivalent à 0^{gr},875 d'azote.

Titre de l'acide :

Avant. . . . . . . $33,3^{cc}$

Après. 26,5
_____

Différence. . .   6,8 équivalent à azote. $0^{gr},0179$

Pour 100 : 5,64.

Dosage de l'azote de la plante. — Matière $1^{gr},415$; acide normal équivalent à $0^{gr},0875$ d'azote.

Titre de l'acide :

Avant. 33,3

Après. 27,0
_____

Différence. . .   6,3 équivalent à azote. $0^{gr},0166$

Dosage de l'azote dans le sol. — Opéré sur le $\frac{1}{10}$ du sable et de la brique.

Sable. . . . . $39^{gr},10$ ⎱
                                    ⎰ 110,05
Brique. . . . . $70^{gr},95$ ⎱

Analysé en deux opérations; un seul titrage.

Employé dans chaque analyse 2 grammes d'acide oxalique.

Acide normal équivalent à $0^{gr},04375$ (1).

Titre de l'acide :

Avant. 33,5

Après. 32,7
_____

Différence. . .   0,8 équivalent à azote. . $0^{gr},0010$

Correction pour 4 grammes d'acide oxalique $0^{gr},0006$

Dans le $\frac{1}{10}$ du sable et de la brique, azote. . $0^{gr},0004$

Dans la totalité. . . . . $0^{gr},0040$

_____

(1) Dosage de l'azote dans l'acide oxalique dont on a fait usage dans les analyses mentionnées dans ce travail.

Acide normal équivalent à $0^{gr},04375$ d'azote; opéré sur 2 grammes d'acide oxalique.

Titre de l'acide :

	I.	II.
	$33,6^{cc}$	$33,6^{cc}$
Avant.	33,6	33,6
Après.	33,3	33,4
Différence.	0,3 = azote $0^{gr},00033$	0,2 = azote $0^{gr},00026$.

En moyenne, dans 2 grammes d'acide, azote $0^{gr},0003$.

Résumé de l'expérience.

	gr
Dans la plante, azote.............	0,0166
Dans le sol....................	0,0040
	0,0206
Dans la graine................	0,0170
En trois mois de végétation, gain..	0,0036

C'est à très-peu près le résultat obtenu en 1854, en faisant développer la plante dans un sol dont la masse était dix fois moindre.

Dans cette expérience exécutée à l'air libre, en plein soleil, par un vent parfois assez vif, il a été consommé, pour l'arrosement, une quantité d'eau très-considérable. Mais comme cette eau ne renfermait pas de traces appréciables d'ammoniaque, comme les cendres ajoutées au sable calciné ne contenaient ni cyanures, ni charbon azoté, il n'y a pas eu lieu d'introduire de corrections; le résultat a été déduit directement des nombres donnés par les analyses. Condition essentielle, car, à mon avis, une expérience de cette nature est évidemment tarée, quand, par suite de l'impureté des agents que l'on fait concourir au développement des plantes, on est obligé d'avoir recours à des corrections.

EXPÉRIENCE SUR LE CRESSON ALÉNOIS.

Avec le lupin on avait mis deux graines de cresson pesant 0^{gr},0045. Les plants ont fleuri et chacun d'eux a produit une graine microscopique; leur hauteur, leurs tiges extrêmement grêles et rigides, l'aspect et le développement restreint de leurs feuilles, rappelaient

les plantes que j'avais obtenues dans les mêmes conditions de stérilité en 1853 et 1854, lorsqu'elles
avaient pour sol 200 grammes de sable. Les deux
plants desséchés ont pesé 0^{gr},021, un peu moins de
cinq fois la semence.

Rassuré sur l'influence exercée par la masse d'un
sol stérile sur la végétation, j'ai maintenu le poids du
sable dans des limites qui permissent de le soumettre
à l'analyse en opérant sur le tiers ou sur la moitié,
afin de multiplier le moins possible les erreurs inhérentes au procédé.

INFLUENCE DU NITRATE DE POTASSE SUR LA VÉGÉTATION DE L'HÉLIANTHUS.

(PREMIÈRE EXPÉRIENCE.)

Deux graines de soleil, pesant ensemble 0^{gr},062,
ont été déposées le 10 mai 1855 dans du sable calciné auquel on avait mêlé :

Cendres alcalines............	0,1 ^{gr}
Cendres lavées..........	1,0
Nitrate de potasse........	0,05

Le sable a été humecté d'abord avec de l'eau pure,
et, après la germination, l'eau employée était saturée
de gaz acide carbonique. La plante a végété à l'air
libre sous un toit en verre qui la préservait de la pluie
et de la rosée. Ces dispositions ont été prises dans
toutes les expériences.

Le 20 mai, les graines ont levé.

Le 28 mai, les tiges ont 5 et 6 centimètres. Les
feuilles normales commencent à se développer.

Le 6 juin, les plantes font de tels progrès, qu'on

juge convenable d'ajouter au sol o^{gr},o6 de nitrate
dissous dans l'eau d'arrosement. Les tiges ont 10 et
14 centimètres. Chaque plant porte quatre feuilles
normales d'un vert foncé de 4 à 6 centimètres de longueur et 2 centimètres à l'endroit le plus large. Les
feuilles primordiales sont d'un vert très-pâle.

Le 15 juin, la hauteur des tiges est de 16 et 20 centimètres. Sur chaque plant, apparition de deux nouvelles feuilles d'un beau vert. Les feuilles primordiales
presque entièrement flétries.

Le 21 juin, on ajoute au sol o^{gr},20 de nitrate. Les
feuilles primordiales sont complétement fanées, mais
elles adhèrent fortement aux tiges.

Le 28 juin, belle végétation. Donné au sol o^{gr},20
de nitrate.

Le 19 juillet, donné o^{gr},20 de nitrate.

Le 21 juillet, donné o^{gr},20 de nitrate.

Le soleil le plus grand a 52 centimètres de haut ; il
porte onze feuilles d'un beau vert et quatre feuilles
fanées au bas de la tige. Le soleil le plus petit a
40 centimètres de haut ; il porte huit feuilles d'un vert
foncé et quatre feuilles fanées à la partie inférieure.
Les feuilles les plus développées ont 7 centimètres de
longueur sur 3^c,5 de largeur.

Le 31 juillet, donné o^{gr},20 de nitrate. Très-belle végétation à la partie supérieure des tiges ; les pointes
de deux des feuilles placées vers le bas commencent
à noircir, elles seront bientôt flétries, mais il apparaît
de nouvelles feuilles au sommet.

Le 19 août, le plus grand soleil a 72 centimètres ; il
porte neuf belles feuilles et six feuilles desséchées à
sa partie inférieure ; ces feuilles, comme les primor-

diales, adhèrent à la tige terminée par un bourgeon floral ; on distingue déjà la couleur jaune de la fleur.

Le plus petit des deux soleils a 50 centimètres de hauteur; il porte sept belles feuilles, et trois petites situées au-dessous du bourgeon floral, d'ailleurs peu développé. On compte sept feuilles mortes adhérentes. La feuille morte la plus grande a 8 centimètres de longueur sur 4 centimètres de largeur.

Le 22 août, le sommet d'un des soleils ayant été rompu par accident, on a mis fin à l'expérience. Les plantes, desséchées à l'étuve, ont pesé 6^{gr},685, c'est-à-dire cent huit fois le poids de la semence employée.

Dans le cours de cette expérience, le sol a reçu 1^{gr},11 de nitrate de potasse.

VÉGÉTATION DE L'HÉLIANTHUS DANS UN SOL PRIVÉ DE MATIÈRES ORGANIQUES ET SANS L'INTERVENTION DU NITRATE DE POTASSE.

(DEUXIÈME EXPÉRIENCE.)

Pour mieux juger de l'effet produit par le nitrate de potasse sur le développement de l'hélianthus, j'avais disposé une expérience comparative dans laquelle la même plante devait croître sans l'intervention de ce sel.

Le 10 mai 1855, dans un sol formé par du sable calciné auquel on avait mêlé 0^{gr},1 de cendres alcalines et 1 gramme de cendres lavées, on a placé deux graines de soleil pesant ensemble 0^{gr},068. Le sable a été arrosé avec de l'eau exempte d'ammoniaque, saturée de gaz acide carbonique. Le pot à fleurs a été installé à côté de celui dans lequel se trouvaient les

plantes qui faisaient le sujet de la première expérience.
Les deux graines ont levé le 20 mai.

Le 28 mai, les feuilles normales se développent.

Le 6 juin, les tiges ont 4 et 6 centimètres. Chaque
plant porte deux feuilles normales; elles ont 2ᶜ,5 de
longueur et 1ᶜ,2 dans la plus grande largeur. Les
feuilles primordiales sont d'un vert pâle.

Le 15 juin, la hauteur des tiges est de 6 et 9 centimètres; à la même date, les tiges des soleils au régime
du nitrate de potasse ont 16 et 20 centimètres.

Les deux feuilles sont d'un vert pâle; les feuilles
primordiales sont entièrement décolorées.

Le 21 juin, la végétation semble n'avoir fait aucun
progrès depuis le 15. Les feuilles primordiales sont
flétries.

Le 4 juillet, un des soleils est mort; on l'enlève :
après dessiccation, il a pesé 0ᵍʳ,110. Il portait deux
feuilles normales.

Le 21 juillet, le soleil restant a 13 centimètres de
haut et deux feuilles normales très-pâles, longues de
2 centimètres sur 7 millimètres de largeur; à la même
date, un des soleils au régime du nitrate atteint une
hauteur de 52 centimètres et porte onze feuilles normales d'un beau vert.

Le 31 juillet, deux petites feuilles très-pâles ont apparu; la végétation est languissante.

Le 22 août, on compte trois feuilles naissantes.
La hauteur de la plante est de 20 centimètres; la tige
est très-grêle. La feuille la plus développée a toujours
2 centimètres de longueur sur 7 millimètres de
largeur; depuis le 21 juillet, elle est restée stationnaire.

Après dessiccation la plante a pesé... $0,215$ ^{gr}
Le soleil mort le 4 juillet pesait .... $0,110$

$0,325$

C'est environ quatre fois et demie le poids de la graine.

On peut comparer la végétation languissante de l'hélianthus dans un sol dénué de principes azotés assimilables à celle des graines extrêmement légères placées dans les mêmes conditions. Cependant le poids d'une semence d'hélianthus est de 3 à 4 centigrammes; c'est ce que pèse un grain d'avoine et dix fois plus que ne pèse une graine de cresson, qui, l'une et l'autre, donnent néanmoins naissance à des plantes bien chétives sans doute quand elles croissent en l'absence de toute trace d'engrais, mais qui enfin atteignent le terme de la vie végétale, puisqu'elles reproduisent la semence d'où elles sont issues. Il y a par conséquent lieu de croire que la suspension de la végétation dans une plante née d'une graine mise dans un terrain stérile n'est pas uniquement la conséquence du peu de masse de cette graine, mais qu'elle dépend aussi du rapport de cette masse à celle que le végétal doit acquérir. Ainsi, comme je l'ai expliqué ailleurs, une semence de mimulus pesant $\frac{1}{68}$ de milligramme, déposée dans du sable calciné mêlé de cendres, donne une plantule pourvue seulement de feuilles primordiales qui reste ainsi stationnaire pendant deux à trois mois, parce qu'il lui manque le tissu azoté indispensable à son extension. Or, cette année, j'ai constaté qu'une graine de mimulus semée dans de la bonne terre de jardin produit une plante pesant, après dessiccation, $2^{gr}.22$. c'est-à-dire renfermant plus de cent trente mille fois autant de matière organisée que la semence. J'ai trouvé aussi qu'une graine d'hélianthus de 3 centigrammes donne, dans les mêmes circonstances, une plante qui, après avoir été séchée à l'air, pèse 1259 grammes, soit quarante-deux mille fois le poids de la graine. Sans doute, dans des terrains moins fertiles, l'hélianthus n'aurait point atteint, à beaucoup près, une semblable croissance ; mais alors même, et quelque faible que l'on imagine la quantité de matière nécessaire pour constituer ce que l'on pourrait appeler la *plante limite*, il est présumable qu'en dehors de toute intervention de fumier, cette plante ne trouve pas dans la graine les éléments du tissu azoté exigé par son organisme, comme cela arrive pour les haricots, le froment, l'avoine, et même pour le cresson (1).

Examen de la plante développée sous l'influence du nitrate de potasse. — L'effet du nitrate de potasse sur la végétation des soleils a été si manifeste et si prononcé, qu'il n'est pas possible de douter de l'assimilation de l'azote de ce sel. D'un autre côté, il est de la dernière évidence que les modifications survenues dans la constitution du nitre ont dû se réaliser dans l'intérieur de la plante, puisque le sable ne renfermait pas de matières putrescibles autres que celles que les racines pouvaient excréter, si tant est qu'elles en excrètent, et, dans tous les cas, on doit admettre comme démontré que le salpêtre, pour agir à la manière d'un engrais azoté, n'a nullement besoin d'être associé à du fumier.

---

(1) Depuis, j'ai obtenu des plantes limites avec l'hélianthus.

Il restait à rechercher dans quelle proportion le nitre avait fourni de l'azote à la plante, ou, si l'on veut, combien de nitre avait été modifié pendant la végétation, et à constater si la totalité de l'azote abandonnée par le sel se trouvait fixé dans l'organisme. Il s'agissait, par conséquent, de soumettre à l'analyse la graine, la plante, le sol.

Dosage de l'azote, par la chaux sodée, des graines de soleil récoltées en 1854 au Liebfrauenbourg. — Opéré sur onze graines pesant $0^{gr},328$.

Acide sulfurique normal équivalent à $0^{gr},04375$ d'azote.

Titre de l'acide :

Avant........ $33,6^{cc}$
Après........ $26,0$
Différence... $7,6$ équivalent à azote.. $0^{gr},0099$

Pour 100 de graine, azote 3,02.

Dosage de l'azote dans les plantes. — Les plantes sèches ont pesé $6^{gr},685$, dans lesquelles il y avait :

Tiges très ligneuses........ $3^{gr},990$
Racines................ $1,060$
Feuilles................ $1,635$
                          $6,685$

Comme il était possible que les plantes renfermassent du nitrate de potasse, le dosage de l'azote a d'abord été fait par le procédé de la combustion à l'aide de l'oxyde de cuivre; malgré une colonne de ce métal très-divisé de plus de 2 décimètres de longueur, le gaz obtenu n'a pas été exempt de bioxyde d'azote, mais ce bioxyde a toujours été évalué très-exactement en le faisant absorber par le sulfate de fer.

I. Le bicarbonate de soude employé au balayage des tubes avait été préparé dans mon laboratoire avec du carbonate préalablement purifié.

Opéré sur 1 gramme de matière formée de :

Tiges	0,597
Feuilles	0,244
Racines	0,159
	1,000

Gaz obtenu	15,4 temp. 18°,2, bar. 0^m,7439.
Après absorption par le sulfate de fer	14,0
Bioxyde d'azote	1,4
Oxygène à déduire	0,7
Azote	14,7

13,5 à 0 degré et pression 0^m,76 ;
en poids 0^{gr},01705.

II. Matière :

Tiges	0,597
Feuilles	0,244
Racines	0,159
	1,000

Gaz obtenu	15,1 temp. 15°,3, bar. 0^m,733.
Après absorption par le sulfate de fer	13,9
Bioxyde d'azote	1,2
Oxygène à déduire	0,6
Azote	14,5

13,4 à 0 degré et pression 0^m,76 ;
en poids 0^{gr},01672.

III. *Dosage de l'azote par la chaux sodée.* —
Matière :

Tiges.....................	0,597
Feuilles.................	0,244
Racines.............. ..	0,159
	1,000

Acide sulfurique normal équivalent à 0^{gr},04375 d'azote.

Titre de l'acide :

Avant.....	33,9
Après.....	21,85
Différence...	12,05 équivalent à azote 0^{gr},0156.

La proportion d'azote trouvée par le dosage à la chaux sodée est un peu plus faible que celle donnée par la combustion au moyen de l'oxyde de cuivre; cela provient probablement de ce que la petite quantité de nitrate qui se trouve dans la plante n'est dosée qu'incomplétement par la chaux sodée.

En résumé, l'azote trouvé dans 1 gramme de plante sèche a été :

I.	0,0170
II.	0,0167
III.	0,0156
	0,0493 azote dans 3 grammes de plante sèche.

Dans la totalité de la plante récoltée, pesant 6^{gr},685, azote 0^{gr},1099.

Dosage de l'azote dans le sol où se sont développés les hélianthus. — Après une dessiccation à l'étuve, le sable quartzeux, débarrassé des fragments de racines,

A pesé.....................	167,90	} 242^{gr},80
Le pot à fleurs en terre cuite...	74,90	

Comme le sol devait renfermer le nitre que la plante n'avait pas absorbé, le dosage de l'azote a dû être fait par l'oxyde de cuivre, mêlé de cuivre très-divisé et ayant à sa suite une colonne de ce métal. Les analyses ont été exécutées dans des tubes de 1 mètre de longueur, à cause de la forte quantité de matière sur laquelle on opérait.

I. Pris le $\frac{1}{10}$ du sol et du pot à fleurs :

Sable . . . . 16,79 $\Big\}$ 24^{gr},28
Pot à fleurs . . . . 7,49 $\Big\}$

Gaz recueilli . . . . 4,6^{cc} temp. 17°,8, bar. 0^m,0743.
Après absorption par le sulfate de fer 3,5

Bioxyde d'azote 1,1
Oxygène contenu . . . . 0,55 à déduire de 4^{cc},6.

Azote 4,05
3,71 à 0 degré et pression 0^m,76 ; en poids 0^{gr},0047.

II. Opéré sur le $\frac{1}{5}$ du sol :

Sable . . . . 33,58^{gr} $\Big\}$ 48^{gr},56
Pot à fleurs . . . . 14,98 $\Big\}$

Gaz recueilli . . . . 9,3^{cc} temp. 16°,3, bar. 0^m,74 ;
Après absorption par le sulfate de fer 6,9

Bioxyde d'azote 2,4
Oxygène contenu . . . . 1,2 à déduire de 9^{cc},3.

Azote 8,1
7,47 à 0 degré et pression 0^m,76 ; en poids 0,0094 (1).

---

(1) On a pris pour le poids du centimètre cube d'azote 0^{gr},001263.

III. Opéré sur le $\frac{1}{5}$ du sol :

Sable............ $33^{gr},58$ ⎫
Pot à fleurs........ $14,98$ ⎬ $48^{gr},56$

Gaz recueilli......... ..... $9^{cc},0$ temp. $16°,0$, bar. $0^m,739$.
Après absorption par le sul-
fate de fer........... . $5,6$
Bioxyde d'azote... ...... $\overline{3,4}$
Oxygène contenu........ $1,7$ à déduire de 9^{cc}.
Azote... .... $\overline{7,3}$

$6,7$ à o degré et pression $0^m,76$;
. en poids $0^{gr},0085$.

On a pour la teneur en azote du sol du pot à fleurs :

I. Dans le $\frac{1}{10}$........ $0^{gr},0047$
II. Dans les $\frac{2}{10}$......... $0,0094$
III. Dans les $\frac{2}{10}$........ $0,0085$
Dans la moitié du sol..... $\overline{0,0226}$
Dans la totalité......... $0,0452$

Comparons maintenant la quantité d'azote introduite à celle qui a été retrouvée dans la plante. D'a-
bord, pour évaluer aussi exactement que possible la
proportion d'azote contenue dans les $6^{gr},685$ de plante
sèche, on doit éliminer le résultat obtenu par le dosage au moyen de la chaux sodée, le procédé ayant
pu ne pas donner tout l'azote de la petite quantité de
nitrate que devait naturellement renfermer un végétal soumis au régime suivi dans cette expérience; on
a donc pour l'azote dosé dans la plante :

I. Matière 1 gramme; azote...... $0^{gr},0170$
II. Matière 1 gramme; azote....... $0,0167$
Dans 2 grammes............ $\overline{0,0337}$
Dans $6^{gr},685$, azote.......... $0,1126$

La plante a reçu $1^{gr},110$ de nitrate de potasse renfermant pour 100, $13,84$ d'azote.

Les deux graines pesaient $0^{gr},062$; elles contenaient, pour 100, 3,02 d'azote, on a ainsi :

Dans $1^{gr},110$ de nitrate de potasse, azote... $0,\overset{gr}{1}536$
Dans $0^{gr},062$ de graines............... $0,0019$
$\qquad\qquad$ Azote donné...... $0^{gr},1555$
Dans les $6^{gr},685$ de plantes sèches, azote... $0,1126$
Dans les $242^{gr},80$ de sol et pot.......... $0,0452$
$\qquad\qquad$ Azote donné...... $0^{gr},1578$
$\qquad\qquad\qquad$ Différence $+ 0^{gr},0023$

Ainsi, on a retrouvé dans la plante et dans le sol, à
2 milligrammes près, en plus, l'azote apporté par le
nitrate de potasse (1).

Si la plante a puisé dans le nitrate tout l'azote que
renfermait son albumine, sa caséine, elle a dû en absorber $0^{gr},8026$.

Or, comme chaque équivalent de nitrate en péné-
trant dans l'organisme d'un végétal porte avec lui
1 équivalent d'alcali, il en résulte que les hélianthus

---

(1) En n'éliminant pas le résultat obtenu par la chaux sodée, on
aurait pour l'azote de la plante $0^{gr},1099$, et, par conséquent, pendant
la végétation, au lieu d'un gain de 2 milligrammes, une perte de
$0^{mg},4$. Si l'on fixait l'azote de la plante uniquement par le résultat
du dosage au moyen de la chaux sodée, la perte atteindrait 6 milligrammes ; cependant la quantité d'azote dans 1 gramme de matière,
déterminée par ce procédé, ne diffère que de 1 milligramme environ
de celle obtenue par l'emploi de l'oxyde de cuivre ; ici, cette différence est probablement due à la présence d'un peu de nitrate, et l'erreur qui en résulte est multipliée par 6. C'est pour atténuer autant
que possible cette cause d'erreur, que dans un précédent Mémoire
j'ai recommandé de soumettre à l'analyse la totalité de la plante récoltée, ou tout au moins la moitié ; si je n'ai pas suivi ce précepte
dans la circonstance actuelle, c'est qu'il y avait lieu de déterminer les
cendres de la plante.

ont dû recevoir $0^{gr},3741$ de potasse, représentant $0^{gr},5504$ de carbonate. L'alcali introduit par le nitrate devait se trouver dans les cendres de la plante.

Dosage des cendres et détermination de leur richesse en alcali. — J'ai brûlé dans une capsule de platine, en ménageant la température afin d'éviter la fusion, 1 gramme de plante sèche dans lequel il entrait :

Tiges.............. $0,597$
Feuilles.......... $0,244$ } 1 gramme.
Racines.......... $0,159$

La cendre obtenue, parfaitement blanche, très-alcaline, a pesé $0^{gr},111$. Rapportant ce nombre aux $6^{gr},685$ de plante sèche, on a $0^{gr},742$, pouvant certainement contenir $0^{gr},5504$ de carbonate de potasse; mais j'ai cru devoir déterminer l'alcali que renfermait la cendre de l'hélianthus.

Les $0^{gr},111$ de cendres ont été mises avec 30 centimètres cubes d'eau dans un verre conique pouvant être fermé par un obturateur. Après avoir agité à plusieurs reprises, on a laissé digérer pendant vingt-quatre heures, puis il a été procédé au titrage de la liqueur alcaline.

La partie insoluble des cendres étant déposée, 10 centimètres cubes, le $\frac{1}{3}$ de la dissolution, ont été introduits dans un petit ballon, avec une pipette d'acide sulfurique normal équivalent à $0^{gr},1473$ de potasse. On a fait bouillir pour chasser l'acide carbonique, et, après avoir versé le mélange dans un verre, ajouté le nombre voulu de gouttes d'infusion de tournesol, on a titré.

Titre de l'acide :

Avant... $33,9$ ᶜᶜ

Après... $29,1$

Différence... $\overline{4,8}$ équivalent à $0,0209$ de potasse,

soit $0^{gr},0627$ pour toute la dissolution, et, pour les $6^{gr},685$ de plante sèche, $0^{gr},4191$ d'alcali représentant $0^{gr},615$ de carbonate de potasse. D'après le nitrate absorbé par la plante, on n'aurait dû avoir que $0^{gr},5504$ de carbonate ; la différence en plus est expliquée, au reste, par l'alcali qu'ont dû nécessairement fournir les cendres ajoutées au sable dont le sol était formé.

On a vu, d'après l'azote acquis pendant la végétation, que la plante avait dû absorber $0^{gr},8025$ de nitrate de potasse ; comme on avait donné $1^{gr},110$ de ce sel, il devait en rester $0^{gr},3075$ dans le sol, mêlés aux sels provenant des cendres. J'ai recherché la quantité de substances salines restées dans le sable, de la manière suivante, en agissant sur le $\frac{1}{5}$ de la totalité.

Le sol, y compris le vase qui le contenait, consistait :

En sable........	$167^{gr},90$	le $\frac{1}{5}$......	$33^{gr},58$
Pot à fleurs......	$74,90$	le $\frac{1}{5}$......	$14,98$
	$\overline{142,80}$		$\overline{48,56}$

On a fait digérer les $48^{gr},56$ de matières dans 142 centimètres cubes d'eau ; $79^{cc},5$ de la dissolution très-sensiblement alcaline, évaporés dans une capsule en platine, ont laissé un résidu salin légèrement coloré en brun, qui a pesé $0^{gr},038$ après une forte dessiccation. Les 142 centimètres devaient en contenir $0^{gr},0679$.

et tout le sol cinq fois plus, c'est-à-dire $0^{gr},34$. On aurait dû en obtenir seulement $0^{gr},31$; mais ici encore devaient se rencontrer une partie des sels des cendres mêlées au sable au commencement de l'expérience. En ajoutant un peu d'eau au résidu salin recueilli dans la capsule de platine, et laissant évaporer, on a eu de belles aiguilles de nitrate de potasse dans une eau mère franchement alcaline.

Ce résultat peut être contrôlé en transformant en nitrate l'azote dosé dans le sol; on aura toutefois un nombre trop fort, parce que l'on convertira en acide nitrique la très-petite quantité d'azote appartenant à la matière organique disséminée dans le sable, et quelque minime qu'elle soit, comme le rapport des équivalents de l'azote et du nitrate est $:: 175 : 1262,3$, le poids calculé du sel sera sensiblement surchargé.

On a trouvé dans le sol $0^{gr},0452$ d'azote représentant $0^{gr},326$ de nitrate de potasse; or, d'après la supputation fondée sur ce qu'il y aurait eu $0^{gr},8025$ de nitre absorbé par la plante, il ne devait en rester dans le sol que $0^{gr},3075$.

Malgré les différences que je viens de signaler entre les nombres donnés par le calcul et ceux trouvés directement, on peut, je crois, résumer comme il suit les faits précédemment exposés.

1°. L'azote du nitrate absorbé est assimilé par la plante.

2°. Pour chaque équivalent d'azote assimilé, l'hélianthus paraît avoir fixé dans son organisme un équivalent de potasse.

3°. On retrouve dans le sol à peu près en totalité le nitrate que la plante n'a pas absorbé.

4°. L'action du nitrate de potasse, très-prononcée dès le début de la végétation, se manifeste sans qu'il soit nécessaire d'ajouter au sol une matière organique putrescible.

Que se passe-t-il lorsque le nitrate a pénétré dans la plante? L'azote, avant d'entrer dans la constitution de l'albumine végétale, est-il transformé en ammoniaque suivant la réaction indiquée par M. Kuhlmann? C'est là une question que j'essayerai de résoudre.

EXAMEN DE LA PLANTE DÉVELOPPÉE SANS L'INTERVENTION DU NITRATE DE POTASSE.

Dans l'expérience comparative où les hélianthus ont végété en dehors de l'influence du nitrate de potasse, on a vu que deux graines pesant $0^{gr},068$ avaient produit deux plantes pesant $0^{gr},325$, après leur dessiccation.

Dosage de la plante au moyen de la chaux sodée. — On a opéré sur la totalité des plantes.

Acide sulfurique normal équivalent à $0^{gr},04375$ d'azote.

Titre de l'acide :

Avant...	33,6^{cc}
Après...	31,9
Différence...	1,7 équivalent à azote $0^{gr},0022$

Dosage de l'azote, par la chaux sodée, dans le sol. — Opéré sur le $\frac{1}{10}$.

Le sable sec a pesé......	209,50	pris.....	20,95
Le pot à fleurs.........	91,50		9,15
	301,00		30,10

On a fait intervenir 2 grammes d'acide oxalique; 1 gramme a été mêlé à la matière, l'autre gramme étant destiné au balayage du tube.

Acide sulfurique normal équivalent à $0^{gr},4375$ d'azote.

Titre de l'acide :

Avant........ 33,5 ^{cc}

Après........ 33,0

Différence... 0,5 équivalent à azote $0^{gr},00065$

Correction pour l'acide oxalique... $0^{gr},00030$

Dans le $\frac{1}{10}$ du sol, azote......... $0^{gr},00035$

Dans la totalité.............. $0^{gr},0035$

Résumé.

Dans les plantes sèches, azote...	0,0022 ^{gr}
Dans le sol...............	0,0035
	0,0057
Dans les graines, azote.......	0,0021
Gain en azote..............	0,0036

Dans cette expérience, l'azote acquis par une végétation continue pendant plus de trois mois à l'air libre et à l'abri de la pluie, n'a pas atteint 4 milligrammes, et encore l'acquisition a-t-elle eu lieu par le sol.

Influence du nitrate de soude sur la végétation. —Le nitrate de soude étant aujourd'hui, en Europe, le seul nitrate employé en agriculture, j'ai dû examiner si, dans son action sur la végétation, il se comportait

comme le nitrate de potasse. L'expérience a été faite
sur du cresson alénois, et, comme points de comparaison, la plante a été cultivée simultanément : 1° dans
de la terre de jardin; 2° dans du sable privé de matières organiques par une calcination à la chaleur
rouge.

VÉGÉTATION DU CRESSON DANS DE LA TERRE DE JARDIN FORTEMENT FUMÉE.

(TROISIÈME EXPÉRIENCE.)

Le 21 août 1855, j'ai semé vingt et une graines dans
un pot contenant 5 litres d'excellente terre, qu'on a
arrosée avec de l'eau de source. Dix graines levèrent.
La végétation suivit ses phases ordinaires. Le 7 octobre, alors que la plante commençait à fleurir, on
l'enleva du sol. Le plant le plus élevé avait 15 centimètres, le plus petit 8 centimètres; tous portaient
dix à douze feuilles. Les dix plants, après avoir été
desséchés à l'étuve, ont pesé $1^{gr},580$, c'est-à-dire
soixante-six fois le poids de la semence.

Dosage de l'azote. — Opéré sur $0^{gr},450$ de matière.

Acide sulfurique normal équivalent à $0^{gr},04375$
d'azote.

Titre de l'acide :

Avant........	$33,7$
Après.	$22,1$
Différence...	$11,6$ équivalent à azote $0^{gr},01506$

Dosage des cendres. — Opéré sur $0^{gr},900$ de matière.

Les cendres obtenues après une combustion faite à une température peu élevée ont pesé $0^{gr},142$.

Dosage de la potasse dans les cendres. — Les $0^{gr},142$ de cendres ont été mises avec 20 centimètres cubes d'eau dans un vase en verre de forme conique et fermant par un obturateur. Après avoir fortement agité et laissé en repos pendant trente-six heures, on a procédé au *titrage* de la dissolution en opérant sur 10 centimètres cubes acide normal équivalent à $0^{gr},1473$ de potasse.

Titre de l'acide :

Avant........ $33,7^{cc}$
Après........ $33,0$

Différence... 0,7 équivalent à potasse $0^{gr},0031$
Pour les 20 centimètres cubes de dissolution $0^{gr},0062$

On déduit de ses dosages que 1 gramme du cresson sec arrivé à la floraison, après une végétation d'un mois et demi dans de l'excellente terre de jardin, contient :

Azote........... $0,033^{gr}$
Cendres........ 0,157 Alcali.... 0,007

Conséquemment en six semaines l'azote acquis par les dix plants s'est élevé à $0^{gr},053$.

Ces cendres renfermaient beaucoup de carbonate de chaux et elles n'étaient pas exemptes de sable.

VÉGÉTATION DU CRESSON DANS DU SABLE NE CONTENANT PAS DE MATIÈRES ORGANIQUES.

(QUATRIÈME EXPÉRIENCE.)

Le 21 août 1855, vingt et une graines, pesant

0^{gr},05, ont été mises dans du sable calciné auquel on avait mélangé 0^{gr},20 de cendres alcalines et 1 gramme de cendres lavées. Douze graines ont levé. La végétation a eu lieu à l'air libre et à l'abri de la pluie. La plante a été arrosée avec de l'eau distillée saturée de gaz acide carbonique.

Le 7 octobre on a mis fin à l'expérience. Les plants n'ont pas atteint plus de 3 centimètres de hauteur; sur chacun d'eux on comptait quatre très-petites feuilles supportées par des tiges très-grêles. Quelques feuilles avaient une teinte rougeâtre, mais la plupart étaient d'un beau vert. Les douze plants desséchés ont pesé 0^{gr},110, trois fois et demi le poids des graines semées.

Les graines renfermaient 5 pour 100 d'azote (1).

Dosage de l'azote dans la plante desséchée. —Acide sulfurique normal équivalent à 0^{gr},04375 d'azote.

Soumis au dosage les 0^{gr},11 de plants récoltés.

Titre de l'acide :

Avant........	33,7^{cc}
Après........	32,5
Différence...	1,2 équivalent à azote. 0^{gr},0016

Dosage de l'azote dans le sol où les douze plants de cresson se sont développés. — Opéré sur le $\frac{1}{3}$ de la matière :

Le sable sec a pesé...	200,85^{gr}	le $\frac{1}{3}$....	66,95^{gr}
Le pot à fleurs.......	94,10		31,33
	294,95		98,28

(1) La graine avait été analysée à l'occasion des recherches précédentes.

Acide normal équivalent à o^{gr},04375.

Titre de l'acide :

Avant........ 33,7^{cc}

Après........ 32,7

Différence...   1,0 équivalent à azote..   o,oo13^{gr}

Correction pour l'acide oxalique......   0,0003

Dans le $\frac{1}{3}$ du sol, azote...............   0,0010

Dans la totalité du sol.............   0,0030

Résumé de l'expérience.

Dans la plante sèche, azote.........   0,0016^{gr}

Dans le sol....................   0,0030

0,0046

Dans les 21 graines semées, azote...   0,0025

Gain en azote, en un mois et demi..   0,0021

En sept semaines de végétation, il y aurait eu un gain d'azote de 2 milligrammes, mais ce nombre est probablement trop fort. Comme dans une série de mes recherches antérieures, j'avais disposé un pot à fleurs contenant du sable calciné, des cendres, sans y semer du cresson; le sable a été arrosé pendant toute la durée de l'expérience avec l'eau employée à l'arrosement des plants. Dans ce sable, qui avait le même poids que celui où le cresson s'était développé, l'analyse a indiqué o^{milligr},7 d'azote, qu'on ne peut attribuer qu'à une influence de l'air. A la surface, le sable présentait des taches vertes, occasionnées par la présence d'une végétation cryptogamique que j'ai remise à notre savant confrère, M. Montagne, en le priant de vouloir bien l'examiner.

L'azote acquis par le cresson ne s'élève donc pas à plus de $0^{gr},0014$.

VÉGÉTATION DU CRESSON SOUS L'INFLUENCE DU NITRATE DE SOUDE.

(CINQUIÈME EXPÉRIENCE.)

Dans du sable calciné, auquel on ajouta $0^{gr},15$ de cendres alcalines, j'ai semé vingt et une graines de cresson, le 21 août 1855. Le 28, seize graines étaient levées. Après la germination, la plante, dans tout le cours de l'expérience, a été arrosée avec de l'eau distillée saturée de gaz acide carbonique. Le 28 août, on mit dans l'eau d'arrosement $0^{gr},02$ de nitrate de soude du Pérou purifié par cristallisation.

Du 29 août au 4 septembre, la plante a reçu $0^{gr},06$ de nitrate. Les feuilles étaient alors presque aussi développées que celles du cresson cultivé en terre de jardin.

Du 10 au 15 septembre, donné $0^{gr},04$ de nitrate. Les feuilles sont d'un beau vert, mais déjà elles présentent moins de surface que les feuilles du cresson en terre de jardin.

Du 17 au 20 septembre, donné $0^{gr},04$ de nitrate. Il y a sur chaque plant cinq feuilles bien développées comme sur le cresson en terre de jardin.

Du 22 septembre au 3 octobre, donné $0^{gr},06$ de nitrate. Quelques feuilles commencent à devenir jaunes; le même accident s'est produit d'une façon plus prononcée sur le cresson en terre de jardin. Toutes les feuilles primordiales sont décolorées et flétries; elles adhèrent à la plante.

Le 9 octobre, chaque plant porte huit à dix feuilles d'un vert foncé; elles ne different pas beaucoup en dimension de celles du cresson en terre de jardin; elles sont plus résistantes et leurs pétioles plus rigides. La plante a tallé; sa hauteur ne dépasse pas 5 centimètres. On comptait seize plants très-vigoureux qui, après avoir été desséchés à l'étuve, ont pesé :

$$\left.\begin{array}{ll}\text{Tiges et feuilles}\dots\dots\dots & 0,609 \\ \text{Racines}\dots\dots\dots\dots\dots & 0,222\end{array}\right\}\ 0^{gr},831$$

Seize graines pesant $0^{gr},038$, la plante récoltée contenait vingt-deux fois le poids de la semence.

Dosage de l'azote dans la plante desséchée. — Bien que la plante dût contenir un peu de nitrate de soude, j'ai dosé l'azote par la chaux sodée.

Acide sulfurique normal équivalent à $0^{gr},04375$ d'azote.

I. Matière :

$$\left.\begin{array}{ll}\text{Tiges et feuilles}\dots\dots\dots & 0,196 \\ \text{Racines}\dots\ \dots\dots\dots & 0,072\end{array}\right\}\ 0^{gr},268$$

Titre de l'acide :

Avant..... $33^{cc},8$

Après..... $27,2$

Différence... $\overline{6,6}$ équivalent à azote $0,0085$

II. Matière :

$$\left.\begin{array}{ll}\text{Tiges et feuilles}\dots\dots\dots & 0,196 \\ \text{Racines}\dots\dots\dots\ \dots & 0,072\end{array}\right\}\ 0^{gr},268$$

Titre de l'acide :

Avant..... $33^{cc},7$

Après..... $27,7$

Différence... $\overline{6,0}$ équivalent à azote. $0^{gr},0078$

Dans le matière $0^{gr},536$, azote........ $0^{gr},0163$

Dans les 0^{gr},831 de plantes récoltés, azote 0^{gr},0254.

Pour 100 de plante sèche, azote 3,06.

La proportion d'azote, ou, si l'on veut, la proportion d'albumine, de légumine du cresson venu sous l'influence du nitrate de soude, est la même que celle trouvée dans le cresson cultivé dans une terre extrêmement fertile. On a pu remarquer que la même plante, développée dans du sable dénué de substances agissant comme engrais, ne renfermait, pour 100 parties, que 1,6 d'azote.

Dosage de l'azote dans le sol où le cresson s'est développé.

Le sable a pesé....	165.50^{gr}	la moitié.....	82,75^{gr}
Le pot à fleurs....	62,05		31,03
	227,55		113,78

L'analyse a été faite par l'oxyde de cuivre mêlé et suivi de cuivre métallique très-divisé.

Matière, 113^{gr},78. Gaz recueilli, 20 divisions du tube gradué. Température, 11 degrés. Baromètre 0^{m},727.

Après l'absorption par le sulfate de fer............. 18

Bioxyde d'azote.......... 2

Oxygène contenu......... 1 à déduire des 20 divisions.

Azote.................... 19

17,5 à 0 degré et pression 0^{m},76.

Cent divisions du tube mesureur représentant 20 centimètres cubes, on a :

Azote 3^{cc},5. En poids : Pour la moitié du sol.... 0^{gr},00442

Pour la totalité........ 0^{gr},00884

Comparaison de la quantité d'azote introduite dans l'expérience à celle trouvée dans la plante et dans le sol. — J'ai constaté que le nitrate de soude employé dans cette expérience retenait sur 100 : 1,7 d'humidité. Les 0^{gr},22 de sel donné à la plante deviennent, par conséquent, 0^{gr},2163.

Dans 0^{gr},2163 de nitrate, azote..	$0,0357$	} Azote donné 0^{gr},0382
Dans les 21 graines de cresson...	$0,0025$	
Dans les 0^{gr},831 de pl. sèch. azote.	$0,0254$	} Azote trouvé 0^{gr},0342
Dans le sol...............	$0,0088$	

Différence — 0^{gr},0040

On retrouve ainsi dans la récolte, à $\frac{1}{9}$ près en moins, l'azote du nitrate de soude. Cependant, comme ce $\frac{1}{9}$ est exprimé par 4 milligrammes, il est possible que cette perte soit due à la destruction d'une certaine quantité de nitrate qui, dans cette circonstance, serait représentée par 0^{gr},024, supposition d'autant plus admissible, que, suivant M. Schloessing, de la matière végétale *morte* immergée dans une solution de nitrate fait disparaître, à la longue, une partie du sel dissous.

Raisonnant ici comme je l'ai fait lorsqu'il s'agissait du nitrate de potasse, on arrive à cette conclusion, que si le cresson a emprunté l'azote acquis au nitrate de soude, il a fallu qu'il absorbât 0^{gr},1428 de ce sel, puisqu'il a fixé dans son organisme 0^{gr},0235 d'azote (1). Un équivalent d'azote engagé dans un nitrate entraînant avec lui 1 équivalent d'alcali, il s'ensuit que le

---

(1) Après avoir déduit des 0^{gr},0254 d'azote de la plante l'azote des graines.

cresson aurait assimilé 0^{gr},052 de soude. Cette soude,
la cendre de la plante devait la présenter à l'état de
carbonate. En incinérant 0^{gr},268 du cresson récolté,
j'ai obtenu 0^{gr},029 de cendres, soit 0^{gr},090 pour toute
la récolte : ces cendres pouvaient bien renfermer
0^{gr},052 de soude; elles étaient très-alcalines, mais je
disposais de trop peu de matière pour en doser l'alcali.

Si 0^{gr},1428 de nitrate de soude ont été absorbés par
la plante, il a dû rester 0^{gr},0735 de ce sel dans le sol.
En calculant le poids du nitrate tenu en réserve
d'après l'azote dosé dans le sol, 0^{gr},009, on trouve
0^{gr},054. La différence est assez forte; mais quand on
sait que 1 milligramme d'azote équivaut à 6 milligrammes de nitrate, on conçoit que cette différence
dépend d'une erreur même très-légère qui affecterait
la détermination de l'azote du sol. On s'est assuré, au
reste, de la présence du nitrate de soude resté en réserve en lessivant le sable et le pot à fleurs. En agissant sur la moitié du sol :

Sable sec. . . . . 82,75^{gr} ⎫
Pot à fleurs. . . . . 31,025 ⎬ 113^{gr},775
                           ⎭

on a obtenu 0^{gr},075 de matières salines, à peine colorées et alcalines; pour la totalité 0^{gr},150, pouvant
bien contenir les 0^{gr},0735 de nitrate : l'excès est évidemment dû aux sels alcalins apportés par les cendres ajoutées.

Il me paraît résulter de ces recherches que les nitrates alcalins agissent sur la végétation avec autant
de promptitude et peut-être avec plus d'énergie que
les sels ammoniacaux. Ainsi, dans les expériences sur
l'hélianthus faites dans des sols de même nature,

d'égal volume, dans des conditions atmosphériques identiques, à l'air libre, en arrosant avec la même eau, on a vu, par la seule intervention de 1 gramme de nitrate de potasse, la plante atteindre une hauteur de 50 à 72 centimètres; porter une fleur; faire entrer dans l'albumine végétale plus de 1 décigramme d'azote et produire en matière sèche cent huit fois le poids de la graine. La plante a fixé environ 3 grammes de carbone, c'est-à-dire qu'elle a décomposé, pour s'en approprier la base, plus de 5 litres de gaz acide carbonique.

Maintenant que s'est-il passé en l'absence du salpêtre? L'hélianthus s'est à peine développé; sa tige grêle portant deux ou trois feuilles d'un vert pâle; seulement 3 milligrammes d'azote ont été assimilés : par conséquent il ne renfermait pas sensiblement plus de tissu azoté qu'il n'en existait dans la graine. La plante sèche n'a pesé que cinq fois le poids de la semence, et, en trois mois d'une végétation languissante, il n'y a pas eu 4 décilitres de gaz acide carbonique décomposés.

Les résultats obtenus avec le cresson ne sont pas moins significatifs. Dans un sol stérile, la plante en sept semaines, à l'air libre, n'a pas acquis 2 milligrammes d'azote; après sa dessiccation, elle ne pesait que trois fois autant que la semence, ayant assimilé, au plus, le carbone de 1 décilitre d'acide carbonique, bien qu'elle ait été arrosée avec de l'eau saturée de ce gaz.

Quelques centigrammes de nitrate de soude ont changé complétement la physionomie de l'expérience. La plante devint alors comparable à celle qui se dé-

veloppait dans un sol fumé; elle prit 25 milligrammes d'azote, et pesa, sèche, vingt-deux fois autant
que la graine d'où elle était sortie. En un mois et
demi, le carbone acquis représentait 7 décilitres de
gaz acide carbonique.

L'influence si manifeste des nitrates sur le développement de l'organisme végétal corrobore cette opinion émise précédemment, que la décomposition du
gaz acide carbonique par les feuilles est en quelque sorte subordonnée à l'absorption préalable d'un
engrais fonctionnant à la manière du fumier de
ferme; cet engrais, indifféremment, peut être de l'ammoniaque, une matière organique putrescible, un nitrate comme ces recherches l'établissent; il suffit que
l'azote qu'il apporte soit assimilable, qu'il puisse, en
un mot, concourir à la formation du tissu azoté du
végétal.

La démonstration de ce fait, que le salpêtre agit
très-favorablement sur la végétation, par suite de son
absorption directe et sans le concours de substances
susceptibles d'éprouver la fermentation putride, permet de comprendre pourquoi certaines eaux exercent
sur les prés des effets extrêmement marqués, quoique
souvent elles ne renferment que des traces à peine
dosables d'ammoniaque. C'est que ces eaux contiennent ordinairement des nitrates qui concourent comme
l'ammoniaque, mieux même que l'ammoniaque, à la
production végétale (1).

---

(1) Il y a cent quarante ans qu'on a trouvé des nitrates dans l'eau
du lac de Tacarigua, près Maracay, dans l'Etat de Venezuela (Amé-
rique méridionale). En 1770, Bergman découvrit du nitre dans l'eau

Cette remarque a bien son importance; car, dans l'état actuel de l'art agricole, on peut soutenir que l'origine la moins contestable de la fertilité du sol arable réside dans la prairie irriguée. C'est là où sont concentrés dans les fourrages des éléments disséminés dans l'air et dans l'eau, lesquels, après avoir traversé l'organisme des animaux, passent, en grande partie, dans la terre labourée. Aussi, quels qu'aient été les progrès de la culture dans une contrée, à moins d'une richesse de fonds toute particulière, on trouve qu'il y a toujours des prairies plus ou moins étendues annexées au sol livré à la charrue. L'exception ne se montre que là où il est loisible de se procurer les immondices des centres de populations, ou bien encore, là où parvient le guano ou le salpêtre du Pérou.

---

des puits d'Upsal. En 1835, j'ai constaté la présence des nitrates dans l'eau des abondantes sources de Roye, près Lyon. En 1840, M. Dupasquier a dosé une très-notable proportion de nitrate de chaux dans l'eau de la source du Jardin des Plantes de Lyon. MM. Boutron-Charlard et O. Henry ont trouvé des indices de nitrates alcalins dans l'eau de la Seine et dans les eaux de quinze rivières qui entrent dans ce fleuve. En 1847, M. Sainte-Claire Deville a dosé des nitrates dans la Garonne, la Seine, le Rhin, le Doubs, le Rhône; dans la source d'Arcueil, près Paris; dans celle de Suzon qui alimente Dijon; dans les sources de Mouillière, de Billecul, d'Acier, de Brégil, situées toutes dans la proximité de Besançon. Les eaux des puits de cette dernière ville sont remarquables, dit M. Sainte-Claire Deville, par les quantités de nitrates qu'elles contiennent; aussi les résidus solubles donnent-ils lieu, lorsqu'on les chauffe, à un dégagement considérable de vapeurs nitreuses.

M. Sainte-Claire Deville a trouvé $3^{millgr},8$ de nitrate de potasse dans 1 litre de l'eau du Rhin. Or, comme à l'époque des eaux moyennes le Rhin, à Lauterbourg, débite 1106 mètres cubes par seconde, on voit qu'en adoptant cette donnée, le fleuve en vingt-quatre heures porterait à la mer 363122 kilogrammes de nitrate, environ un million de quintaux dans une année.

Il faut bien le reconnaître, la source des principes fertilisants est comprise dans d'étroites limites, et le plus souvent il ne dépend pas du cultivateur de la rendre plus abondante. A la vérité, on lui conseille d'augmenter son bétail pour obtenir plus de fumier; mais c'est, en fin de compte, lui conseiller d'avoir plus de prairies où se développe cette végétation assimilatrice qui donne sans cesse au domaine, sans en rien recevoir.

Sans doute, le bétail est un intermédiaire indispensable entre le pré et la ferme; mais quand, à l'aide des plus simples notions de la science agricole, on recherche comment il fonctionne au point de vue qui nous occupe, on trouve que, en réalité, il n'est pas un producteur, mais bien un consommateur d'engrais. En effet, le bétail ne restitue pas, il ne doit pas restituer à la fosse à fumier tous les principes fertilisants qu'il consomme à l'étable, par la raison qu'il s'en approprie une partie, et cela au plus grand profit de l'éleveur. En présence de la difficulté qu'on éprouve, je dirai presque de l'impossibilité où l'on est de se procurer les engrais, on est conduit à se demander s'il ne serait pas possible de les créer en faisant entrer l'azote et certains sels dans des combinaisons utilement assimilables par les plantes; et, si la solution d'un problème que son importance et sa gravité élèvent à la hauteur d'une question sociale, peut paraître encore bien éloignée, on ne saurait méconnaître, cependant, que déjà la science a révélé plusieurs phénomènes qui sont de nature à ne pas faire désespérer du succès.

Ainsi, dans des conditions parfaitement détermi-

13.

nées, l'azote de l'air, en se combinant au carbone, entre dans la constitution d'un cyanure alcalin, qui, une fois déposé dans le sol, devient un foyer d'émanations ammoniacales.

La chaux phosphatée, si abondamment répandue à la surface du globe, est transformée en un des éléments les plus actifs des fumiers, lorsqu'on lui a fait perdre, par un moyen chimique, la cohésion dont elle est douée.

L'oxygène de l'air, quand il a subi cette mystérieuse transmutation qui en fait de l'ozone, s'unit avec l'azote auquel il est mêlé, pour constituer, au contact d'un alcali, un engrais des plus énergiques, un nitrate. Un procédé capable de déterminer une rapide nitrification des éléments de l'atmosphère satisferait évidemment à la partie principale du problème. J'ajouterai que si, comme M. Schœnbein l'admet, l'ozone se manifeste toutes les fois que de la matière organique entre en putréfaction dans une terre humide convenablement aérée, il doit très-probablement se former du nitre aux dépens de l'azote de l'air dans un sol amendé avec du fumier de ferme.

Quelle que soit son origine, qu'il provienne de l'union des éléments de l'air, ou que, résultat de la combustion lente de débris organiques, il soit apporté par les eaux, le salpêtre ajoute incontestablement des principes azotés assimilables aux mêmes principes introduits avec le fumier. C'est par son intervention combinée à celle de l'ammoniaque de l'atmosphère qu'on peut expliquer comment dans la culture rationnelle, où l'on fume avec parcimonie, où l'épuisement du sol est atténué par un choix judicieux dans les rotations, l'azote, dans les produits récoltés, est généralement supérieur à l'azote des engrais (1).

La pluie est le véhicule de l'ammoniaque et de l'acide nitrique engendré dans l'atmosphère, mais on commet, je crois, une erreur manifeste, en supputant, d'après le volume des eaux pluviales, ce que, en dehors des engrais, la terre reçoit de principes fertilisants. C'est supposer que 1 hectare de terrain ne reçoit pas d'autre eau que celle de la pluie qui tombe à sa surface. Mais les eaux vives pénètrent le sol par voie d'imbibition, d'infiltration, et, bien qu'elles aient la pluie pour origine, elles dissolvent ou elles entraînent dans leur parcours des matières utiles, la plupart renferment des nitrates ayant cet avantage sur les sels d'ammoniaque qu'ils restent, qu'ils persistent comme agents de fertilité alors même que l'eau qui les a introduits se dissipe par l'évaporation.

Malgré l'énergie avec laquelle un nitrate manifeste son action, on ne saurait l'accepter comme un engrais complet, puisque, en définitive, il apporte seulement de l'azote et un alcali ; mais en l'associant à du phosphate de chaux divisé chimiquement, on obtiendrait vraisemblablement un composé possédant les qualités

(1) Dans la *culture intense, forcée,* telle que l'industrie agricole est conduite à la pratiquer aujourd'hui en présence de la cherté du loyer de la terre, de l'augmentation dans le prix de la main-d'œuvre, des frais occasionnés par les perfectionnements apportés aux façons, l'intervention des éléments fertilisants provenant de l'atmosphère ne se fait plus sentir. Comme dans le jardinage, avec lequel la culture intense a plus d'une analogie, le sol en recevant du fumier en grand excès produit des récoltes dont l'azote n'atteint pas l'azote des engrais, ainsi que je l'établirai dans un travail spécial.

du guano avec plus de fixité dans l'élément azoté. En effet, d'un côté, le guano consiste essentiellement en un mélange intime de sels ammoniacaux et de phosphate de chaux dans un état de division approchant, s'il ne l'égale pas, de l'état de division chimique, et, de l'autre, il résulte de ces expériences que les nitrates alcalins se comportent vis-à-vis des plantes comme des sels à base d'ammoniaque.

Je me propose d'essayer dans la grande culture l'emploi d'un mélange de nitrate de soude et de phosphate de chaux amené à un état de division chimique; lorsque ces essais seront terminés, je m'empresserai d'en faire connaître les résultats.

QUATRIÈME PARTIE.

DE L'INFLUENCE DE L'AZOTE ASSIMILABLE DES ENGRAIS SUR LE DÉVELOPPEMENT DES PLANTES.

J'ai fait voir précédemment combien les nitrates favorisent la végétation. Dans les mêmes conditions météorologiques, dans des sols de même nature, les hélianthus mis au régime du nitrate de potasse ont pris un développement considérable; ils ont élaboré 6 décigrammes d'albumine, en produisant cent huit

fois autant de matière végétale que la graine en contenait. En l'absence du nitre, au contraire, quand les
principes azotés assimilables de l'atmosphère sont intervenus seuls, la croissance de la plante a été des
plus restreintes : en trois mois de culture, il y a eu à
peine 3 centigrammes d'albumine formée, et les hélianthus secs n'ont pesé que trois ou quatre fois autant que la semence.

Les expériences faites sur le cresson alénois ont conduit à des résultats analogues, même plus certains
par la raison que, dans les observations comparatives,
les plants avaient eu l'un et l'autre à leur disposition,
dans les cendres de fumier ajoutées, bien au delà de
ce qu'ils pouvaient absorber de substances minérales.
Mais en avait-il été ainsi pour les hélianthus? On doit
se demander, par exemple, si, en raison de la rapidité
de l'accroissement, celui qui avait eu du nitrate a
réellement rencontré dans le sol assez de phosphate
de chaux; et, en admettant qu'il en ait été ainsi, on
serait encore en droit de soutenir que le développement de l'hélianthus élevé sans nitrate eût été plus
prononcé, que le carbone, que l'azote, que les éléments de l'eau eussent été assimilés en plus fortes
proportions si la plante eût trouvé dans le sol autant
de potasse que le salpêtre en avait fournie à l'hélianthus que l'on cultivait parallèlement.

C'est pour dissiper ces scrupules que j'ai entrepris
de nouvelles recherches. Je tenais d'ailleurs à vérifier
certains faits qui s'étaient révélés inopinément dans
mes travaux antérieurs : je veux parler de l'action si
décisive des matières azotées assimilables sur la formation des organes et des principes immédiats des vé-

gétaux, action tellement prononcée, que le poids de
l'organisme élaboré par une plante donne en quelque
sorte la mesure de l'engrais azoté dont elle a disposé.
Cela est si vrai, qu'une graine assez ténue pour que
l'albumine ne s'y trouve qu'en proportion pour ainsi
dire impondérable, comme le *Mimulus speciosus*, le
tabac, etc., produit dans un terrain stérile un individu
dont le développement ne va pas au delà de l'apparition des feuilles primordiales, et qui conserve cette
forme embryonnaire pendant des mois entiers, attendant l'engrais indispensable pour constituer le tissu
azoté sans lequel il ne saurait croître, parce qu'il ne
peut pas fonctionner. C'est cet état stationnaire, cette
germination persistante que j'ai eu l'occasion d'observer pour la première fois, en 1854, sur plusieurs
semences dont les poids étaient compris entre $\frac{1}{17}$ et $\frac{1}{68}$
de milligramme (*Calandrinia umbellata* et *Campa-
nula baldensis*).

J'ai reconnu, en outre, que des graines légères de 2
à 3 milligrammes, comme le cresson, etc., produisent,
quand elles sont semées sur un sol absolument stérile,
des plantes frêles, délicates, pourvues cependant d'organes complets. Mais alors, comme cela ressort sans
exception aucune de toutes mes expériences, après
plusieurs mois d'existence à l'air libre et à plus forte
raison dans une atmosphère confinée, la plante ne
pèse pas beaucoup plus que la semence d'où elle est
sortie, comme si l'extension de son organisme se
trouvait limitée par la quantité de principes azotés
que comporte la graine.

Ainsi, il est des semences qui ont en elles l'élément
azoté justement nécessaire pour, en l'absence du fu-

mier, donner naissance à une plante excessivement
réduite dans ses dimensions, parfaitement organisée,
que j'ai désignée par le nom de *plante limite,* parce
qu'elle représente le végétal constitué avec le moins
possible de matière; on retrouve dans cette plante, à
très-peu près, l'azote de la graine, et, toute chétive
qu'elle est, elle fleurit, porte un fruit auquel il ne faudrait qu'une terre fertile pour régénérer la plante normale.

Les expériences dont je vais rendre compte ont eu
d'abord pour objet de reconnaître l'action du phosphate de chaux sur la végétation avec et sans le concours du salpètre.

J'ai suivi le développement de l'*Helianthus argophyllus* à l'air libre, à l'abri de la pluie, dans un sol
formé d'argile cuite concassée et de sable quartzeux.
Les matières, comme le pot à fleurs qui les contenait,
avaient été calcinées après avoir été lavées à l'eau distillée. On a disposé trois expériences, A, B, C.

Dans l'expérience A, on n'a rien introduit dans le
sol.

Dans l'expérience B, on a incorporé au mélange
d'argile cuite et de sable, du phosphate de chaux basique, de la cendre végétale, du nitrate de potasse.

Dans l'expérience C, le sol a reçu du phosphate de
chaux, de la cendre végétale et une quantité de bicarbonate de potasse renfermant précisément l'alcali contenu dans le nitrate employé dans l'expérience B.

Le phosphate de chaux a été extrait des os calcinés,
en faisant usage, à cause de la présence de la magné-

sie (1), d'agents aussi purs que possible; malgré cette précaution, le phosphate, précipité par la potasse, n'a pas été exempt d'azote; $2^{gr},44$ du sel bibasique en contenaient $0^{gr},00022$ à l'état de phosphate ammoniaco-magnésien. Le phosphate a toujours été introduit dans le sol à l'état gélatineux, tel qu'on le recueillait sur le filtre après le lavage.

Le bicarbonate de potasse a été préparé avec du carbonate d'une grande pureté.

La cendre végétale provenait de la combustion du foin de prairie; elle était très-riche en silice blanche, sans traces de cyanures.

Les plantes se sont développées en plein air, à 1 mètre au-dessus du gazon, près d'une vigne plantée sur la limite d'une grande forêt; elles étaient abritées contre la pluie par une toiture en verre.

L'eau d'arrosage, exempte d'ammoniaque, renfermait environ le quart de son volume de gaz acide carbonique.

Préparation du sol. — Les pots à fleurs ont été chauffés à la chaleur rouge.

On s'est procuré l'argile cuite en concassant des briques neuves. Les morceaux, gros comme des pois, ont été lavés à l'eau distillée et calcinés. Le sable quartzeux a subi le même traitement. La partie inférieure du pot était occupée par de la brique concassée. Dans la partie supérieure on avait mis un mé-

---

(1) La présence de l'ammoniaque aurait nécessairement occasionné celle du phosphate ammoniaco-magnésien dans le phosphate de chaux précipité.

lange de brique et de sable, recouvert par une couche de sable de quelques centimètres d'épaisseur. Les vases ainsi disposés ont été placés dans des cuvettes de cristal ayant 2 centimètres de profondeur.

Le sol a été arrosé avec de l'eau distillée exempte d'ammoniaque. L'arrosement était fait avec la pissette usitée pour laver les précipités.

Les pots à fleurs pesaient (moyenne)....	600^{gr}
La brique concassée.................	400
Le sable quartzeux.................	1026
	2026

VÉGÉTATION DES HÉLIANTHUS DANS UN SOL NE CONTENANT RIEN AUTRE CHOSE QUE DE LA BRIQUE PILÉE ET DU SABLE.

(EXPÉRIENCE A.)

Deux graines pesant ensemble 0^{gr},107 ont été plantées le 5 juillet 1856.

Le 13 juillet, les plants ont 3 à 4 centimètres de hauteur ; les feuilles primordiales s'ouvrent.

Le 18 juillet, feuilles primordiales ouvertes. Hauteur des plants, 5 centimètres.

Le 23 juillet. Hauteur des plants, 5^c,5 et 6 centimètres.

Feuilles primordiales :

Longueur... 1^c,5   Largeur (1) 0^c,8

1res feuilles normales :

Longueur... 1^c,9   Largeur... 0^c,8 d'un beau vert.

_____

(1) On a toujours mesuré la plus grande largeur.

Le 1er août, hauteur des plants, 5c,5 et 6 centimètres. Diamètre des tiges, 1mm,5.

Feuilles primordiales :

Longueur... 0c,7   Largeur... 0c,5 teinte jaune.

1res feuilles normales :

Longueur... 2c,8   Largeur... 0c,8 vert assez pâle.

Le 10 août, hauteur des plants : 9c,0 et 9c,0. Diamètre des tiges, 2 millimètres.

Les feuilles primordiales flétries; elles adhèrent
aux tiges.

1res feuilles normales :

Longueur... 3c,0   Largeur... 0c,8 vert assez pâle.

2es feuilles normales :

Longueur... 1c,9   Largeur... 0c,8

Quelques taches noires sur les premières feuilles
normales.

Le 20 août, hauteur des plants : 10c,0 et 10c,5.
Diamètre des tiges, 2 millimètres.

Les premières feuilles normales à peu près flétries.

2es feuilles normales :

Longueur... 2c,3   Largeur... 1c,1 quelques taches.

Le 1er septembre, hauteur des plants : 11c,0 et
12c,5. Diamètre des tiges, 2 millimètres.

2es feuilles normales :

Longueur... 2c,5   Largeur... 1c,0 noires aux extrémités.

3es feuilles normales :

Longueur... 1c,5   Largeur... 0c,3 d'un vert pâle.

Le 10 septembre, hauteur des plants : 11c,0 et
12c,5. Diamètre des tiges, 2 millimètres.

Deuxièmes feuilles normales flétries.

3es feuilles normales :

    Longueur... $1^c,6$ Largeur... $0^c,5$ d'un vert pâle.

Le 20 septembre, hauteur des plants : $11^c,0$ et $13^c,0$. Diamètre des tiges, 2 millimètres.

3es feuilles normales :

    Longueur... $1^c,8$ Largeur... $0^c,5$

4es feuilles normales :

    Longueur .. $0^c,7$ Largeur... $0^c,3$ d'un vert pâle.

Un des plants porte l'indice d'un bouton floral.

Le 30 septembre, l'aspect des plants n'a pas changé depuis le 20. Le bouton est épanoui en une petite fleur jaune dont la corolle n'a pas plus de 3 millimètres en diamètre. Cette fleur est environnée de plusieurs feuilles naissantes. Par le fait on a obtenu une *plante limite* représentée *Pl. II, fig.* 1.

Les deux plants et les débris de racines extraits du sol ont pesé, après avoir été desséchés à l'étuve :

$$0,392 \text{ gr}$$

    Les graines semées pesaient...... $0,107$

    Matière organique développée.... $0,285$

La récolte a pesé 3,7 fois autant que la semence.

On a remarqué que les plants ont été assez forts jusqu'au 10 août. A partir de cette époque les feuilles les plus anciennes se sont atrophiées à mesure qu'il en apparaissait de nouvelles, et la vigueur de la végétation a diminué graduellement jusqu'au moment de la floraison.

Dosage comparé de l'azote dans la graine et dans la récolte.

I. *Graines.* — 18 pesant $0^{gr},915$ ont été analysées par la chaux sodée.

Acide sulfurique normal équivalent à azote, $0^{gr},175$.

Titre de l'acide :

		cc
Avant.....	33,9	
Après.....	28,95	
Différence...	4,95 équivalent à azote... $0^{gr},02553$	
	Pour 100 de graine... $2^{gr},79$	

Afin de se placer dans les conditions où l'expérience A et les expériences suivantes ont été faites, on a dosé l'azote sur deux graines d'hélianthus, en employant, pour le dosage, le même acide normal dont on a fait usage pour le dosage de l'azote des récoltes.

II. Deux graines pesant $0^{gr},106$.

Acide sulfurique normal équivalent à azote, $0^{gr},04375$.

Titre de l'acide :

		cc
Avant.....	33,8	
Après.....	31,4	
Différence...	2,4 équivalent à azote..... $0^{gr},0031$	
	Pour 100.......... $2^{gr},92$	

Récolte. — Opéré sur la totalité pesant $0^{gr},392$ (1).

---

(1) Dans toutes les analyses faites par la chaux sodée on a constamment employé pour le *balayage* du tube 2 grammes d'acide oxalique renfermant une très-petite quantité d'azote. Mais comme l'acide a toujours été pris à la même source et qu'il s'agissait de rechercher une différence, les corrections ne sont pas nécessaires, puisqu'elles s'appliqueraient également à l'analyse des semences et à l'analyse des récoltes.

Acide normal équivalent à azote, $0^{gr},04375$.

Titre de l'acide :

	cc
Avant.....	33,8
Après.....	31,2

Différence...	2,6 équivalent à azote...	$0^{gr},0034$
Dans les graines, azote...............		$0^{gr},0031$
Gain en azote.....................		$0^{gr},0003$

Il n'a pas été possible de doser dans le sol, dont le poids dépassait 2 kilogrammes, l'azote appartenant aux débris de racines. En admettant que, dans cette circonstance, le sol ait conservé la matière organique qu'il retient ordinairement dans les expériences où l'analyse est réalisable, il y aurait lieu de croire que, en trois mois de végétation, les hélianthus A ont assimilé 2 à 3 milligrammes d'azote.

Évaluation du carbone fixé pendant la végétation. — La matière organisée pendant la végétation a pesé $0^{gr},285$. D'après des analyses exécutées sur des plantes venues dans les mêmes conditions, elle renfermait, au degré de dessiccation où elle avait été amenée, au plus 0,40 de carbone, soit $0^{gr},114$ pour les $0^{gr},285$ de matière. Ce carbone ne saurait avoir d'autre origine que l'acide carbonique ; il représente $0^{gr},418$ ou 211 centimètres cubes de gaz acide.

Comme la végétation a duré 86 jours, on arrive à cette conclusion que, toutes les vingt-quatre heures et en moyenne les hélianthus se sont approprié le carbone de $2^{cc},45$ de gaz acide carbonique.

VÉGÉTATION DES HÉLIANTHUS SOUS L'INFLUENCE DU PHOSPHATE BASIQUE DE CHAUX, DES CENDRES VÉGÉTALES SILICEUSES ET DU SALPÊTRE.

(EXPÉRIENCE B.)

Comme dans l'expérience précédente le sol était formé de :

Pot à fleurs pesant..........	600^{gr}
Brique concassée............	400
Sable quartzeux	1026
	2026

Le pot à fleurs et les autres matières avaient été lavés et chauffés à la chaleur rouge.

Substances introduites dans le sol.

Phosphate de chaux. — Ce sel a été préparé en dissolvant des os brûlés à blanc dans de l'acide chlorhydrique purifié par la distillation. Le phosphate a été précipité par de la potasse qu'on avait chauffée au rouge avant de la dissoudre. L'eau employée dans le cours de l'opération ne contenait pas d'ammoniaque. Toutes ces précautions avaient été prises pour prévenir la formation du phosphate ammoniaco-magnésien qui se dépose constamment avec le phosphate de chaux retiré des os, lorsque les agents que l'on fait intervenir renferment de l'ammoniaque. Malgré ces soins, le phosphate obtenu n'était pas entièrement privé d'ammoniaque, comme l'analyse l'a indiqué.

Dosage de l'azote dans le phosphate de chaux retiré des os. — Phosphate desséché à l'air, 2^{gr},445.

Acide sulfurique normal équivalent à azote $0^{gr},175$.

Titre de l'acide :

Avant..... $31^{cc},4$

Après..... $31,0$

Différence... $0,4$ équivalent à azote. $0^{gr},00022$

Pour 1 gramme de phosphate, azote... $0^{gr},0001$

Le phosphate, bien lavé, a été introduit dans le sol, en le mêlant au sable sec qui, en absorbant immédiatement l'excès d'humidité, rend le mélange facile et très-intime. J'ai cru devoir appliquer le phosphate gélatineux, parce que dans cet état il se dissout plus rapidement dans l'eau chargée d'acide carbonique. On avait déterminé l'eau contenue dans le phosphate gélatineux et lavé. On a mêlé au sol, en phosphate humide, l'équivalent de 10 grammes de phosphate sec.

Cendres végétales. — On les a obtenues en brûlant du foin de prairie; ces cendres, parfaitement blanches et très-riches en silice, renfermaient, d'après un essai alcalimétrique, $0^{gr},0183$ de potasse, soit $0^{gr},0354$ de carbonate. On a répandu dans le sol $0^{gr},5$ de cendres.

Nitrate de potasse pur et sec. — On en a donné au sol $0^{gr},5$. Ainsi le sol, au début de l'expérience, contenait :

Phosphate de chaux........ $10^{gr},0$

Cendres végétales.......... $0,5$

Nitrate de potasse......... $0,5$

Après l'avoir humecté, le 5 juillet 1856, on a planté deux graines d'*Helianthus argophyllus*, pesant ensemble $0^{gr},107$.

I.   14

Le 13 juillet, les hélianthus ont 3 et 4 centimètres de hauteur. Les feuilles primordiales sont développées.

Le 18 juillet, hauteurs des plants, 3 et 5 centimètres. 1res feuilles normales assez avancées.

Le 23 juillet, hauteurs des plants, 5 centimètres et 6^c,5.

Feuilles primordiales :

Longueur... 2^c,5   Largeur... 1^c,7 d'un beau vert.

1res feuilles normales :

Longueur... 5^c,5   Largeur... 1^c,9 d'un vert foncé.

Les 2es feuilles normales apparaissent.

Donné au sol 0^{gr},2 de nitrate de potasse; en tout 0^{gr},7.

Le 1er août, hauteurs des plants, 9 et 10 centimètres. Diamètre des tiges, 3 millimètres.

Feuilles primordiales :

Longueur... 2^c,8   Largeur... 1^c,7 d'un beau vert.

1res feuilles normales :

Longueur... 7^c,8   Largeur... 3^c,2

2es feuilles normales :

Longueur... 6^c,5   Largeur... 4e,0

3es feuilles normales :

Longueur... 2^c,0   Largeur... 1,0

Les tiges sont garnies de poils; aspect général des plantes, très-vigoureux.

Donné au sol, lors de l'arrosement, 0^{gr},1 de nitrate; en tout 0^{gr},8.

Le 6 août, donné au sol 0^{gr},1 de nitrate; en tout 0^{gr},9.

Le 10 août, hauteurs des plants, 25 et 28 centimètres. Diamètre des tiges, 5 et 6 millimètres.

Les feuilles primordiales sont décolorées et flétries.

1res feuilles normales :

    Longueur... 8^c,5   Largeur... 3^c,5 d'un beau vert.

2es feuilles normales :

    Longueur... 9^c,0   Largeur... 6^c,0 d'un beau vert.

3es feuilles normales :

    Longueur... 7^c,0   Largeur... 5^c,2 d'un beau vert.

On aperçoit quelques taches sur les premières feuilles normales.

Le 11 août, donné 0^{gr},1 de nitrate; en tout 1^{gr},0.

Le 20 août, hauteurs des plants, 25 et 30 centimètres. Diamètre des tiges, 8 millimètres.

Sur le plus grand des deux plants, les premières feuilles normales sont flétries; sur le plus petit toutes les feuilles sont saines.

Les 1res et 2es feuilles normales n'ont pas augmenté en dimensions.

3es feuilles normales :

    Longueur... 9^c,5   Largeur... 7^c,0

Les 4es feuilles normales ont à peu près les mêmes dimensions.

Les 5es feuilles sont assez avancées.

Donné 0^{gr},1 de nitrate; en tout 1^{gr},1.

Le 25 août, donné 0^{gr},1 de nitrate; en tout 1^{gr},2.

Le 1er septembre, hauteurs des plants, 33 et 45 centimètres. Diamètre des tiges, 8 millimètres. Sur le plant le plus grand, les 1res, les 2es et les 3es feuilles normales sont flétries; elles adhèrent à la tige; les feuilles supérieures sont très-vigoureuses et d'un vert

14.

foncé. Le plant le moins haut a toutes ses feuilles en bon état.

Dimension de la plus grande feuille :

Longueur... $9^c,0$ Largeur... $7^c,0$

Donné $0^{gr},2$ de nitrate; en tout $1^{gr},4$.

Le 10 septembre, hauteurs des plants, 49 et 59 centimètres. Diamètre des tiges, 9 millimètres. Les deux plants sont vigoureux; les feuilles sont d'un beau vert; chaque plante porte un bouton floral.

Le 20 septembre, hauteurs des plants, 64 et 74 centimètres. Diamètre des tiges, 1 centimètre.

Le 31 septembre, hauteurs des plants, 64 et 74 centimètres. Diamètre des tiges, 1 centimètre. La fleur - de l'hélianthus le plus grand est complétement épanouie; elle est d'un jaune éclatant. La corolle ouverte a 9 centimètres de diamètre.

La *fig.* 2, *Pl. II*, représente l'aspect des plantes, le 31 septembre, jour où l'on a terminé l'expérience. Comme terme de comparaison, on a représenté, *fig.* 3, la plus grande feuille d'un *Helianthus argophyllus* venu dans une plate-bande du jardin. Le sol avait reçu successivement $1^{gr},40$ de nitrate de potasse. On a procédé à l'enlèvement des plants.

Les tiges ont été coupées au niveau du sable. On a brisé le pot à fleurs pour obtenir les racines, extrêmement développées et formant une espèce de feutre serré, qu'on a débarrassé, autant que possible, des matières terreuses qui s'y trouvaient emprisonnées. Le sable humide et les racines ont été placés dans une étuve chauffée à 70 degrés. Après la dessiccation, le sol n'adhérait plus aux racines; on a pu les détacher et l'on est parvenu à extraire, à l'aide d'une pince, les fibriles disséminées dans le sable sec l'opération a été singulièrement facilitée en se servant d'un tamis en toile métallique.

Les tiges, les feuilles, les fleurs et les racines ont été desséchées, puis exposées à l'air, afin qu'elles reprissent assez d'eau hygrométrique pour cesser d'être friables. C'est dans cet état qu'elles ont été pesées.

On a obtenu :

Tiges.................... $8{,}655^{gr}$
Feuilles et fleurs.......... 7,028
Racines................. 5,535
—————
21,218

La récolte a pesé environ 200 fois autant que la semence.

Dosage de l'azote dans les plantes récoltées.

I. Soumis au dosage :

Tiges.................... $0{,}386^{gr}$
Feuilles et fleurs........... 0,313
Racines.................. 0,247
—————
0,946

Acide normal équivalent à azote, $0^{gr}{,}175$.

Titre de l'acide :

Avant...... $33{,}9^{cc}$
Après...... 32,5
—————
Différence.. 1,4 équivalent à azote. $0^{gr}{,}0073$

II. Opéré sur :

Tiges.................... $0{,}772^{gr}$
Feuilles et fleurs........... 0,626
Racines.................. 0,494
—————
1,892

Acide normal équivalent à azote, 0^{gr},04375.

Titre de l'acide :

Avant..... 33,9^{cc}

Après..... 21,9

Différence.. 12,0 équivalent à azote. 0^{gr},0155

Dans 0,946^{gr} de plantes sèches, azote.... 0,0073^{gr}

Dans 1,892 id. azote.... 0,0155

Dans 2,838   0,0228

Dans la récolte sèche pesant 21^{gr},218, azote 0,1697

Azote que contenaient les graines........ 0,0031

Azote acquis par les plantes............. 0,1666

0^{gr},1666 d'azote équiv. à nitrate de potasse 1,203

On avait donné au sol, nitrate de potasse.. 1,400

Dans la supposition où l'azote acquis par les plantes provenait du nitrate, la diffé- rence 0,197

représenterait le sel dont l'azote n'aurait pas été assimilé.

En d'autres termes :

Dans les plantes, trouvé azote......... 0,1697^{gr}

Dans les graines, azote.. 0^{gr},0031

Dans 1^{gr},4 de nitrate.... 0^{gr},1938

     0^{gr},1969   0,1969

Différence en moins... 0,0272

Il y avait donc dans l'azote fixé par les hélianthus 0^{gr},03 à très-peu près d'azote de moins que dans le nitrate donné comme engrais.

On a en effet trouvé du nitrate de potasse dans le sol, mais on ne l'a pas dosé. On a aussi rencontré une plus forte proportion de carbonate de potasse que celle qu'on avait introduite par l'addition des cen-

dres végétales provenant de ce que, sous l'influence
de la matière organique émanée des racines, du nitrate de potasse aurait subi la décomposition que j'ai
signalée et dont le résultat doit être nécessairement
du carbonate de potasse, et probablement du carbonate d'ammoniaque, de sorte que la perte en azote
que l'on constate dans des expériences analogues à
celles que je décris, doit être attribuée, en partie du
moins, à la volatilisation du sel ammoniacal.

Dosage du phosphate de chaux dans les hélianthus.
— On a brûlé dans une capsule de platine $9^{gr},46$ de
plantes en prenant, proportionnellement, de la tige,
des racines, des feuilles et des fleurs.

Il est resté, après la combustion, $1^{gr},008$ de cendres.

Ces cendres se sont dissoutes sans résidu notable
dans l'acide chlorhydrique. Par l'ammoniaque, on a
précipité de la dissolution du phosphate de chaux
dont le poids a été de $0^{gr},265$ après la calcination.
D'après cette proportion, les plantes récoltées ayant
pesé $21^{gr},218$, devaient en contenir $0^{gr},594$ (1).

Les cendres étaient très-riches en carbonate de potasse.

Résumé de l'expérience B.

Azote fixé. — Durant le cours de la végétation,
c'est-à-dire pendant trois mois environ, les plantes ont
reçu comme engrais azoté :

---

(1) La pureté de ce phosphate n'a pas été constatée ; il est vraisemblable qu'il renfermait de la silice.

$1^{gr},4$ de nitrate de potasse, renfermant. $0^{gr},1969$ d'azote
Elles ont fixé dans leur organisme.... $0^{gr},1697$

Différence... $0^{gr},0272$
Les graines plantées pesaient........ $0^{gr},107$
La récolte sèche.................. $21^{gr},218$

Matières organiques élaborées... $21^{gr},111$

Carbone fixé pendant la végétation. — Les $21^{gr},11$. de matières organiques contenaient $8^{gr},444$ de carbone, provenant de $30^{gr},961$ d'acide carbonique, soit $15^{lit},637$, le gaz étant supposé à la température de o degré et sous la pression de $0^{m},76$. La végétation ayant duré 86 jours, les hélianthus ont pris, toutes les vingt-quatre heures, en moyenne, le carbone de 182 centimètres cubes de gaz acide carbonique.

VÉGÉTATION DES HÉLIANTHUS SOUS L'INFLUENCE DU PHOSPHATE DE CHAUX, DES CENDRES ET DU BICARBONATE DE POTASSE.

(EXPÉRIENCE C.)

On vient de voir que l'introduction dans le sol du salpêtre uni au phosphate de chaux et à de la cendre a déterminé un développement considérable de matière organisée et l'assimilation de plus de 8 grammes de carbone pris uniquement à l'acide carbonique. Les *hélianthus* venus dans ces conditions ont offert à peu près le même aspect, la même vigueur que ceux que l'on avait cultivés en pleine terre. De l'association du nitre avec le phosphate et les cendres il est donc résulté un engrais complet, dans lequel les plantes ont trouvé tout ce dont elles avaient besoin.

L'expérience C a été entreprise pour rechercher quelle part d'influence sur la production végétale devait être attribuée au phosphate de chaux. Dans ce but, on a supprimé le salpêtre ; mais comme cette suppression entraînait nécessairement celle d'une notable quantité d'alcali, on a remplacé le nitrate qui avait figuré dans l'expérience B par son équivalent de bicarbonate de potasse, sel bien moins alcalin que le carbonate ; c'est d'ailleurs le bicarbonate que l'on trouve dans le fumier, comme dans l'urine que les herbivores répandent sur le pâturage.

Voici quelle était la constitution du sol dans les deux expériences B, C.

	Expérience B.	Expérience C.
Vase en terre cuite........	600^{gr}	600^{gr}
Brique concassée.........	400	400
Sable quartzeux...,.....	1026	1026
	2026	2026
Phosphate de chaux............	10,000^{gr}	10,000^{gr}
Cendres.....................	0,500	0,500
	Nitrare de potasse 1,4, contenant (1):	Bicarbonate de potasse 1,26.
Potasse.....................	0,652	0,652
Azote assimilable............	0,197	0,000

Tout, dans les deux sols, était donc égal de part et d'autre, à l'exception de l'azote assimilable de l'acide nitrique qui manquait dans l'expérience C.

---

(1) Le bicarbonate a été introduit successivement pendant le cours de la végétation.

Le 5 juillet, on a planté deux graines d'hélianthus pesant $0^{gr},107$.

Le sol contenait $0^{gr},5$ de bicarbonate de potasse.

Le 13 juillet, les plants ont 3 et 4 centimètres de hauteur, ils portent des feuilles primordiales.

Le 18 juillet, hauteur des plants, 5 centimètres.

Le 23 juillet, hauteur des plants, 5 et 7 centimètres.

Feuilles primordiales :

    Longueur.. $2^c,0$ Largeur.... $1^c,0$

1res feuilles normales :

    Longueur.. $2^c,0$ Largeur.... $0^c,7$ d'un beau vert,

Donné lors de l'arrosement $0^{gr},2$ de bicarbonate de potasse ; en tout, $0^{gr},7$.

Le 1er août, hauteur des plants, 5 et 7 centimètres. Diamètre des tiges, $1^{mm},5$.

Feuilles primordiales :

    Longueur.. $2^c,0$ Largeur.... $1^c,2$ décolorées.

1res feuilles normales :

    Longueur.. $3^c,0$ Largeur.... $0^c,9$

2es feuilles normales :

    Longueur.. $0^c,5$ Largeur.... $0^c,2$

Donné lors de l'arrosement $0^{gr},1$ de bicarbonate ; en tout, $0^{gr},8$.

Le 6 août, donné $0^{gr},1$ de bicarbonate ; en tout, $0^{gr},9$.

Le 11 août, donné $0^{gr},1$ de bicarbonate ; en tout, 1 gramme.

Le 20 août, hauteur des plants, $9^c,6$ et 11 centimètres. Diamètre des tiges, 2 millimètres.

Feuilles primordiales flétries.

1res feuilles normales presque flétries.

2es feuilles normales :

Longueur.. 2^c,7   Largeur. 1^c,0 d'un vert pâle.

Donné 0^{gr},1 de bicarbonate ; en tout, 1^{gr},1.

Le 25 août, donné 0^{gr},1 de bicarbonate ; en tout, 1^{gr},2.

Le 1er septembre, hauteur des plants, 12^c,5 et 13^c,5. Diamètre des tiges, 2 millimètres.

2es feuilles normales :

Longueur. 2^c,5   Largeur. 1^c,2 noires aux extrémités.

3es feuilles normales :

Longueur. 1^c,5   Largeur. 0^c,4 d'un vert pâle.

Même aspect que les plantes de l'expérience A.

Le 10 septembre, hauteur des plants, 13 centimètres et 13^c,8. Diamètre des tiges, 2 millimètres.

Les 2es feuilles normales sont presque flétries.

3es feuilles normales :

Longueur. 2^c,0   Largeur. 0^c,6 sur un des plants.

Longueur. 0^c,5   Largeur. 0^c,2 sur l'autre plant.

4es feuilles normales ·

Longueur. 0^c,9   Largeur. 0e,3

Toutes les feuilles sont d'un vert très-pâle.

Le 20 septembre, hauteur des plants, 13^c,6 et 14 centimètres. Diamètre des tiges, 2 millimètres.

3es feuilles normales :

Longueur. 1^c,0   Largeur. 0^c,3 flétries sur l'un des plants.

4es feuilles normales :

Longueur. 0^c,9   Largeur. 0^c,3

5es feuilles normales :

Longueur. 0^c,5   Largeur. 0^c,2

Chaque plant porte un bourgeon floral. Les feuilles sont d'un vert très-pâle.

Le 30 septembre, les plants n'ont pas changé d'aspect depuis le 20. Chacun d'eux porte une fleur jaune extrêmement petite mais bien conformée, *fig.* 4, *Pl. II*, comme dans l'expérience A, on a obtenu des *plantes limitées*.

Les plants et les débris de racines sortis du sol ont
    pesé, après dessiccation. . . . . $0^{gr},498$
Les graines plantées. . . . . $0^{gr},107$
Matière organique développée. . . . . $0^{gr},391$

La récolte pesait 4,6 fois seulement autant que la semence.

Comme dans l'expérience A, où le sol n'avait rien reçu, les plants sont restés assez vigoureux jusqu'au 10 août. Après, les premières feuilles se sont flétries et la force de la végétation a décru rapidement.

Dosage de l'azote dans les plants. — On a opéré sur la totalité de la récolte, $0^{gr},498$.

Acide normal équivalent à azote $0^{gr},04375$.

Titre de l'acide :

Avant. . . . . $33,8^{cc}$
Après. . . . . $30,9$
    Différence. . . .   2,9 équivalent à azote. . . $0^{gr},0038$
Dans les graines $0^{gr},107$, azote. . . . . $0^{gr},0031$
Azote fixé dans les plantes en 3 mois de végétation $0^{gr},0007$

La masse du sol était trop forte pour qu'on pût doser l'azote introduit par les quelques débris des radicelles qu'on n'avait pu enlever. Il est à croire qu'il ne dépassait pas 2 milligrammes.

Évaluation du carbone acquis pendant la végéta-tion. — La matière organique formée a pesé $0^{gr},391$ et pouvait contenir $0^{gr},1564$ de carbone, provenant de $0^{gr},573$, ou, en volume, de 289 centimètres cubes de gaz acide carbonique.

La végétation ayant duré quatre-vingt-six jours, les plantes ont dû assimiler, en moyenne, toutes les vingt-quatre heures, le carbone de $3^{cc},36$ de gaz acide car-bonique.

Je résumerai ici les résultats constatés dans les trois expériences.

	POIDS de la récolte sèche, la graine étant 1.	MATIÈRE végétale élaborée.	ACIDE carbonique décomposé par les plantes en 24 heures.	ACQUIS PAR LES PLANTES en 86 jours de végétation :	
				Carbone.	Azote.
		gr	cc	gr	gr
Le sol n'ayant rien reçu......................... EXPÉRIENCE A.	3,6	0,285	2,45	0,114	0,0023
Le sol ayant reçu : Phosphate, cendre, nitrate de potasse.... EXPÉRIENCE B.	198,3	21,111	182,00	8,444	0,1666
Le sol ayant reçu : Phosphate, cendre, bicarbonate de potasse. EXPÉRIENCE C.	4,6	0,3gr	3,42	0,156	0,0027

L'influence de l'engrais azoté sur le développement de l'organisme végétal ressort ici de la manière la plus nette.

Les hélianthus dont le sol avait eu du salpêtre, du phosphate et des cendres, ont atteint la croissance qu'ils auraient acquise en poussant dans de la bonne terre ; ils ont assimilé 8^{gr},44 de carbone. Des graines qui renfermaient 0^{gr},019 d'albumine ont produit, par l'effet du salpêtre, des plantes dans lesquelles il y en avait plus de 1 gramme.

Sur un sol dépourvu de toutes matières azotés assimilables, avec ou sans le concours du phosphate de chaux et des sels alcalins, les hélianthus n'ont pas dépassé la hauteur de 14 centimètres. En fonctionnant sur l'acide carbonique répandu dans l'air ou dissous dans l'eau, elle n'ont pas même soutiré 0^{gr},2 de carbone, et les principes azotés de l'atmosphère intervenus dans ces circonstances ne leur ont pas apporté 3 milligrammes d'azote. Ces derniers résultats prouvent que, pour concourir activement à la production végétale, le phosphate de chaux basique, les sels alcalins, doivent être associés à une substance pouvant fournir de l'azote assimilable.

Le fumier, l'engrais par excellence, offre précisément ce genre d'association.

Dans les expériences où le salpêtre n'est pas intervenu, les 2 ou 3 milligrammes d'azote acquis par les plants en trois mois de végétation provenaient très-probablement des vapeurs ammoniacales, des composés nitreux qui existent ou se forment dans l'atmosphère. J'ai réussi à en déceler la présence dans l'air au moyen des dispositions que je vais décrire.

Dispositions prises pour constater l'apparition des nitrates. — On a placé à la suite l'un de l'autre six tubes en U en relation avec un aspirateur. Les deux premiers tubes que traversait d'abord l'air aspiré étaient remplis de petits fragments de brique imprégnés d'une dissolution de carbonate de potasse (1). Venaient après deux tubes pleins de pierre ponce alcaline, puis enfin deux autres tubes contenant de la craie humectée avec la dissolution de carbonate de potasse. L'appareil était à l'abri de la pluie, dans une boîte sur un côté de laquelle on avait pratiqué une prise d'air, à 8 décimètres au-dessus du gazon, près d'une vigne.

L'aspirateur a fonctionné presque sans interruption, jour et nuit, depuis le 7 juillet jusqu'au 7 octobre 1856. Les matières enfermées dans les tubes ont été entretenues dans un état constant d'humidité. L'expérience terminée, on a constaté une quantité appréciable de nitrate dans le premier tube ; il y avait encore une trace de ce sel dans le second tube, et pas du tout dans les tubes suivants ; du moins on ne parvint pas à en manifester la réaction, bien que la teinture d'indigo, dont on fit usage, était capable d'accuser sûrement $\frac{1}{20}$ de milligramme d'acide nitrique.

---

(1) Les fragments provenaient d'une brique neuve, mais déposée depuis longtemps dans un magasin ; on les avait lavés à l'eau distillée avant de les calciner, afin d'enlever les nitrates qu'ils auraient pu contenir et que la calcination, en l'absence du charbon, ne détruit pas toujours complétement, ou plutôt transforme en nitrite ou autres composés nitreux très-persistants. Le carbonate de potasse avait été préparé en incinérant de la crème de tartre, et l'on s'était assuré qu'il ne renfermait pas la plus légère trace de nitrate.

L'air aspiré parvenait directement dans le premier tube où étaient des fragments de briques imbibés d'une solution de carbonate de potasse. Je n'avais pas jugé nécessaire de le faire passer à travers de la ponce sulfurique pour retenir la vapeur ammoniacale. Ce que je tenais à reconnaître, c'était simplement la présence ou l'absence de nitrates dans une matière terreuse, poreuse de sa nature, imbibée de carbonate de potasse dissous et soumise à un courant d'air. Quelle qu'en ait été la cause, il y a eu, à n'en pas douter, apparition d'une très-faible trace de nitrates. Je dis *apparition* et non pas *production*, parce que l'expérience, telle qu'on l'avait instituée, ne prouve pas autre chose. En effet, s'il est possible que l'ammoniaque de l'air, qu'on n'avait pas éliminée, ait été nitrifiée au contact de la potasse mêlée au corps poreux par de l'oxygène ozoné, il n'est pas invraisemblable non plus que des nitrates aient été amenés par les poussières que l'atmosphère charrie continuellement. Le salpêtre est partout à la surface du globe; les particules les plus ténues de la terre végétale que transporte le vent en sont évidemment pourvues, et l'air appelé dans l'appareil a dû en déposer sur la brique humide des premiers tubes. Je dois faire observer ici qu'alors même que cet air eût été dirigé d'abord sur de la ponce sulfurique afin de fixer l'ammoniaque, on n'aurait pas, par ce moyen, empêché les nitrates des poussières d'intervenir; car, en ce qui les concerne, l'action de l'acide sulfurique se serait bornée à retenir leurs bases, et l'acide nitrique, devenu libre ou transformé en composés nitreux, aurait été

I.   15

entraîné par le courant et retenu par la potasse des premiers tubes.

Constatation de l'azote assimilable apporté par l'atmosphère. — On a placé près des plantes en expérience un vase cylindrique en cristal de 3 centimètres de profondeur présentant une surface ouverte égale à celle des pots à fleurs. On a introduit 500 grammes de sable lavé et calciné auquel on avait mêlé 10 grammes d'acide oxalique considéré comme pur, mais contenant en réalité $0^{gr},0011$ d'azote dont a tenu compte.

Le mélange entretenu humide est resté exposé à l'air. Quand il pleuvait, et pendant la nuit pour éviter la rosée, on couvrait le vase avec une cloche en verre. Après sept semaines le sable avait pris $0^{gr},0013$ d'azote dont une partie constituait certainement de l'ammoniaque. C'est là toutefois un simple renseignement, car tout fait présumer que la quantité de principes azotés qu'un sol humide reçoit de l'atmosphère dépend à la fois de l'étendue de la surface exposée, de la durée de l'exposition et de la localité. Je dis la *localité* et c'est là une circonstance dont il faut tenir grand compte, car l'air n'est pas toujours également pur. L'impureté de la pluie accuse peut-être mieux que ne le pourraient faire les analyses les plus délicates, le degré d'impureté de l'atmosphère. C'est ainsi que les eaux météoriques recueillies à Paris et à Lyon contiennent plus d'ammoniaque, de nitrates, de matières organiques, que la pluie, la neige, le brouillard et la rosée qui

tombent à une grande distance des grands centres de
population (1).

*Influence de l'azote assimilable sur le développe-
ment de l'organisme végétal.* — Les expériences précédentes ont établi que le phosphate de chaux, les sels
alcalins ajoutés au sol sans le concours d'un engrais
azoté, ne contribuent pas sensiblement au développement de l'organisme.

La matière élaborée dans cette condition par le végétal ne pèse guère plus que celle qui est produite
lorsque la terre, rendue stérile par le feu, ne renferme
aucune substance saline; lorsque, par exemple, la
végétation s'accomplit avec les seules ressources
qu'elle trouve dans la semence et qu'elle aboutit à
une *plante limite.* Quand, au contraire, le phosphate
et le salpêtre sont associés, ils agissent avec l'énergie
du fumier. Il est, je crois, permis de conclure de ces
faits que la croissance d'une plante est subordonnée à
l'absorption préalable d'une substance azotée assimilable, dont il n'est peut-être pas impossible de mesurer les effets. C'est du moins ce que j'ai tenté.

Dans ce but, on a introduit dans du sable calciné
pourvu de phosphate de chaux et de sels de potasse
des proportions diverses de nitrate de soude, ou, si
l'on veut, des doses différentes d'azote assimilable.

Le sable calciné, puis amendé avec 4 grammes de
phosphate et 0^{gr},5 de cendre de fumier, a été réparti

---

(1) D'après les observations de M. Barral à Paris, celles de M. Bineau à Lyon, comparées aux résultats que j'ai obtenues au Liebfrauenberg, et à ceux de MM. Lawes et Gilbert enregistrés à Rothamsted.

15.

dans quatre vases à fleurs, francs de toute matière organique. Les pots renfermaient environ 145 grammes de sable ainsi préparé :

Dans chacun des vases on a planté deux graines d'*Helianthus argophyllus* pesant 0ᵍʳ,110. La végétation a duré 50 jours, du 15 août au 4 octobre inclusivement.

L'eau d'arrosement, exempte d'ammoniaque, tenait environ le ¼ de son volume de gaz acide carbonique. Les plantes ont crû en plein air, à l'abri de la pluie et de la rosée.

Le sol du vase n° 1 n'a pas reçu de nitrate de soude.
Le sol du vase n° 2 en a reçu 0ᵍʳ,02.
Le sol du vase n° 3 en a reçu 0ᵍʳ,04.
Le sol du vase n° 4 en a reçu 0ᵍʳ,16.

Pendant la végétation les plants sont restés vigoureux, les feuilles d'un beau vert. Voici quelles étaient leurs dimensions à la fin de l'expérience.

	HAUTEUR	LONGUEUR de la plus grande feuille.	LARGEUR de la plus grande feuille.	POIDS DES PLANTES desséchées.
N° 1 sans nitrate...	9,	3,7	1,5	0,507 *fig.* 5, **Pl. II.**
N° 2 0ᵍʳ,02 de nitrate	11,2	5,4	2,0	0,830 *fig.* 6.
N° 3 0ᵍʳ,04 de nitrate	11,5	6,8	2,8	1,240 *fig.* 7.
N° 4 0ᵍʳ,16 de nitrate	22,5	9,1	3,7	3,390 *fig.* 8.

En retranchant le poids des semences du poids des plantes sèches, on trouve que la matière organique élaborée pendant la végétation a été :

Pour le n° 1............ .... 0^{gr},397
le n° 2... .. .. 0^{gr},720
le n° 3............ .... 1^{gr},130
le n° 4............ .... 3^{gr},280

L'influence de l'azote assimilable est manifeste, et ce n'est pas sans étonnement que, dans le résultat de l'expérience n° 2, on reconnaît que 3 milligrammes seulement de cet azote introduits dans le sol ont suffi pour doubler la matière organique des hélianthus; ainsi le rapport du poids de la semence à celui de la récolte sèche qui était :: 1 : 4,6 dans la culture à laquelle on n'avait pas donné de nitrate, est devenu :

:: 1 : 7,6 dans les plantes n° 2.
:: 1 : 11,3 dans les plantes n° 3.
:: 1 : 30,8 dans les plantes n° 4.

Il restait à constater ce que les plantes avaient fixé d'azote.

Dosage de l'azote dans les hélianthus n° 1. — Opéré sur la totalité de la plante sèche pesant 0^{gr},507.

Acide sulfurique normal équivalent à azote 0^{gr},04375.

Titre de l'acide :

Avant........ 33,9 ^{cc}
Après........ 30,9

Différence... 3,0 équivalent à azote. 0^{gr},0039

Dosage de l'azote dans le sol où les hélianthus n° 1 se sont développés.

Poids du sable sec. 146,3, pris le tiers pour l'analyse. 48,766 ^{gr}
Poids du pot à fleurs 59,5,   —   19,833
                                                          ————
                                                          68,599

Acide sulfurique normal équivalent à azote $0^{gr},04375$.

On a fait usage pour le balayage du tube de $1^{gr},5$ d'acide oxalique.

Titre de l'acide :

Avant........... $34,3^{cc}$
Après........... $33,8^{cc}$

Différence... $\overline{0,5}$ équivalent à azote..... $0^{gr},00064$
Correction pour l'azote introduit par l'acide oxalique $0^{gr},00016$
Dans le $\frac{1}{3}$ du sol, azote...................... $\overline{0^{gr},00048}$
Dans la totalité du sol...................... $0^{gr},00144$

Résumé de l'expérience n° 1, sous le rapport de l'azote absorbé.

Dans la plante récoltée, azote........... $0,0039^{gr}$
Dans le sol .... $0,0014$

$\overline{0,0053}$

Dans les graines pesant $0^{gr},11$......... $0,0033$

En 50 jours de végétation, azote absorbé.. $\overline{0,0020}$

Dosage de l'azote dans les hélianthus n° 2. — Opéré sur la totalité de la matière pesant $0^{gr},830$.

Acide sulfurique normal équivalent à azote $0^{gr},04375$.

Titre de l'acide :

Avant....... $33,9^{cc}$
Après....... $29,0$

Différence... $\overline{4,9}$ équivalent à azote...... $0^{gr},0063$

Résumé.

Dans les graines pesant $0^{gr},110$, azote $0,033$ ⎰
Dans $0^{gr},02$ de nitrate de soude...... $0,033$ ⎱ $0^{gr},0066$

Différence... $\overline{0^{gr},0003}$

On a constaté la présence d'une trace de nitrate dans le sol.

Dosage de l'azote dans les hélianthus nᵒ 3. — Opéré sur la totalité de la matière pesant 1ᵍʳ,240.

Acide sulfurique normal équivalent à azote 0ᵍʳ,04375.

Titre de l'acide.

Avant.......... 33,9ᶜᶜ

Après......... 26,4

Différence... 7,5 équivalent à azote.... 0ᵍʳ,0097

Résumé.

Dans les graines pesant 0ᵍʳ,11, azote.   0,0033 ⎱ 0ᵍʳ,0099
Dans 0ᵍʳ,04 de nitrate............   0,0066 ⎰

Différence... 0ᵍʳ,0002

On a constaté la présence d'une trace de nitrate dans le sol.

Dosage de l'azote dans les hélianthus nᵒ 4. — Opéré sur la totalité de la matière pesant 3ᵍʳ,39.

Acide sulfurique normal équivalent à azote 0ᵍʳ,04375.

Titre de l'acide :

Avant........ 33,9ᶜᶜ

Après........ 14,45

Différence... 19,45 équivalent à azote.... 0ᵍʳ,0251

Résumé.

Dans les graines pesant 0ᵍʳ,11, azote.   0ᵍʳ,0033 ⎱ 0ᵍʳ,0297
Dans le 0ᵍʳ,16 de nitrate.........   0ᵍʳ,0264 ⎰

Différence... 0ᵍʳ,0046

Ces 0^{gr},0046 d'azote qu'on n'a pas retrouvés dans la récolte représentent environ 3 centigrammes de nitrate de soude, sel dont on a reconnu la présence dans le sol.

Les hélianthus n° 4 étaient d'une vigueur remarquable, comme on peut en juger à l'inspection de la *fig.* 8, et le 5 septembre, lorsqu'on a mis fin à l'expérience, il est probable que le besoin de fumier n'aurait pas tardé à se manifester, tant les plantes croissaient rapidement.

Les hélianthus venus sans le concours du nitrate de soude ont acquis en 50 jours 2 milligrammes d'azote. Dans les plantes mises au régime de ce sel, l'azote fixé dans l'organisme n'a, dans aucun cas, excédé celui que le nitrate avait apporté. Ce que les recherches ont de frappant, c'est qu'elles montrent de la manière la plus décisive combien l'azote assimilable introduit dans le sol contribue au développement du végétal, combien la matière organique élaborée par la plante augmente par suite de l'intervention de la moindre quantité d'une substance agissant comme un engrais azoté. C'est ce que l'on voit tout de suite dans le tableau où sont rassemblés les résultats des quatre expériences.

NUMÉROS d'ordre des expériences.	AZOTE faisant partie des graines.	AZOTE assimilable introduit par le nitrate.	AZOTE trouvé dans les plantes.	POIDS des plantes sèches, le poids des graines étant 1.	MATIÈRE organique formée en 50 jours de végétation.	CARBONE contenu dans la matière organique.	ACIDE carbonique décomposé par les plantes, en 24 heures et en moyenne.
	gr	gr	gr	gr	gr	gr	cc
I.	0,0033	0,0000	0,0053	4,6	0,397	0,159	5,3
II.	0,0033	0,0033	0,0063	7,6	0,720	0,288	10,6
III.	0,0033	0,0066	0,0097	11,3	1,130	0,452	17,2
IV.	0,0033	0,0264	0,0251	30,8	3,280	1,312	40,5

Il y a une remarque à faire sur ces résultats.

Les hélianthus n° 1, auxquels on n'avait pas donné de nitrate, ont élaboré en 50 jours tout autant de matière végétale que les hélianthus des expériences A et C de la première série, en 86 jours, $0^{gr},39$. Cela provient de ce qu'une plante, lorsqu'elle n'a pas d'autre azote assimilable que son azote constitutionnel, n'a réellement une certaine vigueur que dans les premières phases de son existence. Aussitôt que le besoin d'azote assimilable se fait sentir, la plante languit et ses parties vertes n'agissent plus que très-faiblement sur le gaz acide carbonique de l'atmosphère. Tout fait présumer que si dans les expériences A et C on eût enlevé les plantes au sol lorsqu'elles étaient âgées de 50 jours, on y aurait trouvé à peu de chose près le carbone qu'on y constata 36 jours plus tard, lorsqu'elles avaient végété pendant 86 jours (1).

Il résulte de l'ensemble de ces recherches :

1°. Que le phosphate de chaux, les sels alcalins et terreux, indispensables à la constitution des plantes, n'exercent néanmoins une action sur la végétation qu'autant qu'ils sont unis à des matières capables de fournir de l'azote assimilable ;

2°. Que les matières azotées assimilables que l'atmosphère contient, interviennent en trop minime proportion pour déterminer, en l'absence d'un engrais azoté, une abondante et rapide production végétale;

3°. Que le salpêtre associé au phosphate de chaux

_____

(1) Une recherche spéciale faite dans un travail plus récent a prouvé qu'il en est ainsi.

et à des sels alcalins agit comme un engrais complet,
puisque des hélianthus venus sous l'influence de ce
mélange étaient, sous le rapport de la vigueur et des
dimensions, comparables à ceux que l'on a récoltés
sur une plate-bande de jardin.

J'ajouterai, en terminant, qu'il est bien remarquable de voir une plante parcourir toutes les phases
de la vie végétale, germer et mûrir, en un mot atteindre
son développement normal, quand ses racines croissent dans du sable calciné contenant, à la place de débris organiques en putréfaction, des sels d'une grande
pureté, de composition parfaitement définie, tels que
le nitrate de potasse, le phosphate de chaux basique,
des silicates alcalins, et de constater qu'au moyen de
ces auxiliaires empruntés tous au règne minéral, cette
plante augmente progressivement le poids de son organisme en fixant le carbone de l'acide carbonique,
les éléments de l'eau, et en élaborant, avec le radical
de l'acide nitrique, de l'albumine, de la caséine, etc.,
c'est-à-dire les principes azotés du lait, du sang et de
la chair musculaire. Au reste, il y a probablement
plus d'analogie qu'on ne pense entre les sels que je
viens de mentionner et l'engrais provenant des étables.
En effet, le fumier, dans lequel Braconnot n'a pas signalé moins de quatorze substances, change singulièrement de constitution quand il a séjourné dans une
terre convenablement ameublie. La fermentation, en
continuant dans les parties molles; la combustion lente
que subissent l'humus, le terreau, ces termes avancés
de la décomposition des corps organisés; l'action que
l'air, l'eau, le sol exercent sur toutes ces matières, font
que, en définitive, le fumier apporte aux plantes des

sels alcalins et terreux, des phosphates, et, comme détenteurs de l'azote assimilable, des nitrates et de l'ammoniaque.

CINQUIÈME PARTIE

DE L'ACTION DU PHOSPHATE DE CHAUX DES ENGRAIS SUR LE DÉVELOPPEMENT DES PLANTES.

J'ai montré précédemment l'influence que l'azote des engrais exerce sur la production végétale quand il est associé au phosphate de chaux et aux sels alcalins. Mais, pour mieux apprécier l'utilité du sel calcaire, il convenait de rechercher comment agirait sur la végétation un engrais azoté qui ne l'aurait plus pour auxiliaire. Dans ce but, j'ai cultivé des plantes dans un sol de sable quartzeux calciné, auquel on avait ajouté, soit du salpêtre, soit du carbonate d'ammoniaque, en ayant soin d'en éloigner toute trace de phosphate par un traitement préalable(1). Comme les cultures devaient avoir lieu en plein air, il était nécessaire de déterminer la part que les principes azotés assimilables de l'atmosphère apporteraient dans les résultats, en cultivant comparativement dans un terrain dépourvu de matières organiques, mais contenant des

---

(1) Le sable, formé de grains de quartz incolore, a été lavé par l'acide chlorhydrique.

phosphates et les autres éléments salins, les mêmes espèces que l'on soumettait au régime exclusif du nitrate ou du sel ammoniacal. J'ai mis à profit cette nécessité pour étudier attentivement le développement graduel des hélianthus, lorsque, à cause de la stérilité absolue de la terre où ils poussent, ils en sont réduits à prendre dans l'air tous les éléments de leur organisme. J'ai fait voir que dans de telles conditions d'existence le végétal doué d'abord d'une certaine vigueur s'affaiblit à partir du moment où ses cotylédons sont flétris. Alors les parties vertes se décolorent, les feuilles venues les premières se fanent à mesure que de nouvelles feuilles apparaissent, et l'on reconnaît clairement que des organes se forment aux dépens d'organes qui s'atrophient et meurent. Ce sont là les indices de l'absence d'un engrais azoté dans le sol.

Les expériences décrites dans cette cinquième Partie ont été commencées le 30 juin.

VÉGÉTATION DES HÉLIANTHUS, A L'AIR LIBRE, DANS UN SOL CONTENANT DU PHOSPHATE DE CHAUX ET DE LA CENDRE VÉGÉTALE.

(PREMIÈRE EXPÉRIENCE.)

Les graines avaient la même origine que celles qu'on avait employées dans les expériences de l'année dernière, elles contenaient $2^{gr},872$ d'azote pour 100.

Le sol, formé d'un sable blanc, grenu, de la forêt de Haguenau, a reçu, après avoir été calciné :

Phosphate de chaux............ $0,67$
Cendres de foin................ $0,07$

On a planté deux graines pesant $0^{gr},116$.

On a disposé, exactement de la même manière, trois autres pots à fleurs : on en a eu ainsi quatre portant chacun un numéro d'ordre : 1, 2, 3, 4.

N° 1. Le onzième jour, les plants ont 5 à 6 centimètres de hauteur. Les cotylédons sont d'un vert foncé. Les premières feuilles ont 1 centimètre de long et $0^c,7$ de large.

Le vingt et unième jour, les tiges ont 7 à 8 centimètres. Des premières feuilles, la plus grande a 3 centimètres de long et 2 centimètres de large. Les cotylédons sont d'un vert pâle. Le diamètre des tiges, 1 à 2 millimètres. Tous les plants sont vigoureux et les deuxièmes feuilles commencent à poindre.

On a enlevé les plants n° 1 représentés *fig.* 9, *Pl. II.*

Après dessiccation à l'étuve, ils ont pesé $0^{gr},305$; les racines avaient 14 centimètres de longueur.

Dosage de l'azote dans les hélianthus n° 1. — Acide sulfurique normal équivalent à azote $0^{gr},04375$.

Titre de l'acide :

Avant........	$32^{cc},45$
Après........	$30,00$
Différence...	$2,45$ équivalent à azote. $0^{gr},0033$

Dosage de l'azote dans le sable et dans le pot à fleurs. — On a mêlé aux matières $1^{gr},5$ d'acide oxalique.

On a balayé avec $1^{gr},5$ du même acide.

Poids du sable sec.	$165^{gr},2$ la moitié.	$82^{gr},60$	
Poids du pot.....	$77,0$	—	$38,50$
	$242,2$		$121,10$ soumis au dosage

Acide sulfurique normal équivalent à azote
0^{gr},0175.

Titre de l'acide :

Avant....... 29,00 ^{cc}
Après....... 28,15

Différence... 0,85 équivalent à azote.   0^{gr},00051
Azote apporté par les 3 grammes d'acide
  oxalique employés.................   0^{gr},00042 (1)

Dans la moitié du sol, azote..........   0^{gr},00009
Dans la totalité...................: .   0^{gg},00018

Résumé du dosage des hélianthus n° 1.

Dans les deux plants, pesant secs, 0^{gr},305, azote.   0,00330 ^{gr}
Dans le sol.............................   0,00018

                                           0,00348
Dans les graines, azote................   0,00332

En 21 jours de végétation, gain en azote.......   0,00016

Le trente-troisième jour, les hélianthus n° 2, n° 3
et n° 4 ont 10 centimètres de hauteur. Des premières
feuilles, la plus grande a 4^{c},2 de long sur 2 centimètres de large. Les cotylédons sont décolorés, quelques-
uns sont flétris. Des secondes feuilles, la plus développée a 2 centimètres de long sur 0^{c},7 de large.

---

(1) Dosage de l'azote dans l'acide oxalique purifié dont on a fait
usage.

Acide sulfurique normal équivalent à 0^{gr},0175 d'azote :
Opéré sur 3 grammes d'acide.

Titre de l'acide :

Avant..... 29,2 ^{cc}
Après..... 28,5

Différence. 0,7 équivalent à 0^{gr},00042 d'azote.

Les troisièmes feuilles apparaissent. Toutes les premières feuilles sont tachées à leurs extrémités. Le
diamètre des tiges est d'environ 2 millimètres. On enlève les plants n° 2, *fig.* 10. Après dessiccation à l'é-
tuve, ils ont pesé $0^{gr},390$; les racines avaient 15 centimètres de longueur.

Dosage de l'azote dans les hélianthus n° 2. — On
opère sur les deux plants.

Acide sulfurique normal équivalent à azote
$0^{gr},04375$.

Titre de l'acide :

Avant........	$32,45^{cc}$	
Après........	$29,95$	
Différence...	$2,50$	équivalent à azote $0^{gr},00337$

Dosage de l'azote dans le sol et dans le pot à fleurs.

I. Sable sec...	$213,45^{gr}$	la moitié.	$106,70^{gr}$	
Pot à fleurs.	$79,40$	—	$39,73$	
	$292,85$		$146,43$	soumis au dosage

Acide sulfurique normal équivalent à azote
$0^{gr},0175$.

Titre de l'acide :

Avant........	$29,1^{cc}$	
Après........	$26,7$	
Différence...	$2,4$	équivalent à azote. $0^{gr},00141$
Correction pour l'acide oxalique........		$0^{gr},00042$
Dans la moitié du sol, azote...........		$0^{gr},00099$
Dans la totalité....................		$0^{gr},00198$

On fait un second dosage sur le $\frac{1}{5}$ des matières.

II. Sable . . . . $4^{gr},7$

Pot . . . . $13,9$

$58,6$

Titre de l'acide :

Avant . . . . $29,^{cc}25$

Après . . . . $28,30$

Différence . . . $0,95$ équivalent à azote $0^{gr},00057$

Correction pour l'acide oxalique . . . . $0^{gr},00042$

Dans le $\frac{1}{5}$ du sol, azote . . . . $0^{gr},00015$

Dans la totalité . . . . $0^{gr},00075$

On fait encore un dosage sur le $\frac{1}{4}$ des matières.

III. Sable . . . . $53,^{gr}36$

Pot . . . . $19,85$

$73,21$

Titre de l'acide :

Avant . . . . $29,^{cc}1$

Après . . . . $28,1$

Différence . . . $1,0$ équivalent à azote $0^{gr},00060$

Correction pour l'acide oxalique . . . . $0^{gr},00042$

Dans le $\frac{1}{4}$ du sol, azote . . . . $0^{gr},00018$

Dans la totalité . . . . $0^{gr},00072$

Moyenne des trois résultats . . . . $0^{gr},00111$

Résumé du dosage des hélianthus n° 2.

Dans les deux plants, pesant secs $0^{gr},390$, azote . . $0,^{gr}00337$

Dans le sol . . . . $0,00111$

$0,00448$

Dans les graines, azote . . . . $0,00332$

En 33 jours de végétation, gain en azote . . . . $0,00116$

I.   16

Le cinquante-deuxième jour, les hélianthus n° 3 et n° 4 ont, l'un 12ᶜ,5, l'autre 16 centimètres de hauteur. Les cotylédons sont jaunes, presque flétris, les premières feuilles fanées ; les secondes feuilles fortement tachées. Les troisièmes feuilles, d'un vert pâle, ont 1 centimètre de long et 0ᶜ,5 de large. On voit poindre les quatrièmes feuilles.

On enlève les plants n° 3, *fig*, 11 ; après dessiccation à l'étuve, ils ont pesé 0^{gr},460.

Dosage de l'azote dans les hélianthus n° 3.

Acide sulfurique normal équivalent à azote 0^{gr},04375.

Titre de l'acide :

Avant........	34,15 cc	
Après........	31,50	
Différence...	2,65	équivalent à azote 0^{gr},00339

Dosage de l'azote dans le sol et dans le pot à fleurs.

Sable sec...	195,3 gr	le ⅓..	65,07 gr
Pot........	127,0	le ⅓.	42,30
	322,3		107,37 soumis au dosage

Acide sulfurique normal équivalent à azote 0^{gr},0275.

Titre de l'acide :

Avant........	28,8 cc	
Après........	27,0•	
Différence...	1,8	équivalent à azote 0^{gr},00109
Correction pour l'acide oxalique........		0^{gr},00042
Dans le ⅓ du sol, azote...............		0^{gr},00067
Dans la totalité....................		0^{gr},00201

Résumé du dosage des hélianthus n° 3.

Dans les deux plants pesant 0^{gr},46, azote .	0,00339
Dans le sol	0,00201
	0,00540
Dans les graines.	0,00332
En 52 jours de végétation, gain en azote.	0,00208

Le soixante-douzième jour, l'hélianthus restant, le n° 4, a 14 centimètres de hauteur. Les premières et les deuxièmes feuilles sont entièrement flétries. La plus grande des troisièmes feuilles a 3 centimètres de longueur et 1^{c},5 de largeur ; elle est pâle, fortement tachée ; les quatrièmes feuilles sont très-petites. On voit un bouton floral ; à cette dernière circonstance près, les hélianthus n° 4 ne différaient pas par leur aspect du n° 3.

Après avoir été desséchés à l'étuve, les plants ont pesé 0^{gr},420, un peu moins que n'avaient pesé les plants n° 3, enlevés 20 jours auparavant.

Dosage de l'azote dans les hélianthus n° 4. — Acide sulfurique normal équivalent à azote 0^{gr},04375.

Titre de l'acide :

Avant.	32^{cc},10
Après.	29,55
Différence. . .	2,45 équivalent a azote 0^{gr},00348
Dans les deux graines.	0^{gr},00332
Gain en 72 jours.	0^{gr},00016

A ce gain devrait être ajouté l'azote du sol qu'on n'a pas dosé.

Ces résultats, entièrement conformes à ceux obte-

16.

nus dans mes expériences de 1856, établissent qu'à
l'air libre, dans un sol où il n'y a que des phosphates
et des sels minéraux, la plante ne croît avec quelque
vigueur que dans les premières phases de la végétation, tant que la substance azotée constitutionnelle
de la semence suffit à la formation des organes;
passé ce terme, elle languit et l'on constate plutôt un
déplacement qu'un accroissement de l'organisme;
c'est ce que l'on aperçoit de la manière la plus évidente dans le tableau où l'on a groupé les faits qui
ont été exposés précédemment.

Développement successif des hélianthus, dans un sol dépourvu d'engrais azoté, et contenant du phosphate de chaux, des cendres végétales.

AGE DES PLANTES.	POIDS des plantes desséchées.	POIDS des plantes sèches, les graines étant 1.	MATIÈRE végétale élaborée contenant 0,4 de carbone.	ACIDE carbonique décomposé par les plantes en 24 heures.	ACQUIS PAR LES PLANTES sur l'atmosphère, pendant la végétation.	
					CARBONE.	AZOTE.
	gr	gr	gr	gr	gr	gr
Nº 1. 21 jours............	0,30	2,6	0,184	6,5	0,074	0,0002
Nº 2. 33 jours............	0,39	3,4	0,274	6,1	0,110	0,0012
Nº 3. 52 jours............	0,46	4,0	0,344	4,8	0,138	0,0021
Nº 4. 72 jours............	0,42	3,7	0,304	3,1	0,122	0,0002 (1)

(1) On n'a pas dosé l'azote du sol.

On voit que c'est au commencement de leur existence que les plantes ont fixé le plus de carbone. Durant la période où la végétation a été la plus active, chaque hélianthus n'a pas assimilé $0^{gr},002$ d'azote. Dans les expériences faites en 1856, en 86 jours d'une végétation qui eut lieu dans des conditions identiques, la même plante en avait pris à l'air $0^{gr},0013$. Après avoir végété à l'air libre pendant 52 jours, l'hélianthus a acquis $0^{gr},069$ de carbone; en 1856, en 86 jours, il en avait fixé $0^{gr},078$.

VÉGÉTATION DES HÉLIANTHUS, EN PLEIN AIR, DANS UN SOL DE SABLE CALCINÉ NE CONTENANT PAS DE PHOSPHATE DE CHAUX, ET AYANT POUR ENGRAIS AZOTÉ DU NITRATE DE POTASSE.

(DEUXIÈME EXPÉRIENCE.)

Dans des pots à fleurs préalablement chauffés à la chaleur rouge, on a mis du sable blanc quartzeux grenu, calciné, mélangé à du nitrate de potasse.

Dans le pot à fleurs n° 5 pesant 215 grammes :

Sable quartzeux....	660
Nitrate de potasse...	0,3 ajouté en une fois.

Dans le pot à fleurs n° 6 pesant 600 grammes :

Sable quartzeux....	1,500
Nitrate de potasse...	1,1 introduit successivement.

Dans chacun des pots on a planté deux graines d'hélianthus du poids de $0^{gr},116$. On a arrosé avec de l'eau parfaitement exempte d'ammoniaque.

Le dix-septième jour, les deux premières feuilles étaient formées, et les deuxièmes déjà visibles.

Le trentième jour, hauteur des tiges, 6 et 9 centimètres.

Premières feuilles :

Longueur. 6ᶜ,5 et 7 cent. Largeur. 2ᶜ,2 et 3 cent.

Les deuxièmes feuilles s'étaient peu développées;
les plantes vigoureuses; les cotylédons d'une teinte
verte très-foncée. Cependant déjà on apercevait des
points noirs aux extrémités des premières feuilles;
c'est sur cet indice que j'ai jugé opportun d'examiner
les plantes, parce qu'il annonçait qu'elles allaient entrer dans la période d'affaiblissement.

On a desséché les plants n° 5 dont l'aspect est représenté *fig.* 12, *Pl. II.* Ils ont pesé 1ᵍʳ,167.

Acide normal équivalent à azote 0ᵍʳ,04375.

Titre de l'acide :

Avant...... 32,45
Après...... 14,85
Différence... 17,60 équivalent à azote 0ᵍʳ,02373

*Dosage du nitrate de potasse resté dans le sable
et dans le pot à fleurs n° 5.* — Le sable et le pot à
fleurs pulvérisé ont été mis en digestion dans 250
centimètres cubes d'eau distillée avec lesquels on avait
lavé d'abord le vase en cristal où reposait la plante.

Dix centimètres cubes de la dissolution ont été es-
sayés par une teinture d'indigo dont 16 $\frac{7}{10}$ divisions
de la burette qui la contenait étaient décolorées par
l'acide de 0ᵍʳ,001 de nitrate de potasse.

Les 10 centimètres cubes ont détruit, par l'action
de l'acide chlorhydrique, 77 divisions de teinture représentant 0ᵍʳ,00461 de nitrate.

Soit, pour la totalité de la dissolution,

$$0^{gr},00461 \times 25 = 0^{gr},11525 \text{ de nitre.}$$

Dosage du carbonate de potasse dans la dissolution contenant le nitre. — On sait que, dans un sol contenant du salpêtre, une partie du sel, sous l'influence de la matière végétale morte, se change en carbonate de potasse. L'azote de l'acide nitrique équivalent à la potasse passe sans doute à l'état d'ammoniaque. Il y avait donc un motif suffisant pour rechercher le carbonate de potasse. Le résultat de cette recherche devait être d'autant plus net, que le sable blanc grenu de Haguenau est du quartz à peu près pur dans lequel il ne pouvait plus y avoir de sels solubles, puisqu'on l'avait lavé à l'eau distillée avant de le calciner pour le mettre dans les pots à fleurs.

Vingt centimètres cubes de la même dissolution, dans laquelle on avait dosé le salpêtre, ont été mêlés à une pipette d'acide sulfurique normal saturant $0^{gr},5893$ de potasse. On a fait bouillir pour expulser l'acide carbonique et l'on a titré.

Titre de l'acide :

Avant.......	31,8 ^{cc}
Après.......	31,8
Différence ...	0,0

Il n'y avait donc pas de carbonate de potasse dans le sol où s'étaient développés les hélianthus n° 5; toute la potasse y était à l'état de nitrate.

Résumé du dosage de l'hélianthus n° 5, deuxième expérience.

Dans les deux plants, azote............	$0,02373$ ^{gr}
Dans le nitrate resté dans le sol ($0^{gr},1152$)	$0,01595$
	$0,03968$ azote trouvé

Dans les deux graines, azote   0,00332 }   0,04484 azote donné
Dans 0^{gr},3 de nitrate. . . . .   0,04152 }

Perte en azote. . .   0,00516

On a donc retrouvé à très-peu près, dans les plantes et dans le sol l'azote que l'on avait ajouté à l'état de nitrate.

On avait arrêté la végétation au moment où elle était vigoureuse, quand les cotylédons n'étaient point encore fanés. Mais déjà cependant les feuilles venues les premières portaient des taches noires à leurs extrémités, et c'est sur cet indice que l'on jugea opportun d'examiner les plantes avant qu'elles éprouvassent l'affaiblissement que l'on pouvait prévoir. Les hélianthus dont le sol ne contenait que du nitre étaient alors âgés d'un mois; il est intéressant de comparer leur aspect à celui des hélianthus du même âge que, l'année précédente, on avait cultivés sous la double influence du salpêtre et du phosphate de chaux.

Hélianthus dont le sol renfermait du salpêtre et du phosphate. — Année 1856. — Hauteurs des tiges 25^c,5 et 28 centimètres. Cotylédons très-pâles, flétris en partie.

Premières feuilles :
Longueur. 6^c,5 et 10 centimètres.   Largeur. 3 et 4 centimètres.
Deuxièmes feuilles :
Longueur. 8^c,5 et 9 centimètres.   Largeur. 6 et 6 centimètres.
Troisièmes feuilles :
Longueur. 6 et 8 centimètres.   Largeur. 4^c,2 et 6^c,2.
Quatrièmes feuilles déjà avancées.

Les plants étaient d'un très beau vert; très-vigoureux. On remarquait néanmoins quelques points jaunes aux extrémités des premières feuilles.

Diamètre des tiges, $0^c,5$ et $0^c,6$.

Hélianthus dont le sol renfermait du salpêtre et pas de phosphate. — Année 1857. — Hauteurs des tiges, 6 et 9 centimètres. Cotylédons verts et charnus.

Premières feuilles :

Longueur. $6^c,5$ et 7 centimètres. Largeur. $2^c,2$ et 3 centimèt , tachées à leurs extrémités.

Deuxièmes feuilles peu développées.

Troisièmes feuilles apparaissent.

Diamètre des tiges, $0^c,4$.

La différence, comme on voit, est considérable ; et comme elle est aussi prononcée sur les plants réservés n° 6, il est tout naturel de l'attribuer à l'absence du phosphate de chaux dans le sol.

Que le manque de phosphate ait entravé les progrès de la végétation, c'est ce qui ne paraît pas douteux ; mais il est tout aussi évident que le nitrate seul a mieux agi sur le développement des hélianthus que ne l'a fait le phosphate de chaux donné au sol sans le concours d'un engrais porteur d'azote assimilable. Pour s'en convaincre, il suffit d'opposer les résultats fournis par les plants n° 2 de la première expérience, n'ayant eu que du phosphate, à ceux que je viens d'exposer. Ainsi, les hélianthus n° 2, âgés de 33 jours, ont pesé secs $0^{gr},33$, ou 3,4, le poids des semences étant représenté par l'unité. Ils ont acquis $0^{gr},110$ de carbone, en décomposant chaque jour, en moyenne, $6^{cc},1$ de gaz carbonique. Or les hélianthus au régime unique de l'azote assimilable ont pesé secs $1^{gr},167$, dix fois autant que les semences, et la matière végétale élaborée s'est élevée à $1^{gr},051$, dans lequel il y avait $0^{gr},420$ de carbone. La différence, très-considérable, est vraisemblablement due à cette circonstance que, par l'intervention du nitrate, il a dû se former $0^{gr},125$ d'albumine avec le radical de l'acide nitrique et que, par conséquent, l'organisme a pu dès lors fonctionner sur le gaz acide carbonique.

On a continué à observer l'hélianthus n° 6, que l'on avait réservé.

Le cinquantième jour, hauteurs des tiges, 8 et 9 centimètres.

La plus grande des feuilles a 5 centimètres de longueur sur 3 centimètres de largeur. Ses cotylédons sont flétris, les premières feuilles presque fanées.

Les deux plantes ont un aspect maladif, qui contraste avec l'aspect vigoureux qu'elles présentaient à l'âge d'un mois, lorsqu'on enlevait les hélianthus n° 5.

Le soixante-deuxième jour, hauteurs des tiges, 11 centimètres et $19^c,5$.

Toutes les feuilles, à l'exception des quatrièmes, sont fanées ou fortement tachées. On voit apparaître les cinquièmes feuilles, et les rudiments d'un bouton floral sur le plant le plus grand.

Diamètre des tiges, $0^c,4$.

Le soixante-douzième jour, ce plant a $19^c,5$ de hauteur et porte une petite fleur, *fig.* 13.

La mort de l'un des plants étant imminente, on a dû terminer l'observation.

Après une dessiccation à l'étuve, les deux plants

ont pesé $1^{gr},175$, environ $0^{gr},01$ de plus que ne pesaient les hélianthus n° 5 quand ils étaient âgés d'un mois.

Dosage de l'azote dans les hélianthus n° 6. — Acide sulfurique normal à $0^{gr},04375$. Dosé les deux plants.

Titre de l'acide :

Avant....... $32,\overset{cc}{45}$
Après....... $20,55$
—————
Différence... $11,90$ équivalent à azote $0^{gr},01604$

On a reconnu dans le sol la présence d'une forte proportion de nitrate de potasse, et celle d'une petite quantité de carbonate de la même base.

Résumé de la deuxième expérience.

Dans les deux plants, azote............. $0,01604$
On avait donné au sol, nitrate $1^{gr},1 =$ azote $0,15224$
—————
Azote du nitrate non assimilé... $0,13620$

Les hélianthus du n° 6, après 72 jours de végétation, n'ont pesé que $1^{gr},175$, presque exactement ce que pesaient les hélianthus du n° 5, alors qu'ils étaient âgés d'un mois seulement. Depuis cet âge les hélianthus n° 6 ont vieilli sans faire de progrès sensibles, et il y a eu plutôt dégénérescence, car les feuilles se sont successivement flétries, et l'un des plants est presque mort. Les plantes sèches n'ont pesé que dix fois autant que les semences, et les $1^{gr},059$ de matière végétale élaborée durant une végétation aussi prolongée ne contenaient que $0^{gr},424$ de carbone; ainsi l'assimilation diurne de ce combustible par l'organisme n'a pas atteint, en moyenne, 0gr,006. Je suis porté à attribuer ce ralentissement de la vie végétale qui s'est manifesté dès le premier âge, à ce que la plante n'a pas rencontré dans le sol le phosphate de chaux dont elle avait besoin et auquel ne pouvait suppléer l'engrais azoté. On pourra se former une idée de l'importance du phosphate sur le développement de l'organisme, quand il est uni à de l'azote assimilable, en comparant les résultats de l'année 1856, alors que les hélianthus croissaient sous l'influence d'un engrais complet, à ceux de cette année, où les mêmes plantes ont été privées du phosphate calcaire.

Hélianthus âgé de 86 jours ; sol contenant du salpêtre et du phosphate. — Année 1856. — Hauteur des tiges, 74 centimètres ; fleurs formées ; matière végétale sèche, 21gr,22. Carbone fixé, 8gr,44. Acide carbonique décomposé par jour, 182cc,10. Azote de la plante, 0gr,170.

Hélianthus âgé de 72 jours ; sol contenant du salpêtre et pas de phosphate. — Année 1857. — Hauteur des tiges, 19c,5 ; bouton floral ; matière végétale sèche, 1gr,175. Carbone fixé, 0gr,42. Acide carbonique décomposé par jour, 11cc,10. Azote de la plante, 0gr,0160.

J'ai voulu vérifier cette insuffisance de l'azote assimilable donné seul, en ajoutant au sol un autre engrais azoté que le salpêtre. J'ai choisi le carbonate d'ammoniaque.

VÉGÉTATION DES HÉLIANTHUS, A L'AIR LIBRE, DANS UN SOL DE SABLE CALCINÉ NE CONTENANT PAS DE PHOSPHATE DE CHAUX, ET AYANT POUR ENGRAIS AZOTÉ DU CARBONATE D'AMMONIAQUE.

(TROISIÈME EXPÉRIENCE.)

Le sol, pesant 800 grammes, était formé d'un mélange de sable blanc et de brique concassée; ces matières, comme le pot à fleurs qui les contenait, avaient été calcinées à la chaleur rouge (1). Après avoir humecté avec de l'eau distillée, on a planté deux graines d'hélianthus pesant ensemble 0^{gr},116. Sept jours après, les cotylédons étaient sortis. Dès lors on commença à introduire dans le sable, lorsque l'on arrosait, une dissolution de carbonate d'ammoniaque dont on avait déterminé la teneur en ammoniaque.

Le dix-septième jour, les premières feuilles sont formées et d'un beau vert. Les cotylédons d'un vert foncé.

Le vingt-septième jour, les tiges ont 7 centimètres de hauteur. Les cotylédons ont perdu leur couleur verte.

La plus grande des premières feuilles a 4^c,6 de long et 2^c,3 de large.

Les deuxièmes feuilles sont formées, et l'on voit sortir les troisièmes.

On remarque quelques taches noires sur les premières feuilles.

Le cinquantième jour, hauteur des tiges, 12 centimètres.

---

(1) Malgré cette calcination précédée d'un lavage à l'eau distillée, la brique retenait encore des traces de nitrate.

Les cotylédons, les premières et les deuxièmes feuilles sont fanés; les troisièmes sont tachées; les quatrièmes et les cinquièmes sont d'un vert foncé.

Le soixante-quatorzième jour, hauteur des tiges, 15 centimètres. Toutes les feuilles sont tachées à leurs extrémités. On reconnaît un bouton floral petit, mais bien formé. On termine l'expérience. Les plants ont pesé, secs, $1^{gr},130$.

Dans le cours de la culture, on avait introduit successivement 326 centimètres cubes de dissolution de carbonate d'ammoniaque, renfermant $2^{gr},282$ d'ammoniaque, dans lesquels il y avait $1^{gr},879$ d'azote.

Dosage de l'azote dans les hélianthus. — On opère sur les deux plants.

Acide normal équivalent à azote, $0^{gr},04375$.

Titre de l'acide :

Avant........	$32,45^{cc}$
Après........	$1,50$
Différence...	$30,95$ équivalent à azote $0^{gr},04172$

Les plants desséchés ont pesé à peu près 10 fois autant que la semence. Il y a eu de formé $1^{gr},014$ de matière végétale contenant $0^{gr},446$ de carbone assimilé en 74 jours, ce qui suppose que, en moyenne et toutes les vingt-quatre heures, les hélianthus ont décomposé 11 centimètres cubes de gaz acide carbonique. C'est exactement ce qui est arrivé avec les hélianthus n° 5, venus sous l'influence unique du salpêtre, et cette coïncidence est fort remarquable; il y a cependant une différence qui ne l'est pas moins. Les hélianthus n° 5, au régime du salpêtre, ont fixé $0^{gr},016$ d'azote; ceux du n° 7, au régime du carbonate d'ammoniaque, $0^{gr},042$, plus du triple : résultat bien singulier, puisqu'il arrive alors que 100 parties de végétal sec renferment $3^{gr},67$ d'azote, c'est-à-dire plus que n'en contiennent 100 parties de semences. C'est la première fois que j'ai observé un fait semblable. Constamment l'ensemble du végétal a donné à l'analyse, à poids égaux, moins d'azote que la graine, et la différence a toujours été d'autant plus prononcée que la plante était plus développée, parce qu'elle avait élaboré plus de cellulose, plus de principes dans la constitution desquels il n'entre pas d'azote. Je ne vois pas d'autre explication de cette anomalie, car c'en est une, si ce n'est d'admettre, ce qui, au reste, est assez vraisemblable, que le carbonate d'ammoniaque remplit deux rôles parfaitement distincts dans les phénomènes de la végétation. Dans un cas il agirait en fournissant de l'azote assimilable, cela est incontestable : il concourt alors, comme les nitrates, à la formation de l'albumine, des tissus, à la façon d'un engrais azoté ; dans l'autre cas, il interviendrait à la manière des engrais minéraux, il se comporterait comme un carbonate alcalin, comme, par exemple, le carbonate de potasse : sa base, en s'unissant aux acides répandus dans l'organisme, constituerait des sels ammoniacaux. Dans les circonstances où les hélianthus se trouvaient, il ne pouvait même pas contenir d'autres sels, puisque l'ammoniaque était le seul alcali qu'ils pouvaient absorber. Ainsi la forte proportion d'azote trouvée dans les plantes analysées aurait deux origines : une partie proviendrait des matières albumineuses ; l'autre partie, des sels à base d'ammoniaque.

J'ajouterai qu'il n'est pas nécessaire que des plantes soient en présence de l'ammoniaque seule, comme l'avaient été les hélianthus, pour contenir des sels de cette base. Celles qui croissent dans une terre fortement amendée avec le fumier des étables en renferment constamment, et je soupçonne que les cultures que l'on surexcite avec les déjections de l'homme, dans lesquelles il n'y a pas de carbonate de potasse, mais surtout du carbonate d'ammoniaque ou des matières capables de produire ce carbonate, donnent des produits chargés de sels ammoniacaux. C'est la présence de ces sels dans les plantes fourragères qui rend quelquefois erronée l'estimation de l'albumine, par un simple dosage d'azote, car alors aussi, comme cela est certainement arrivé dans l'analyse des hélianthus n° 7, on dose ensemble et l'azote des matières essentiellement alimentaires et celui de l'ammoniaque uni, dans la plante, aux acides organiques ; et comme on attribue la totalité de cet azote entièrement à l'albumine, au gluten, à la caséine, etc., il en résulte que l'on représente ces substances éminemment nutritives par une proportion trop élevée.

En résumé, cette expérience montre que, lorsque le sol manque de phosphate de chaux, l'azote assimilable apporté par le carbonate d'ammoniaque a été tout aussi insuffisant pour le développement de la plante, que l'avait été dans les expériences antérieures l'azote assimilable dérivé du nitrate de potasse.

On a cru devoir observer le développement du chanvre dans les mêmes circonstances où avait eu lieu celui des hélianthus n° 7.

VÉGÉTATION DU CHANVRE, A L'AIR LIBRE, DANS UN SOL
CONTENANT DU PHOSPHATE DE CHAUX ET DE LA
CENDRE VÉGÉTALE.

(QUATRIÈME EXPÉRIENCE.)

Dosage de l'azote dans les graines.

I. Opéré sur 7 graines pesant ensemble $0^{gr},185$.
Acide normal équivalent à azote, $0^{gr},04375$.
Titre de l'acide :

Avant........	$32,1^{cc}$
Après........	$27,1$
Différence...	$\cdot\ 5,0$ équivalent à azote $0^{gr},00681$

Pour 100 de graines, azote $3,721$.

II. Opéré sur 42 graines, pesant $0^{gr},914$.
Acide normal équivalent à azote, $0^{gr},04375$.
Titre de l'acide :

Avant........	$33,65^{cc}$
Après........	$7,55$
Différence...	$6,10$ équivalent à azote $0^{gr},03393$

Dans 100 de graines, azote $3^{gr},712$.

Dans du sable blanc grenu calciné, on a mis :

Phosphate de chaux très-divisé.......	$2,0^{gr}$
Cendres de foin............... $\cdot$	$0,3$

On a planté 7 graines pesant $0^{gr},185$.

Le treizième jour, les cotylédons sont décolorés.
La tige la plus haute a 3 centimètres.

La plus grande des feuilles a une longueur de $1^c,4$,
sur une largeur de $0^c,5$.

Les deuxièmes feuilles ont apparu.

Le trente et unième jour, hauteur des plants, 3 et
8 centimètres. Cotylédons flétris. Les premières feuil-

les sont d'un vert pâle et tachées ; les deuxièmes d'un
vert foncé. On aperçoit des indices de boutons floraux. Un des plants a toutes ses feuilles fanées, on
l'enlève et on le sèche pour le réunir à la récolte. Il
reste 2 plants mâles et 4 plants femelles.

La cinquantième jour, les plants mâles, hauts de
11 centimètres, ont chacun conservé quatre feuilles,
fig. 14, *Pl. II ;* les feuilles inférieures sont flétries.
Les plants femelles ont 4 centimètres de hauteur. Les
plants ont des fleurs; un seul plant femelle porte
4 graines très-petites, mais bien formées; sur les autres les graines n'ont pas noué. Les 6 plants ont été
réunis à celui qu'on avait enlevé, et à quelques feuilles
qui s'étaient détachées. Après dessiccation à l'étuve,
ces *plantes-limites* ont pesé 0^{gr},305, c'est-à-dire à peu
près le double de ce que pesaient les graines, déduc-
tion faite du poids du plant arraché le trente et
unième jour; il y avait eu, en cinquante jours, production de 0^{gr},122 de matière végétale.

*Dosage de l'azote dans les plants-limites du chan-
vre.* — Acide normal équivalent à azote, 0^{gr},04375.
Opéré sur toute la matière.

Titre de l'acide :

Avant............ 32,1^{cc}

Après........... 29,1

Différence... 3,0 équivalent à azote 0^{gr},00409

Dosage de l'azote dans le sable et le pot à fleurs.

Sable séché à l'air... 314,70 le $\frac{1}{4}$ 78,7^{gr}

Pot à fleurs .... 216,8 le $\frac{1}{4}$ 54,2

531,5   132,9 soumis au dosage.

17.

I. Acide normal équivalent à azote, 0^{gr},0175. Employé 3 grammes d'acide oxalique.

Titre de l'acide :

Avant........ 29,0 ^{cc}
Après........ 25,6

   Différence...   3,4 équivalent à azote.   0^{gr},00205
Correction pour l'acide oxalique........ 0^{gr},00042

Dans le $\frac{1}{4}$ du sol, azote............... 0^{gr},00163

II. Deuxième dosage :

    Sur le $\frac{1}{10}$ du sable... 31,47 ^{cc} $\big\rangle$ 53,15
    Sur le $\frac{1}{10}$ du pot... 21,68 $\big\rangle$

Titre de l'acide :

Avant........ 29,2 ^{cc}
Après........ 27,4

   Différence...   1,8 équivalent à azote.   0^{gr},00108
Correction pour l'acide oxalique........ 0^{gr},00042

Dans le $\frac{1}{10}$ du sol, azote............... 0^{gr},00066
Dosage I. Dans la totalité du sol, azote.. 0^{gr},00652
Dosage II. Dans la totalité du sol, azote.. 0^{gr},00660

Résumé de l'expérience.

Dans les plantes-limites, azote........... 0,00409 ^{gr}
Dans le sol....................... 0,00656
                                0,01065
Dans les graines pesant 0^{gr},185, azote.... 0,00688
En 50 jours de végétation, gain en azote.. 0,00377

Il paraîtra assez singulier que la quantité d'azote trouvée dans le sol ait dépassé celle que l'on a dosée dans la récolte ; cette quantité est telle, qu'il devient difficile de l'attribuer en entier aux débris végétaux restés dans le sable, puisqu'elle représenterait près de $\frac{1}{2}$ gramme de la plante sèche, ou 2 grammes de la plante humide. Au reste, cette fixation d'azote dans un sol exposé pendant un laps de temps assez long aux agents atmosphériques s'est offerte plusieurs fois dans le cours de mes recherches; elle semble être indépendante du phénomène de la végétation.

Chaque plant de chanvre aurait acquis, azote, $0^{gr},0054$.

La matière végétale élaborée étant $0^{gr},122$, les plants de chanvre ont dû, pour assimiler $0^{gr},0488$ de carbone qui entrait dans sa composition, décomposer par jour, en moyenne, environ 2 centimètres cubes de gaz acide carbonique.

Il est curieux que, dans une végétation où il s'est produit si peu de matière organisée, puisque chaque plante-limite ne pesait que $0^{gr},044$, il se soit néanmoins formé des fleurs et des fruits; cependant il y a loin de ce poids à celui d'un plant de chanvre pris dans la culture normale, qui a pesé sec $25^{gr},13$, et dans lequel il entrait $0^{gr},382$ d'azote, soit 1,52 pour 100.

VÉGÉTATION DU CHANVRE, A L'AIR LIBRE.

(CINQUIÈME EXPÉRIENCE.)

Le sol contenait :

Nitrate de potasse 0,70
Phosphate de chaux 0,10
Cendres de foin 0,20

Le sol était formé de sable grenu, quartzeux, de fragments de quartz, lavés et calcinés, qu'on a placés dans un pot à fleurs préalablement chauffé au rouge. On a planté 5 graines pesant 0^{gr},132, dans lesquelles il devait y avoir 0^{gr},0049 d'azote.

Le quatorzième jour, les tiges ont de 7 à 9 centimètres de hauteur. Les cotylédons sont encore d'un vert foncé. La plus grande feuille a 4 centimètres de long et 2 centimètres de large. Chaque plant porte 6 feuilles.

Le vingt-septième jour, tiges : la plus petite, 11 centimètres; la plus haute, 25 centimètres. La plus grande feuille, 6 centimètres de long, 2^c,2 de large. Sur chaque plante, trois ou quatre groupes de feuilles; indices de boutons floraux.

Le quarante-troisième jour, la tige la plus haute a 29 centimètres; la plus petite, 19 centimètres. Il y a 2 pieds mâles et 3 pieds femelles; les plants ont fleuri depuis plusieurs jours, ils sont couverts de fleurs. La *fig.* 15, *Pl. II*, représente les deux plants extrêmes.

Après dessiccation à l'étuve, les plants ont pesé :

Racines........................	0,630^{gr}
Tiges	0,475
Feuilles et fleurs.............	0,765
	1,870

14,2 fois autant que pesaient les graines.

Dosage de l'azote dans les plantes récoltées. — On prend la moitié des plantes récoltées.

Racines........	0,315^{gr}	
Tiges....	0,2375	0,9350
Feuilles et fleurs . .	0,3825	

Acide normal équivalent à azote, $0^{gr},0437.5$. Employé $1^{gr},5$ d'acide oxalique.

Titre de l'acide :

Avant......... $34,^{ce}15$
Après......... $17,00$

Différence... $17,15$ équivalent à azote $0^{gr},02197$
Correction pour l'acide oxalique.......... $0^{gr},00021$

Dans la moitié de la récolte, azote........ $0^{gr},02176$
Dans la totalité..................... $0^{gr},04352$

On a dosé dans le sol et dans la terre du pot à fleurs $0^{gr},4125$ de nitrate de potasse.

Résumé de l'expérience.

Dans les plants, azote...... $0,0435$ ⎫
Dans le sol, nitrate, $0^{gr},4125$ $0,0571$ ⎬ azote trouvé $0,1006^{gr}$

Dans $0^{gr},7$ de nitrate ajouté
au sol.............. $0,0969$ ⎫ azote donné. $0,1018$
Dans les graines.......... $0,0049$ ⎭

Différence... $0,0012$

En un mois et demi, sous l'influence d'un engrais porteur d'azote assimilable et de phosphate de chaux, les cinq plants de chanvre avaient élaboré $1^{gr},738$ de matière végétale renfermant $0^{gr},695$ de carbone pris à l'acide carbonique. Ainsi, chaque jour, en moyenne, les plantes avaient décomposé 30 centimètres cubes de gaz acide.

Pour compléter le programme que je m'étais tracé, j'avais disposé une expérience dans laquelle le chanvre a eu pour engrais de la matière azotée et point de phosphate de chaux.

VÉGÉTATION DU CHANVRE, A L'AIR LIBRE, DANS UN SOL CONTENANT DU CARBONATE D'AMMONIAQUE.

(SIXIÈME EXPÉRIENCE.)

Sept graines de chanvre pesant $0^{gr},185$, devant contenir $0^{gr},0069$ d'azote, ont été plantées dans 700 grammes de sable quartzeux calciné. Lorsque les cotylédons ont été développés, on a introduit, lors des arrosements, du carbonate d'ammoniaque en dissolution.

Le douzième jour, la tige la plus haute a 4 centimètres. Les cotylédons sont presque décolorés. La plus grande feuille a $2^c,5$ de long et $1^c,1$ de large. Les deuxièmes feuilles sont déjà formées et d'une belle couleur verte.

Le vingt-cinquième jour, la plus haute des tiges a 6 centimètres. Les cotylédons sont flétris. Longueur de la plus grande feuille, 3 centimètres; largeur $1^c,1$. Trois paires de feuilles. Fleurs.

Le trente-septième jour, la plus haute des tiges a 13 centimètres. La floraison est très-avancée.

Le quarante-neuvième jour, les fleurs tombent; des graines sont visibles sur les plants femelles. La tige la plus haute a $14^c,5$; la plus petite 10 centimètres.

Après dessiccation à l'étuve, les plants ont pesé $0^{gr},765$, un peu plus de quatre fois le poids des semences.

Dosage de l'azote dans les plants. — Opéré sur la totalité.

Acide normal équivalent à azote, $0^{gr}.04375$.

Titre de l'acide :

Avant. 32,10

Après. 15,15

Différence. . . 16,95 équivalent à azote. 0^{gr},0231

On avait successivement versé sur le sol 180 centimètres cubes d'une dissolution de carbonate d'ammoniaque contenant : ammoniaque, 1^{gr},260, soit azote, 1^{gr},040.

Ainsi, sous l'action d'un engrais ammoniacal, mais sans phosphate dans le sol, les cinq plants de chanvre n'ont pas fixé plus de 0^{gr},023 d'azote, quoique, par le carbonate introduit, ils en aient eu plus de 1^{gr},04 à leur disposition. Le carbone assimilé en sept semaines n'a pas dépassé 0^{gr},232, et par jour, en moyenne, il n'y a eu que 9 centimètres cubes de gaz acide carbonique décomposé par les feuilles.

Comme cela est arrivé pour les hélianthus mis au même régime, la proportion d'azote acquise a été anormale, 3,06 pour 100 de la matière végétale sèche, c'est-à-dire à peu près celle trouvée dans les graines. Ici encore il n'est pas douteux que le carbonate d'ammoniaque n'ait agi à la fois comme engrais azoté et comme carbonate alcalin, et que, par conséquent, il y ait eu des sels ammoniacaux à acides organiques constitués pendant la végétation.

Les expériences faites sur le chanvre ont donc conduit à des résultats entièrement conformes à ceux obtenus avec les hélianthus venus dans de semblables conditions. J'ai résumé ces résultats dans un tableau où, pour rendre la comparaison plus facile, j'ai ramené la cinquième expérience à ce qu'elle aurait été si on l'eût faite sur sept plants de chanvre.

VÉGÉTATION DE SEPT PLANTS DE CHANVRE.

SUBSTANCES AJOUTÉES AU SOL.	DURÉE de la végétation.	POIDS des plantes sèches.	RAPPORT du poids des graines à celui de la récolte.	MATIÈRE végétale élaborée.	CARBONE FIXÉ.	ACIDE carbonique décomposé en 24 heures
4e EXPÉRIENCE. Phosphate de chaux, cendres..........	50 jours	gr 0,305	1 : 1,6	gr 0,122	gr 0,049	cc 2
5e EXPÉRIENCE. Phosphate, cendres, salpêtre.........	43 jours	2,618	1:4,2	2,433	0,973	42
6e EXPÉRIENCE. Carbonate d'ammoniaque............	49 jours	0,765	1: 4,1	0,580	0,232	9

On a vu, dans la quatrième Partie de ces Recherches, que le phosphate de chaux n'agit favorablement sur les plantes qu'autant qu'il se trouve associé à des matières apportant de l'azote que j'ai nommé *assimilable* pour le distinguer de l'azote gazeux de l'atmosphère que les végétaux n'assimilent pas directement. Ces nouvelles expériences établissent qu'une substance riche en azote assimilable ne fonctionne cependant comme engrais qu'avec le concours des phosphates, et que, si, à la vérité, une plante, sous son influence, prend plus d'extension que lorsqu'elle croît sous l'action unique du phosphate, elle n'atteint jamais cependant un développement normal. Au reste, cette notion de la nécessité des deux agents fertilisants dans un engrais, généralement admise aujourd'hui, a très-heureusement contribué à éloigner la fraude d'un genre de commerce qui intéresse au plus haut degré les populations rurales. Qu'il me soit permis d'ajouter qu'elle a été introduite dans la science, il y a plus de vingt ans, par M. Payen et moi (1). Je n'aurais donc pas jugé nécessaire d'entreprendre de nouvelles recherches pour corroborer une opinion aussi complétement acceptée, si je n'avais eu particulièrement en vue d'apprécier, de mesurer en quelque sorte l'effet utile qu'exercent sur la végétation l'un et l'autre des principes certainement les plus efficaces des fumiers : l'azote engagé dans des combinaisons ou nitrées ou ammoniacales, et l'acide phosphorique constituant des phosphates.

---

(1) PAYEN et BOUSSINGAULT. *Annales de Chimie et de Physique*, série, t. III et VI.

SIXIÈME PARTIE.

NOUVELLES OBSERVATIONS SUR LE DÉVELOPPEMENT DES HÉLIANTHUS
SOUMIS A L'ACTION DU SALPÊTRE DONNÉ COMME ENGRAIS AZOTÉ.

J'ai montré l'influence des nitrates associés aux phosphates sur le développement de l'organisme végétal, et, par conséquent, sur l'assimilation du carbone par les feuilles. Constamment, des hélianthus parvenus à la floraison ont pesé d'autant plus, que la proportion de salpêtre mise dans le sol avait été plus forte.

La précision avec laquelle je suis parvenu à doser l'acide nitrique au moyen de la teinture d'indigo m'a décidé à étendre mes observations afin de déterminer, plus rigoureusement que je ne l'avais fait, le nitrate absorbé par la plante et celui que le sol retient, soit en nature, soit modifié.

Les hélianthus ont été cultivés dans un sable blanc quartzeux à petits grains arrondis, auquel, pour favoriser l'accès de l'air, on avait mêlé de plus gros fragments de quartz. Le sol et le pot en terre cuite avaient été lavés à grande eau pour éliminer entièrement les substances salines, puis calcinés à la chaleur rouge.

Les graines récoltées et analysées en 1857 renfermaient, pour 100, 2.87 d'azote.

HÉLIANTHUS VENUS SOUS L'INFLUENCE DE 0^{gr},08 DE
NITRATE DE POTASSE.

(PREMIÈRE EXPÉRIENCE.)

Le sol était formé de :

Sable quartzeux	400 grammes
Fragments de quartz	100
Phosphate de chaux	1
Nitrate	0,08
Le pot pesait	214
	715,08

La végétation a eu lieu en plein air, à l'abri de la
pluie; le sol a été arrosé avec de l'eau distillée
exempte d'ammoniaque, et contenant environ le $\frac{1}{3}$ de
son volume de gaz acide carbonique.

Le 22 juin, on a planté 2 graines, pesant ensemble
0^{gr},116, devant renfermer 0^{gr},0033 d'azote.

Le 15 juillet, les hélianthus avaient chacun quatre
feuilles formées et deux feuilles naissantes. Les cotylédons étaient flétris.

Le 10 août, les plants ont suivi le développement
ordinaire. Les feuilles les plus anciennes se sont fanées
à mesure qu'il en apparaissait de nouvelles. On n'a
jamais compté plus de quatre feuilles intactes.

Le 20 septembre, les deux hélianthus portaient
23 feuilles; à la partie inférieure elles étaient desсé-
chées. Chaque plant avait une fleur d'un beau jaune,
dont la corolle ne dépassait pas 1 centimètre de diamètre. L'épaisseur des tiges était de 3 millimètres; les
hauteurs 26 et 33 centimètres, *fig.* 16, *Pl. II.*

Les racines étaient parfaitement saines ; on a pu les enlever très-facilement.

Les plants desséchés à l'étuve ont pesé 1^{gr},168.

Dosage de l'azote dans les plantes. — On a opéré sur toute la matière, 1^{gr},168.

Acide sulfurique normal équivalent à azote, 0^{gr},04375.

Titre de l'acide :

	cc
Avant.....	30,6
Après.....	23,6
Différence...	7,0 équivalent à azote.... 0^{gr},0102

Dosage de l'acide nitrique dans le sol et le pot à fleurs. — Le sol et le pot à fleurs pulvérisé ont été desséchés et mis en digestion dans 500 grammes d'eau distillée.

Le liquide est resté incolore et d'une limpidité parfaite.

Premier dosage approximatif. — Opéré sur 2 centimètres cubes de liquide, que l'on a concentré, dans le tube d'essai, jusqu'à réduction à 1 centimètre cube.

18 divisions (1^{cc},8) de teinture sont décolorées par $0^{milligr}$,107 d'acide nitrique.

	div
Avant la réaction, teinture dans la burette.	55,5
Après la réaction	48,5
Teinture amenée au vert de chrome	7,0
Correction pour la teinte verte........	0,3
Teinture décolorée entièrement........	6,7

18^{div} : $0^{milligr}$,107 :: 6^{div},7 : $x = 0^{milligr}$,04 d'acide nitrique dans 2 centimètres cubes. On trouverait ainsi

pour les 500 centimètres cubes de liquide dans lesquels se trouvait la totalité du nitrate resté dans le sol :
acide nitrique, 0^{gr},0100.

Deuxième dosage. — On concentre dans une capsule de porcelaine 100 centimètres cubes du liquide.

Capsule et liquide concentré............	37^{gr},845
Poids de la capsule.................	30,222
Liquide concentré (incolore).....	7,623 ·

On dose sur 3 grammes de ce liquide, directement,
sans distillation sur l'oxyde de manganèse.

La teinture d'indigo employée est d'une force telle,
que 17^{div},2 (1^{cc},72) exigent pour être complétement
décolorés : 0^{milligr},534 d'acide nitrique.

Avant la réaction, teinture dans la burette.	36^{div},3
Après la réaction..................	11,0
Teinture amenée au vert de chrome pâle..	25,3
Correction pour la teinture verte........	0,2
Teinture complétement décolorée........	25,1

17^{div},2 : 0^{milligr},534 :: 25^{div},1 : x = 0,^{milligr},779 dans
3 grammes de liquide concentré.

Dans 7^{gr},623 de liquide concentré, ou dans 100
centimètres cubes de liquide normal : acide nitrique,
1^{milligr},979.

Dans 500 centimètres cubes, contenant tout le nitrate resté dans le sol, acide 0^{gr},00990.

Troisième dosage. — On a distillé le liquide concentré sur du bioxyde de manganèse avec de l'acide
sulfurique. On introduit dans la cornue 3 grammes
des 7^{gr},623 de liquide concentré. 17^{div},1 de teinture
décolorées par 0^{milligr},534 d'acide nitrique.

Avant la réaction, teinture dans la burette. $64,5^{\text{div}}$

Après la réaction. 36,3

Teinture amenée au vert de chrome fort. . 28,2

Correction pour la teinte verte. 0,4

Teinture complétement décolorée. 27,8

$17^{\text{div}},2 : 0^{\text{milligr}},534 :: 27^{\text{div}},8 : x = 0^{\text{milligr}},863$ d'acide nitrique dans 3 grammes de liquide concentré.

Acide nitr. dans 3 gr. de liquide concentré $0,863^{\text{mill.}}$

Correction pour l'erreur constante. 0,017 (1)

Acide nitrique dans 3 grammes 0,846

Dans $7^{\text{gr}},623$ de liquide concentré. 2,1397

Dans la totalité du sol. 0,01069

On a ainsi, pour l'acide nitrique du nitrate de potasse resté dans le sol et le pot à fleurs :

1er dosage approximatif . . . . $0,01000^{\text{gr}}$

2e dosage, sans distillation. 0,00990

3e dosage, avec distillation. 0,01069

Ces résultats sont tous acceptables, et leur accord est la meilleure preuve qu'il n'y avait dans le sol qu'une quantité de matière organique insignifiante, autrement la différence eût été bien plus grande entre les dosages directs et le dosage après la distillation. J'adopterai toutefois comme préférable le résultat du troisième dosage, $0^{\text{gr}},01069$ d'acide nitrique équivalent à azote, $0^{\text{gr}},0028$.

----

(1) C'est le résultat d'une expérience faite à blanc, avec les mêmes quantités d'acide sulfurique et d'oxyde de manganèse employées dans le dosage.

Résumé de l'expérience.

Dans les graines, azote.........	0,0033	azote introduit
Dans 0gr,08 de nitrate ajouté au sol	0,0111	0gr,0144
Dans les plantes, azote.	0,0102	azote
Dans le sol à l'état de nitrate.....	0,0028	trouvé 0gr,0130
	Différence...	0gr,0014

Nitrate absorbé par les plantes et nitrate resté dans le sol. — Les 0gr,01069 d'acide nitrique trouvés dans le sol représentent :

Nitrate de potasse...................	0,0200
Nitrate de potasse introduit..	0,0800
Différence...	0,0600
Dont l'équivalent en azote est..........	0,0083

Si le nitrate exprimé par la différence 0gr,060 eût été absorbé, les hélianthus auraient fixé les 0gr,0083 d'azote appartenant à ce sel; mais il n'en a pas été ainsi. En effet, les plants contenaient :

Azote.................	0,0102
Déduisant l'azote des graines	0,0033
Il reste...	0,0069 pour l'azote acquis

par les hélianthus, et non pas 0gr,0083.

Il doit donc y avoir eu du nitrate que les plantes n'ont pas pris et que cependant l'on n'a pas retrouvé dans le sol. C'est très-probablement ce nitrate, transformé en carbonate de potasse, et dont l'azote n'aura pas été fixé définitivement. J'ai effectivement constaté que l'eau où le sol avait été mis en digestion était faiblement alcaline après avoir été concentrée.

I.   18

On a pris 100 centimètres cubes des 500 centimètres de liquide dans lequel le sol et le pot à fleurs pulvérisé avaient été mis en digestion. Après avoir concentré les 100 centimètres cubes dans un petit ballon,
on y a introduit une pipette d'acide sulfurique normal
saturant 0^{gr},05893 de potasse. Après avoir fait bouillir pour expulser l'acide carbonique, on a titré lorsque la liqueur a été refroidie.

Titre de l'acide :

$$
\begin{aligned}
&\text{Avant.....} \quad 33^{cc},1 \\
&\text{Après.....} \quad 32,2 \\
\hline
&\text{Différence...} \quad 0,8 \text{ équivalent à potasse..} \quad 0^{gr},00142
\end{aligned}
$$

Dans les 500 centimètres cubes de liquide,
    il y aurait eu potasse............... 0^{gr},0071

qui n'ont certainement d'autre origine que le nitrate
modifié dans le sol.

0^{gr},007 d'alcali prendraient 0^{gr},0080 d'acide nitrique pour constituer 0^{gr},015 de nitrate appartenant au
sol , et que l'on doit réunir à celui que l'on y a dosé
directement.

Nitrate de potasse absorbé par les plantes.

Nitrate correspondant à la potasse trouvée dans le sol .	0,0150
Nitrate de potasse dosé directement dans le sol.......	0,0200
Nitrate resté dans le sol.........	0,0350
Nitrate introduit.......	0,0800
Nitrate absorbé par les plantes..................	0,0450
Contenant azote...	0,0062
L'azote fixé par les hélianthus, attribuable au nitrate étant.......	0,0069

on voit que les deux nombres ne diffèrent que de $\frac{7}{10}$
de milligramme.

Assimilation du carbone par les hélianthus. — En
déduisant le poids des graines, $0^{gr},116$, du poids des
plantes sèches, $1^{gr},168$, on a $1^{gr},052$ pour la matière
développée en 89 jours d'une végétation, accomplie
sous l'influence de $0^{gr},045$ de nitrate de potasse absorbé par les hélianthus, et contenant $0^{gr},0062$ d'a-
zote assimilable.

Admettant, d'après des analyses antérieures, 0,40
de carbone dans la matière végétale, les plantes en
auraient fixé $0^{gr},420$, provenant de $1^{gr},544$ d'acide
carbonique ; soit 780 centimètres cubes à 0 degré et
sous la pression barométrique de $0^{m},76$.

Par jour et en moyenne, les hélianthus ont donc
assimilé le carbone de $8^{cc},75$ de gaz acide carbonique.

HÉLIANTHUS VENUS SOUS L'INFLUENCE DE $0^{gr},16$ DE NITRATE DE POTASSE.

(DEUXIÈME EXPÉRIENCE.)

Le sol était formé de :

Sable quartzeux.............	400 grammes
Fragments de quartz........	100
Phosphate de chaux........	1
Nitrate..................	0,16
Le pot à fleurs pesait........	216
	717,16

Le sol a été imbibé et arrosé avec de l'eau distillée
exempte d'ammoniaque, contenant environ le $\frac{1}{3}$ de
son volume de gaz acide carbonique.

La végétation a eu lieu en plein air à l'abri de la
pluie.

18.

Le 22 juin, on a planté deux graines pesant ensemble $0^{gr},116$, devant renfermer $0^{gr},0033$ d'azote.

Le 15 juillet, on a compté quatre feuilles développées, deux feuilles naissantes sur chaque plant. Les cotylédons sont restés verts jusqu'au 19 juillet.

Le 10 août, plusieurs feuilles, les plus anciennes, étaient fanées.

Le 20 septembre, chacun des hélianthus portait une belle fleur d'un jaune foncé, ayant une corolle de 2 centimètres de diamètre. Sur quatorze feuilles que l'on voyait sur les plantes, huit étaient flétries. La plus grande des feuilles avait 4 centimètres de longueur sur 2 centimètres de largeur.

Les hauteurs des tiges étaient 25 et 43 centimètres, *fig. 17, Pl. II.*

Les racines, parfaitement saines, ont été facilement dégagées du sable.

Les plants, desséchés à l'étuve, ont pesé $2^{gr},120$.

Dosage de l'azote dans les plantes. — On a opéré sur la totalité, $2^{gr},120$.

Acide sulfurique normal équivalent à azote, $0^{gr},04375$.

Titre de l'acide :

	cc
Avant........	30,7
Après........	20,3
Différence...	10,4 équivalent à azote. $0^{gr},0148$

Dosage de l'acide nitrique resté dans le sol. — Le sol et le pot à fleurs pulvérisé ont été mis en digestion dans 500 centimètres cubes d'eau distillée. Le liquide est resté limpide et incolore.

Premier dosage. — Opéré sur 5 centimètres cubes de liquide, sans distillation préalable.

18 divisions ($1^{cc},8$) de teinture d'indigo sont décolorées par $0^{milligr},107$ d'acide nitrique.

Avant la réaction, teinture dans la burette.	$109,7$
Après la réaction	$45,5$
Teinture amenée au vert de chrome fort...	$64,2$
Correction pour la teinte verte.	$0,5$
Teinture complétement décolorée.	$63,7$

$18^{div} : 0^{milligr},107 :: 63^{div},7 : x = 0^{milligr},378$ d'acide nitrique dans 5 centimètres cubes du liquide.

On aurait ainsi, pour les 500 centimètres cubes de liquide, acide nitrique, $0^{gr},0378$.

Deuxième dosage. — On a concentré dans une capsule de porcelaine 50 centimètres cubes de liquide.

Capsule et liquide. . . , ...	$36,365$
Poids de la capsule.	$30,222$
Liquide concentré, incolore.	$6,143$

Deux grammes du liquide concentré ont été distillés sur du bioxyde de manganèse avec de l'acide sulfurique, et l'on a dosé l'acide nitrique dans le produit de la distillation.

Employé une teinture d'indigo dont $17^{div},2$ sont décolorées par $0^{milligr},534$ d'acide nitrique.

Avant la réaction, teinture dans la burette..	$47,7$
Après la réaction	$8,9$
Teinture amenée au vert de chrome.	$38,8$
Correction pour la teinte verte.	$0,3$
Teinture décolorée.	$38,5$

$17^{div},2 : 0^{milligr},534 :: 38^{div},5 : x = 1^{milligr},195$ dans 2 grammes du liquide concentré.

Dans les 6^{gr},143 de liquide provenant de la concentration de 50 centimètres cubes de la dissolution, acide nitrique, 0^{gr},00367.

Dans les 500 centimètres cubes de liquide normal, acide nitrique, 0^{gr},0367.

Comme résultat moyen, on a pour l'acide du nitrate resté dans le sol, 0^{gr},03725, équivalent à 0^{gr},0697 de nitrate de potasse, dans lesquels il entre 0^{gr},0097 d'azote.

Résumé de l'expérience.

Dans les graines, azote..........	0,0033	azote introduit
Dans 0^{gr},16 de nitrate ajouté au sol	0,0222	0^{gr},0255
Dans les plantes, azote..........	0,0148	azote
Dans le sol, à l'état de nitrate....	0,0097	trouvé 0^{gr},0245
	Différence...	0^{gr},0010

Nitrate absorbé par les plantes et nitrate resté dans le sol. — Les 0^{gr},0097 d'azote retrouvés dans le sol représentent :

Nitrate de potasse.................	0,0697
Nitrate de potasse mis dans le sol.....	0,1600
Différence...	0,0903
Dont l'équivalent en azote est..........	0,0125

Si le nitrate exprimé par la différence 0^{gr},0903 eût été absorbé, les hélianthus auraient fixé 0^{gr},0125 d'azote; il n'en a pas été tout à fait ainsi, car :

Les plantes contenaient, azote........	0,0148
Les graines.....................	0,0033
Il reste...	0,0115 pour

l'azote attribuable au nitrate absorbé.

Comme dans la première expérience, il y a eu du

nitrate qui n'a pas pénétré dans les plantes, et que cependant l'on n'a pas retrouvé dans le sol. C'est le nitrate dont la potasse, passée à l'état de carbonate, a donné une très-faible réaction alcaline aux matériaux du sol.

Dosage de la potasse dans le sol. — 100 centimètres cubes, le $\frac{1}{5}$ du liquide dans lequel le sol et le pot à fleurs pulvérisé avaient été mis en digestion, ont été concentrés dans un ballon. Après avoir ajouté une pipette d'acide sulfurique capable de neutraliser $0^{gr},05893$ de potasse, on a fait bouillir pour chasser l'acide carbonique et l'on a titré dès que la liqueur a été froide.

Titre de l'acide :

Avant....... $33,^{cc}20$
Après .... $33,05$

Différence... $0,15$ équivalent à potasse $0^{gr},000267$

Le dosage indiquerait, dans les 500 centimètres cubes de liquide, ou dans la totalité du sol : potasse, $0^{gr},0013$, prenant $0^{gr},0015$ d'acide pour constituer $0^{gr},0028$ de nitrate que l'on doit réunir à celui du sol.

Nitrate de potasse absorbé par les plantes.

Nitrate correspondant à la potasse trouvée dans le sol..	$0,0028$
Nitrate dosé dans le sol......................	$0,0697$
Nitrate resté dans le sol......................	$0,0725$
Nitrate introduit...........................	$0,1600$
Nitrate absorbé par les plantes.................	$0,0875$
Dont l'équivalent en azote est.................	$0,0121$
L'azote fixé par les plantes, attribuable au nitrate étant.	$0,0115$

Les deux nombres ne diffèrent que de $\frac{6}{10}$ de milligramme.

Dans les deux expériences, on a retrouvé dans les plantes et dans le sol la presque totalité de l'azote que l'on avait introduit avec les graines et avec le nitrate de potasse donné comme engrais.

Assimilation du carbone par les hélianthus. — En 89 jours de végétation, la matière organisée sous l'influence de $0^{gr},0875$ de nitrate absorbé par la potasse, a pesé sèche, $2^{gr},104$, dans lesquels il entrait $0^{gr},848$ de carbone dérivant de $3^{gr},109$ d'acide carbonique, soit en en volume, à la température de 0 degré et pression barométrique $0^m,76$, 1566 centimètres cubes.

Chaque jour, en moyenne, les hélianthus ont assimilé le carbone de $17^{cc},6$ de gaz acide carbonique.

Le tableau suivant, où sont réunis les résultats obtenus dans les deux expériences, montre que, dans cette circonstance, l'assimilation du carbone a été, à peu de chose près, proportionnelle à l'azote du nitrate qui est réellement intervenu dans la végétation.

	NITRATE introduit dans le sol.	NITRATE absorbé par les plantes.	AZOTE contenu dans le nitrate absorbé.	ACIDE carbonique décomposé par jour.	POIDS des plantes sèches, le poids des graines étant 1.
	gr	gr	gr	cc	
1ʳᵉ expérience..	0,08	0,045	0,0062	8,7	10,1
2ᵉ expérience...	0,16	0,087	0,0121	17,6	18,3

Ces recherches mettent hors de doute, ce me semble, que la modification subie dans le sol par le nitrate, sa transformation en carbonate de potasse, est due à une cause purement accidentelle, à une action réductrice exercée par la matière végétale morte. Ainsi, dans la deuxième expérience, cette modification s'est accomplie sur 1 milligramme d'acide nitrique seulement, et elle eût vraisemblablement passé inaperçue, si je n'avais disposé d'un procédé d'analyse aussi délicat, et je ne crains pas d'ajouter d'une exécution aussi facile.

C'est à l'excellent état des plantes pendant les 89 jours de végétation qu'il faut attribuer ce résultat. J'ai déjà dit que l'eau employée au lessivage du sol était restée limpide; par l'évaporation elle ne s'est pas colorée, elle n'a pas pris cette teinte fauve que détermine toujours la présence des acides bruns, et le nitrate de potasse qu'elle a laissé et que l'on a recueilli pour contrôler les dosages de l'acide nitrique était en cristaux incolores parfaitement caractérisés.

DE LA TERRE VÉGÉTALE

CONSIDÉRÉE DANS SES EFFETS SUR LA VÉGÉTATION.

PREMIÈRE PARTIE.

EXPÉRIENCES FAITES EN 1858.

A une époque qui n'est pas encore très-éloignée, on croyait à une étroite connexité entre la composition et la qualité du sol arable. De nombreuses analyses vinrent bientôt modifier cette opinion dans ce qu'elle avait de trop absolu. Un physicien d'une grande sagacité, Schübler, chercha même à prouver, dans un travail devenu classique, que la fertilité d'une terre dépend bien plus de ses propriétés physiques, de son état d'agrégation, de son aptitude à l'imbibition, etc., que de sa constitution chimique.

Ce qui caractérise le sol cultivable, dont le fond consiste nécessairement en substances minérales désagrégées, c'est la présence de débris organiques plus ou moins modifiés, tels que l'humus et le terreau. La terre végétale proprement dite résulte de cette association; quant à sa nature intime, je ne crains pas d'affirmer que, malgré son apparente simplicité,

nous ne la connaissons encore que très-imparfaite-
ment. Je ne veux en apporter ici d'autre preuve que
cette faculté absorbante que le sol exerce sur l'ammoniaque, sur la chaux, sur la potasse, sur les sels
de ces diverses bases, actions aussi mystérieuses
qu'imprévues, dont nous devons la connaissance à
MM. Tompson et Way.

Toutefois, les recherches que je vais exposer n'ont
pas exigé que j'entrasse dans la voie nouvelle si heureusement ouverte par l'habile chimiste de la Société
royale d'Agriculture d'Angleterre. Je me suis uniquement proposé d'étudier une terre végétale éminemment fertile dans ses effets sur la végétation.

Les propriétés physiques, selon moi, ne permettent
pas plus que la composition chimique de prononcer
sur le degré de fertilité de la terre; pour statuer avec
quelque certitude, il est indispensable de recourir à
l'observation directe; il faut cultiver une plante dans
le sol, et constater avec quelle vigueur elle s'y développe; l'analyse du végétal intervient ensuite utilement pour signaler la qualité et la quantité des éléments assimilés.

Les résultats auxquels je suis arrivé en procédant
ainsi sont des plus singuliers et bien différents de
ceux que j'attendais. Ils établissent de la manière la
plus nette que l'on ne doit en aucune façon considérer la matière d'origine organique dont la terre est
pourvue comme la mesure des principes fertilisants
actuellement assimilables; ils conduisent même à une
conclusion que l'on taxerait d'absurde si on l'adop-
tait sans un plus ample examen, puisqu'on l'énonce-
rait en disant qu'une terre dont la fertilité ne saurait

être contestée, peut être impropre à la culture productive.

La méthode suivie dans ces recherches rentre
complétement dans celle que j'ai imaginée il y a déjà
bien des années et que les physiologistes appellent
aujourd'hui la *méthode indirecte* : elle consiste, quand
il s'agit d'une plante, à comparer la composition de
la semence à la composition de la récolte; et quand
il s'agit d'un animal, la composition des déjections et
des sécrétions rendues à la composition des aliments
consommés.

*Examen de la terre végétale employée dans les
expériences.* — La terre avait été prise dans le potager du Liebfrauenberg; sa base est un sable siliceux dérivé du grès bigarré et du grès des Vosges;
elle constitue un sol léger cultivé depuis plusieurs
siècles, comme l'atteste une date de 1384 inscrite sur
la tour du vieux monastère.

Afin de l'obtenir aussi homogène que possible,
sans recourir à la porphyrisation, qui en aurait
changé les conditions physiques, la terre, enlevée à
1 décimètre de profondeur, a été d'abord intimement
mêlée, desséchée à l'air, puis passée par un crible en
toile métallique portant 120 mailles par centimètre
carré, pour en séparer les cailloux, les pailles non
brisées apportées avec le fumier.

La terre du potager, lorsqu'elle est sèche, est d'un
gris clair, presque noire quand elle est mouillée. A
l'aide d'une loupe, on y distingue des grains de sable
d'un blanc sale, c'est l'élément dominant; des débris
de végétaux, particulièrement des fibrilles de racines,

puis une substance noire, en fragments irréguliers, anguleux, doués d'un certain éclat, fragiles, donnant une poussière brune soluble dans la potasse, dans l'ammoniaque, en colorant en brun foncé les solutions alcalines.

Un décimètre cube de terre sèche et tassée a pesé 1^{kil},300.

Cent grammes de cette terre, après une complète imbibition, ont retenu 42 grammes d'eau, tandis que 100 grammes de sable siliceux n'en ont gardé que 25 grammes.

On voit par là combien la faculté absorbante est plus prononcée dans la terre végétale, quoique cependant le sable siliceux y entre pour une très-forte quantité.

Dosage de l'azote dans la terre végétale. — La terre séchée et passée au crible a été conservée dans un flacon bouché à l'émeri. Après avoir été ·intimement mêlée, on en a dosé l'azote par la chaux sodée, en opérant avec des tubes de verre de Bohème de grandes dimensions.

Le *balayage*, pratiqué pour expulser des appareils les dernières traces de l'ammoniaque formée, a été effectué, comme à l'ordinaire, par la décomposition d'un poids connu d'acide oxalique dont on avait déterminé la teneur en azote (1).

---

(1) *Dosage de l'azote dans l'acide oxalique* PURIFIÉ *dont on a fait usage pur balayer les tubes, dans toutes les analyses.* — 200 grammes d'acide oxalique ont été broyés et conservés dans un flacon. Pour éviter les pesées, on a fait usage d'une petite mesure en verre conte-

Une pipette (10^{cc}) de l'acide normal dont on a fait usage pour doser l'ammoniaque équivalait à azote $0^{gr},04375$.

I. Terre séchée à l'air, 10 grammes; 1 mesure d'acide oxalique.

Titre de l'acide :

Avant......... $30,6^{cc}$
Après......... $12,1$

Différence... $18,5$ équivalent à azote. $0^{gr},02645$
Correction pour l'acide oxalique........ .. $0^{gr},00013$

Azote dosé... $0^{gr},02632$

II. Acide normal (20^{cc}) équivalent à azote, $0^{gr},0875$.

Terre sèche, 20 grammes; 2 mesures d'acide oxalique.

Titre de l'acide :

Avant......... $61,2^{cc}$
Après .... $24,6$

Différence... $36,6$ équivalent à azote $0^{gr},05233$
Correction pour l'acide oxalique......... $0^{gr},00026$

Azote dosé... $0^{gr},05207$

---

nant 2 grammes d'acide en poudre. On a opéré sur deux mesures (4 grammes) d'acide oxalique. L'une des mesures a été mêlée à la chaux sodée, l'autre placée à l'extrémité pour opérer le *balayage*.

Acide sulfurique normal équivalent à azote, $0^{gr}.0175$.

Titre de l'acide :

Avant. ..... $32,2^{cc}$
Après. ..... $31,7$

Différence... $0,5$ équivalent à azote $0^{gr},00027$
Pour 1 mesure d'acide oxalique $0^{gr},00013$

III. Terre, 10 grammes; 1 mesure d'acide oxalique.

Acide normal, 1 pipette équiv. à azote, 0^{gr},04375.

Titre de l'acide :

Avant........ 30,60^{cc}
Après........ 12,55

Différence... 18,05 équivalent à azote   0^{gr},02581
Correction pour l'acide oxalique........   0^{gr},00013

Azote dosé...   0^{gr},02568

IV. Terre, 10 grammes; 1 mesure d'acide oxalique.

Acide normal équivalent à azote, 0^{gr},04375.

Titre de l'acide :

Avant........ 30,6^{cc}
Après 12,7

Différence... 17,9 équivalent à azote   0^{gr},02560
Correction.....................   0^{gr},00013

Azote dosé...   0^{gr},02547

V. Terre, 10 grammes; 1 mesure d'acide oxalique.

Acide normal équivalent à azote, 0^{gr},04375.

Titre de l'acide :

Avant........ 30,6^{cc}
Après........ 12,3

Différence.... 18,3 équivalent à azote.   0^{gr},02620
Correction ....   0^{gr},00013

Azote dosé. .   0^{gr},02607

VI. Terre, 5 grammes; 1 mesure d'acide oxalique.
Acide normal équivalent à azote, 0^{gr},04375.

Titre de l'acide :

Avant......... 30,7
Après......... 21,1
Différence... 9,6 équivalent à azote   0^{gr},01368
Correction ....   0^{gr},00013
Azote dosé... 0^{gr},01355

VII. Terre, 5 grammes; 1 mesure d'acide oxalique.
Acide normal équivalent à azote, 0^{gr},04375.
Titre de l'acide :

Avant......... 31,65
Après......... 22,10
Différence... 9,55 équivalent à azote   0^{gr},01320
Correction..... ....   0^{gr},00013
Azote dosé... 0^{gr},01307

Résumé des dosages.

	Terre gr	Azote gr
I.	10	0,0263
II.	20	0,0521
III.	10	0,0257
IV.	10	0,0255
V.	10	0,0261
VI.	5	0,0136
VII.	5	0,0131
	70	0,1824

70 grammes de terre ont donné azote, 0^{gr},1824; pour 100,
0,261.

Sous le rapport des matières azotées, la terre du
Liebfrauenberg est certainement d'une grande richesse, puisque chaque kilogramme renferme 2^{gr},61
d'azote.

Si l'on considère que le litre de terre sèche pèse

I.   19

1^{kil},3oo, que la profondeur moyenne du sol est de 33 centimètres, l'hectare contiendrait 11310 kilogrammes d'azote, représentant 13734 kilogrammes d'ammoniaque. Il est hors de doute, comme on le verra bientôt, que la plus grande partie de cet azote n'est pas engagée dans une combinaison ammoniacale; l'examen microscopique en indique d'ailleurs l'origine; il appartient surtout aux détritus organiques et particulièrement à la substance noire que j'ai signalée. A la vérité, dans l'analyse des 70 grammes de terre, on a bien réellement dosé o^{gr},121 d'ammoniaque en nature équivalent à o^{gr},182 d'azote, mais cette ammoniaque, pour la presque totalité, ne préexistait pas dans le sol; elle est résultée de l'action de la chaux sodée sur les substances azotées; elle a été produite et non pas déplacée.

En rappelant ces faits, je viens d'exposer les raisons qui autrefois m'ont porté à critiquer le mode d'évaluation de l'ammoniaque d'un terrain par le dosage de l'azote (1). Le principal argument que je faisais valoir alors n'a pas perdu de sa force, en tant du moins qu'il s'agit du procédé, et c'est qu'un sol dans lequel il entrerait des débris de schistes carburés, de tourbe comme celui de certaines houblonnières de la plaine de Haguenau, pourrait être fort riche en azote, en contenir par hectare 30000 kilogrammes et davantage, mais par cela même que cet azote serait engagé dans des combinaisons stables, exiger néanmoins, pour être productif, d'abondantes et fréquentes *fumures*.

---

(1) BOUSSINGAULT. *Économie rurale*, t. II, p. 77.

Dans la circonstance actuelle, je reconnais que cet argument a diminué de valeur. Primitivement la terre du Liebfrauenberg a été du sable provenant de la désagrégation du grès; la fécondité acquise est la conséquence d'une culture intense non interrompue pendant une longue suite d'années. La matière organique qui s'y trouve accumulée dérive principalement des engrais qu'on n'a cessé d'y introduire, des résidus laissés par les récoltes. La localité, par sa situation élevée, par sa constitution géologique, ne laisse pas supposer un seul instant qu'il y ait eu intervention de roches carburées ou de débris tourbeux, et, s'il n'est pas justifiable de traduire en ammoniaque la proportion d'azote trouvée par l'analyse, on est du moins suffisamment autorisé à voir dans cet azote le représentant des substances d'origine organique que tout porte à considérer comme capables d'agir favorablement sur le développement des plantes.

Dosage de l'ammoniaque dans la terre du potager. — La terre sèche a été introduite dans le ballon de l'appareil dont je me sers pour doser l'ammoniaque dans la pluie; on l'a délayée avec de l'eau distillée additionnée d'une quantité de potasse pure suffisante pour décomposer les sels ammoniacaux et retenir l'acide carbonique. 5o grammes de terre ayant été délayés dans 4oo centimètres cubes d'eau renfermant 1 centimètre cube d'une dissolution de potasse (1),

---

(1) 4oo centimètres cubes d'eau alcalisée ne contenaient pas plus de 0^{gr},1 de potasse sèche. Depuis j'ai remplacé la potasse par la magnésie dans le dosage de l'ammoniaque de la terre végétale.

on a procédé à la distillation. On a retiré 100 centimètres cubes de liquide, le $\frac{1}{4}$ du volume d'eau ajouté.
L'ammoniaque a été dosée par de l'acide normal
titré.

L'acide normal employé saturait 0^{gr},010625 d'ammoniaque.

Titre de l'acide :

	cc
Avant.....	30,8
Après.....	27,6
Différence...	3,2 équivalent à 0^{gr},0011 d'alcali.

Pour 100 grammes de terre sèche, ammoniaque
0^{gr},0022, proportion bien faible, puisqu'elle s'exprime
par 22 millionièmes.

L'hectare de terre végétale sèche devant peser,
comme nous l'avons admis, 43330 quintaux, ne contiendrait pas au delà de 95 kilogrammes d'ammoniaque. Il y a loin de ce nombre aux 13734 kilogrammes auxquels on arrive par le dosage de l'azote, en
supposant que la totalité de cet azote constitue de
l'ammoniaque.

Il s'est élevé un scrupule dans mon esprit sur cette
faible proportion d'ammoniaque fournie par un sol
aussi fertile que celui du Liebfrauenberg. Je me suis
demandé si, pendant la dessiccation à l'air, pendant
l'exposition au soleil, la plus grande partie de l'ammoniaque ne s'était pas dissipée, puisque, ainsi que
je l'ai reconnu autrefois, une terre humide, quand
elle renferme des carbonates alcalins ou terreux,
laisse échapper à l'état de carbonate volatil, pendant
toute la durée de sa dessiccation, une partie notable

de l'ammoniaque des sels fixes qu'elle renferme. En conséquence, je me suis décidé à doser l'ammoniaque dans de la terre non desséchée. L'échantillon a été pris dans la même plate-bande d'où la terre avait été enlevée le 15 juin à la même profondeur, à un décimètre de la surface. On était alors au 7 septembre, la sécheresse avait été prolongée ; le sol était moite et loin d'être complétement imbibé : aussi fut-il facile de le passer au crible pour en séparer les cailloux et les pailles.

I. 50 grammes de terre humide ont été traités dans l'appareil après avoir été délayés dans 300 centimètres cubes d'eau et reçu 1 centimètre cube de la dissolution de potasse.

Par la distillation on a retiré 100 centimètres cubes de liquide dans lesquels on a dosé l'alcali.

L'acide sulfurique employé saturait 0^{gr},01062 d'ammoniaque.

Titre de l'acide :

Avant..... 30,8
Après..... 29,4

Différence... 1,4 équivalent à ammoniaque 0^{gr},000485
Dans 100 grammes de terre non desséchée.. 0^{gr},00097
1 cent-millième.

II. 50 grammes de la même terre avaient été placés à l'étuve, après une dessiccation qui sans doute n'a pas été absolue, mais qui avait été certainement poussée plus loin que celle que l'on atteint à l'air ; la terre a pesé 45 grammes, ayant perdu 5 grammes d'eau.

Les 0^{gr},000485 d'ammoniaque dosés précédemment se rapportent donc à 45 grammes de terre sèche ;

avec cette correction, 100 grammes de terre séchée, prise le 7 septembre, contenaient $0^{gr},0011$ d'ammoniaque.

J'ai donc dosé l'ammoniaque dans les 45 grammes de terre desséchée, pour constater ce qu'il y avait eu de perdu pendant la dessiccation à l'étuve.

La terre a été introduite dans l'appareil avec 3oo centimètres cubes d'eau et 1 centimètre cube de dissolution de potasse. On a retiré par la distillation 100 centimètres cubes de liquide, dans lequel on a dosé l'alcali.

L'acide sulfurique employé saturait $0^{gr},010625$ d'ammoniaque.

Avant.....	$3o,8^{cc}$
Après......	$29,3$
Différence...	$1,5$ équivalent à ammoniaque $0^{gr},0005$
Dans 100 grammes..................	$0^{gr},0010$

Il n'y avait donc pas eu de perte sensible pendant la dessiccation.

D'après ces dosages, le 7 septembre, il y aurait eu moitié moins d'ammoniaque dans la terre du Liebfrauenberg qu'il n'y en avait le 15 juin, 47 kilogrammes par hectare.

Dosage de l'acide nitrique dans la terre du potager. — J'ai eu plusieurs fois l'occasion de reconnaître combien la proportion des nitrates est variable dans la terre du Liebfrauenberg, mais l'acide nitrique était un élément qu'il importait de doser, puisque son azote agit avec autant d'efficacité sur la végétation que l'azote de l'ammoniaque. On a mis 5o grammes de la terre sèche, que l'on conservait pour les expériences, à digérer dans 40 centimètres cubes d'eau distillée ; après, on a jeté sur le filtre.

Quatre centimètres cubes de la liqueur filtrée, d'un jaune assez prononcé, ont été distillés sur 1 gramme de manganèse avec 1 centimètre cube d'acide sulfurique.

Par la distillation et le lavage on a obtenu une liqueur dans laquelle on a dosé l'acide nitrique par l'indigo, après l'avoir préalablement traitée par quelques gouttes d'ammoniaque pur, pour détruire des traces de chlore dues aux chlorures que le sol renferme.

18 divisions de teinture étant décolorées par $0^{milligr},107$ d'acide nitrique, le liquide distillé provenant de 4 centimètres cubes de la dissolution en a décoloré $2^{divis},8$, d'où,

$$18 : 0^{milligr},107 :: 2,8 : x = 0^{milligr},017.$$

Dans les 40 centimètres cubes de la dissolution comprenant la totalité des nitrates des 50 grammes de terre, il y avait, par conséquent :

	milligr
Acide nitrique....................	0,17
Dans 100 grammes de terre sèche.....	0,34

C'est une dose bien faible, puisqu'elle représente au plus l'équivalent de $8^{gr},3$ de nitrate de potasse par mètre cube, 28 kilogrammes par hectare, tandis qu'il y a eu telle circonstance où j'en ai trouvé plus de 800 grammes par mètre cube.

J'ai été curieux de rechercher si dans la même terre prise à la même place, le 7 septembre, il y aurait plus d'acide nitrique.

5o grammes de terre humide, représentant 45 grammes de terre sèche, ont été mis en digestion dans 4o centimètres cubes d'eau distillée, après on a filtré; la liqueur était d'un jaune serin très-pâle.

Quatre centimètres cubes de la liqueur filtrée ont été distillés comme précédemment. Le produit de la distillation a décoloré $69^{divis},9$ de la teinture d'indigo, dont 18 divisions étaient décolorées par $0^{milligr},107$ d'acide nitrique, d'où

$$18:0,107::69,9:x = 0^{milligr},42.$$

Les 4o centimètres cubes de la dissolution renfermant les nitrates des 5o grammes de terre humide, ou des 45 grammes de terre sèche, contenaient donc $0^{gr},0042$ d'acide nitrique. On a, pour 100 grammes de terre sèche prise le 7 septembre, $0^{gr},0093$ d'acide équivalent à $0^{gr},0175$ de nitrate de potasse, soit $227^{gr},5$ par mètre cube, ou 758 kilogrammes par hectare.

On voit que, du 15 juin au 7 septembre, la nitrification avait fait des progrès dans la terre du Liebfrauenberg.

Le 15 juin, un mètre cube terre sèche contenait :

Équivalent de nitrate de potasse $8^{gr},3 =$ azote assimilable $1^{gr},15$

Le 7 septembre,

Équivalent de nitrate de potasse $227^{gr},5$		$31^{gr},49$
Différence... $219,2$		$30,34$

On remarquera que, relativement à l'ammoniaque, c'est le contraire qui a lieu.

Le 15 juin, dans un mètre cube de terre sèche, il y avait :

Ammoniaque............... 28,6

Le 7 septembre,

Ammoniaque............... 14,3

Différence ... 14,3

Dosage du carbone dans la terre du Liebfrauen-
berg. — Dans la terre prise en juin, l'azote qui n'était
pas engagé dans les faibles proportions d'ammoniaque et d'acide nitrique que l'on avait trouvées, faisait
évidemment partie de matières organiques dans lesquelles il entre nécessairement du carbone. Il y avait
donc un certain intérêt à doser ce dernier corps.

Le carbone a été dosé en le transformant en acide
carbonique par un ingénieux procédé que l'on doit à
M. Brunner, et qui consiste à brûler les matières végétales en les soumettant à l'action combinée de l'a-
cide sulfurique et du bichromate de potasse; l'acide
carbonique produit est condensé dans un appareil à
potasse. Ce procédé a l'avantage de donner la totalité
de l'acide produit, même en présence des alcalis qui
peuvent être unis aux substances organiques dont on
opère la combustion. Il est vrai que, dans la circonstance actuelle, il devait donner aussi l'acide carbonique des carbonates mélangés à la terre, mais il est
facile de doser séparément cet acide par une expérience préalable; il n'y a plus alors qu'à le retrancher
de l'acide carbonique condensé dans l'appareil à potasse pour obtenir le carbone de la matière organique
brûlée. Je n'ai pas cru devoir faire cette détermination préliminaire, d'abord parce que la terre examinée
ne contenait que fort peu de carbonate, et qu'ensuite

le léger excès de carbone que cette négligence devait apporter dans les résultats ne pouvait exercer aucune influence sur les conclusions que l'on aurait à tirer des analyses.

Sept grammes de la terre employée dans les expériences ont été soumis à la réaction de :

Bichromate de potasse. 10^{gr}
Acide sulfurique...... 10 centimètres cubes
Eau 10

Par double pesée.

Tubes à potasse :

Avant........ $10,000$
Après........ $\underline{9,377}$
Acide carbonique $0,623 =$ carbone..... $0^{gr},170$

Pour 100 de terre sèche, carbone, $2^{gr},43$.

Les précédentes recherches établissent donc que, dans 100 grammes de la terre végétale du Liebfrauenberg, préparée et réservée pour les expériences, il y avait :

Carbone.... $2,430$
Azote...... $0,261$

Ammoniaque $0,0022$ contenant azote... $0,00181$
Ac. nitrique. $0,00034$ $\underline{0,00009}$
 $0,00290$

LUPIN CULTIVÉ, DANS LA TERRE VÉGÉTALE,
EN ATMOSPHÈRE CONFINÉE.

(PREMIÈRE EXPÉRIENCE.)

Dosage de l'azote dans la graine. — I. Une graine

pesant 0^{gr},405 a été soumise au dosage par la chaux sodée.

L'acide sulfurique équivalait à azote, 0^{gr},04375.

Titre de l'acide :

Avant........ 30,6^{cc}
Après........ 16,6

Différence... 14,0 équivalent à azote. 0^{gr},0200 (1)

II. Une graine pesant 0^{gr},407. Même acide normal.

Titre de l'acide :

Avant........ 30,6^{cc}
Après........ 15,8

Différence... 14,8 équivalent à azote 0^{gr},00212

Pour 100 de graine, azote, 5,1.

Ces graines avaient été récoltées en 1857. On les avait pesées en même temps que les graines mises en expérience.

Dans un ballon de verre de 100 litres de capacité, que l'on pouvait fermer avec un autre ballon d'une contenance de 2 litres, on a disposé en talus sur le fond plat un sol ainsi constitué :

Terre végétale sèche............ 130 grammes (2)
Sable quartzeux, lavé et calciné.... 1000
Gros fragments de quartz........ 500
Cendres de foin.............. 0,2

---

(1) On a employé 1 mesure d'acide oxalique, mais comme on emploiera la même quantité d'acide lors du dosage de la récolte, il n'est pas nécessaire d'appliquer la correction, d'ailleurs insignifiante, relative à l'impureté de l'acide oxalique.

(2) Cet appareil est décrit dans la 1re partie des *Recherches sur la végétation*, fig. 2, Pl. I.

Le sable et la terre avaient été bien mêlés, on a versé le mélange sur les fragments de quartz. Le sol a été humecté avec de l'eau distillée exempte d'ammoniaque.

Le 29 juin 1858, on a planté une graine de lupin pesant 0^{gr},400.

Lorsque la germination a été achevée, on a remplacé le bouchon qui fermait l'appareil, par le ballon dans lequel il y avait 2 litres de gaz acide carbonique. Les cols des deux vases ont été solidement fixés, de manière à intercepter toute communication avec l'air extérieur.

Le 15 juillet, il y avait 3 feuilles développées, une feuille naissante. Les cotylédons étaient d'un vert foncé, comme les feuilles.

Le 10 août, belle végétation. On comptait 10 feuilles développées. Les cotylédons étaient encore verts.

Le 31 août, les cotylédons étaient décolorés; l'ensemble de la plante paraissait moins vigoureux que le 10 août.

Le 9 septembre. Depuis que les cotylédons étaient décolorés, les pétioles penchaient. Plusieurs feuilles avaient perdu leur couleur, les autres étaient d'un vert pâle. L'état de la plante semblait indiquer une insuffisance de matières fertilisantes dans le sol. On a terminé l'expérience.

La hauteur du lupin était de 22 centimètres. Les folioles, on en comptait sept sur plusieurs feuilles, avaient 31 millimètres de longueur sur 16 dans la plus grande largeur; la tige, 4 millimètres de diamètre; les pétioles, 10 à 13 centimètres de longueur. Le lupin portait 12 feuilles, dont quelques-unes décolorées et fanées. On n'a pas remarqué de moisissures dans le ballon, mais une odeur de moisi.

La plante, y compris les racines retirées du sol et bien débarrassées de la terre adhérente, a pesé, après dessiccation à l'étuve, 1^{gr},337.

Dosage de l'azote dans la plante. — Opéré sur la totalité de la matière, 1^{gr},337.

Acide sulfurique normal équivalent à azote, 0^{gr},0437.5.

Titre de l'acide :

Avant........	30,6^{cc}	
Après........	13,4	
Différence...	17,2 équivalent à azote	0^{gr},0246
Dans la graine plantée il devait y avoir, azote..............................		0^{gr},0204
On a pour l'azote acquis par la plante en 70 jours de végétation, azote........		0^{gr},0042

Le poids de la matière organique développée pendant la culture indique d'ailleurs, comme l'analyse, que les principes fertilisants du sol sont à peine intervenus. En effet, la récolte n'a pesé que 3 fois $\frac{1}{3}$ autant que la semence. C'est à peu près ce qui arrive quand un lupin a crû dans un terrain stérile, dans du sable, dans de la brique calcinée.

J'avais tout lieu d'être étonné de ce résultat, puisque dans les 130 grammes de terre végétale mêlés au sable il entrait 0^{gr},34 d'azote, c'est-à-dire ce qu'il y en a dans 2^{gr},45 de nitrate de potasse, ou dans 0^{gr},41 d'ammoniaque. Or il est certain qu'à de semblables doses l'une ou l'autre de ces substances aurait déterminé

une production végétale dont le poids aurait été bien
supérieur à 1^{gr},337.

*Dosage de l'azote dans le sol où le lupin s'était dé-
veloppé dans une atmosphère confinée.* — Après avoir
enlevé les fragments de quartz, le sol a été desséché à
l'étuve, en ne poussant pas la température au delà de
60 degrés. Après l'avoir intimement mêlé, on l'a mis
dans un flacon; il pesait alors. . . . . . 1123^{gr},3

D'après les matières que l'on avait réu-
nies il aurait dû peser. . . . . 1130^{gr},2
$$\overline{}$$
La différence. . . 6^{gr},9

je l'attribue à ce que, à l'étuve, la terre a perdu de
l'eau qu'elle contenait encore après avoir été séchée
à l'air.

I. 112^{gr},33, le $\frac{1}{10}$ de la totalité de la terre, ont été
mélangés avec volume égal de chaux sodée. Le mé-
lange a été introduit dans un grand tube de verre de
Bohême, à l'extrémité fermée duquel on avait placé
une mesure d'acide oxalique pour effectuer le *balayage.*

L'acide sulfurique normal employé saturait une
quantité d'ammoniaque équivalente à 0^{gr},04375.

Titre de l'acide :

Avant. . . . . 30,7^{cc}
Après. 2,2
$$\overline{}$$
Différence. . . 28,5 équivalent à azote. . . . 0^{gr},04061
Correction pour l'acide oxalique. . . . . 0^{gr},00013
$$\overline{}$$
Azote dosé. . . 0^{gr},04048

II. 112^{gr},33 de terre, sur lesquels on a fait un second dosage, ont donné :

Titre de l'acide :

Avant..... $30,7$ cc

Après..... $2,0$

Différence... $28,7$ équivalent à azote.... $0^{gr},04090$

Correction pour l'acide oxalique......... $0^{gr},00013$

Azote dosé... $0^{gr},04077$

I. Dans le premier dixième, azote... $0^{gr},04048$

II. Dans le second dixième. .... $0,04077$

Dans le cinquième de la terre.... $0,08125$

Dans la totalité...... .... $0,40625$

Le sol où la végétation avait eu lieu renfermait 130 grammes de la terre du potager du Liebfrauenberg, dans lesquels, d'après les analyses, il devait y avoir :

Azote............................ $0,3393$ gr

Après la végétation le sol renfermait, azote.. $0,4065$

Différence en plus... $0,0672$

Azote acquis par la plante.............. $0,0042$

$0,0714$

L'azote en excès trouvé dans le sol ne saurait être attribué à des débris de plante restés inaperçus dans le sol. Les fibrilles de racines avaient été enlevées avec le plus grand soin. Rien, dans tous les cas, ne doit faire présumer qu'il soit resté une quantité de matière organisée assez forte pour qu'il entrât $0^{gr},067$ d'azote dans sa constitution, c'est-à-dire une proportion d'azote qui représenterait $3^{gr},67$ de plante sèche, soit 14 à 15 grammes de la plante verte. Une telle supposition serait inadmissible.

Ainsi, dans cette expérience, c'est le sol et non pas

la plante qui avait fixé de l'azote. Un tel résultat ne saurait être admis qu'autant qu'il serait confirmé par de nouvelles recherches.

LUPIN CULTIVÉ DANS DE LA TERRE VÉGÉTALE, EN PLEIN AIR.

(DEUXIÈME EXPÉRIENCE.)

Le sol a été préparé avec

Terre végétale sèche......................	130 grammes
Sable de quartz lavé et calciné...........	200
Fragments de quartz.................	300
Cendres de foin.......................	0,1
Pot à fleurs en terre cuite, lavé et calciné...	218
	848,1

Le sol a été imbibé et entretenu humide avec de l'eau distillée exempte d'ammoniaque. Le pot était placé sur un support en cristal.

Le 29 juin 1858, on a planté une graine de lupin pesant $0^{gr},400$.

Le 15 juillet, il y avait trois feuilles développées, une feuille naissante, les cotylédons étaient d'un vert foncé.

Le 10 août, les cotylédons étaient décolorés, flétris; déjà trois feuilles sont tombées. Les feuilles supérieures étaient très-saines, et l'on apercevait de nouvelles pousses.

Malgré les 130 grammes de terre végétale, tout s'est passé exactement comme si le sol eût été rendu stérile par une calcination préalable; l'affaiblissement gra-

duel de la vigueur de la plante a commencé avec l'é-
puisement des cotylédons.

9 septembre. Depuis le 10 août, le dépérissement
est devenu de plus en plus manifeste ; les feuilles
situées à la partie inférieure se flétrissaient, et de nouvelles feuilles surgissaient au sommet de la plante, qui
en portait alors sept parfaitement formées, mais assez
pâles. Les folioles avaient 17 millimètres de longueur
sur 10 millimètres de largeur. La plante avait eu
16 feuilles dans le cours de la végétation ; sa hauteur
était de 18 centimètres lorsqu'on l'a enlevée.

Le lupin desséché à l'étuve a pesé, avec les débris
de racines retirés de la terre, 1^{gr},548, à peu près quatre
fois autant que la semence.

Dosage de l'azote dans la plante. — Opéré sur la
totalité, 1^{gr},548.

Acide sulfurique normal équivalent à azote,
0^{gr},04375.

Titre de l'acide :

Avant........ 30,6^{cr}
Après........ 13,0
  Différence... 17,6 équivalent à azote. 0^{gr},0251
  Dans la graine plantée il devait y avoir, azote 0^{gr},0204
  On a, pour l'azote acquis par la plante en
    70 jours de végétation.............. 0^{gr},0047

précisément ce que le lupin avait acquis, dans le même
temps, dans la même terre, en végétant dans une atmosphère confinée.

Comme dans la première expérience, les principes
que j'étais porté à considérer comme fertilisants dans

I.   20

les 130 grammes de terre végétale, n'auraient produit aucun effet sur la végétation ; car ici encore le poids de l'organisme formé en 70 jours, l'azote fixé ne diffèrent pas de ce que l'on observe lorsque la culture a eu lieu dans un sol stérile.

Dosage de l'azote du sol où le lupin s'était développé à l'air libre. — Le sol sec, après qu'on eut ôté les 300 grammes de fragments de quartz et les fibrilles de racines,

$$
\begin{array}{lr}
\text{A pesé.} \dots\dots\dots\dots\dots\dots\dots\dots & 327^{\text{gr}},90 \\
\text{Il aurait dû peser} \dots\dots\dots\dots & 330,10 \\
\hline
\text{Différence} \dots & 2,20
\end{array}
$$

I. $32^{\text{gr}},79$ de terre, le $\frac{1}{10}$ de la totalité, ont été mêlés avec $1\frac{1}{2}$ fois leur volume de chaux sodée. On a mis 1 mesure d'acide oxalique pour *balayer*.

L'acide sulfurique normal équivalait à azote, $0^{\text{gr}},04375$.

Titre de l'acide :

$$
\begin{array}{lll}
\text{Avant} \dots\dots & 30^{\text{cc}},6 & \\
\text{Après} \dots\dots & 6,7 & \\
\hline
\text{Différence} \dots & 23,9 \text{ équivalent à azote} & 0^{\text{gr}},03417 \\
\text{Correction pour l'acide oxalique} \dots\dots & 0^{\text{gr}},00013 \\
\hline
\text{Azote dosé} \dots & 0^{\text{gr}},03404
\end{array}
$$

II. $32^{\text{gr}},79$ de matière ont donné :
Titre de l'acide :

$$
\begin{array}{lll}
\text{Avant} \dots\dots & 30^{\text{cc}},6 & \\
\text{Après} \dots\dots & 6,85 & \\
\hline
\text{Différence} \dots & 23,75 \text{ équivalent à azote} & 0^{\text{gr}},03395 \\
\text{Correction pour l'acide oxalique} \dots\dots & 0^{\text{gr}},00013 \\
\hline
\text{Azote dosé} \dots & 0^{\text{gr}},03382
\end{array}
$$

Dans le $\frac{1}{10}$ du sol. . .	32,79	Azote	0,03404
Dans le second $\frac{1}{10}$ .. .	32,79		0,03382
Dans $\frac{2}{10}$	65,58		0,06786
Dans la totalité du sol	327,90		0,33930

Dosage de l'azote du pot à fleurs où la terre avait séjourné. — Le pot desséché, réduit en poudre, a pesé 218 grammes.

I. 43^{gr},6, le $\frac{1}{5}$ de la totalité, ont été mêlés à volume égal de chaux sodée.

On a mis dans le tube, pour *balayer*, 2 mesures d'acide oxalique.

L'acide sulfurique employé équivalait à azote, 0^{gr},0175.

Titre de l'acide :

Avant.	32,15
Après.	29,05

Différence. . .	3,10	équivalent à azote	0^{gr},00168
Correction pour l'acide oxalique.			0^{gr},00026
		Azote dosé. . .	0^{gr},00142

II. 87^{gr},2 de matière, les $\frac{2}{5}$ de la totalité.

Titre de l'acide :

Avant.	32,15
Après.	25,40

Différence. . .	6,75	équivalent à azote	0^{gr},00367
Correction pour l'acide oxalique.			0^{gr},00026
		Azote dosé. . .	0^{gr},00341

I. Dans le $\frac{1}{5}$ du pot à fleurs	43,60	Azote	0,00142
II. Dans les $\frac{2}{5}$.	87,20		0,00341
Dans les $\frac{3}{5}$.	130,80		0,00483
Dans la totalité.	218,00		0,00805

20.

L'azote trouvé dans le pot à fleurs appartient évidemment au sol; on a par conséquent :

Dans le mélange de sable et de terre végétale, azote	$0,3393$
Dans le pot à fleurs......................	$0,0081$
Dans le sol, après la végétation, azote..........	$0,3474$
Les 130 grammes de terre végétale introduits....	
contenaient, azote........	$0,3393$
Différence en plus....	$0,0081$

Je reproduirai ici la remarque que j'ai faite précédemment : cet excès d'azote ne peut pas appartenir aux débris de racines restées dans le sol malgré toute l'attention que l'on avait mise à les extraire. Le lupin récolté renfermait, pour 100, $1^{gr},62$ d'azote; par conséquent les $0^{gr},008$ d'azote trouvés en excès dans la terre après la végétation représentaient $0^{gr},5$ de racines sèches, ou 2 grammes environ de racines fraîches, en supposant, ce qui ne saurait être loin de la réalité, que les racines aient la constitution de l'ensemble de la plante. Or 2 grammes de racines humides, et même $\frac{1}{2}$ gramme de racines sèches, n'ont pas dû rester inaperçus dans une terre que l'on avait nettoyée en faisant usage de la loupe, et qu'on a soumise à l'analyse, qu'alors qu'on n'a pu y rencontrer de matière organisée.

La terre végétale, dans cette deuxième expérience, comme dans la première, aurait donc renfermé plus d'azote après la végétation qu'elle n'en contenait avant; et, dans les deux cas, l'azote acquis n'aurait pas favorisé visiblement le développement des lupins, ce qui, après tout, n'a rien d'extraordinaire, si l'on considère que les $0^{gr},34$ d'azote consti-

tutionnel appartenant aux 130 grammes de la terre
végétale du potager du Liebfrauenberg n'ont pas agi
avec plus d'efficacité. Je me borne, pour le moment,
à rapporter les faits tels que je les ai constatés.

CHANVRE CULTIVÉ A L'AIR LIBRE DANS LA TERRE VÉGÉTALE.

(TROISIÈME EXPÉRIENCE.)

La graine a été choisie dans un échantillon auquel
des analyses, faites l'année précédente, assignaient 3,72
d'azote pour 100. Deux graines pesant $0^{gr},060$ ont été
mises le 9 juillet 1858 dans 40 grammes de terre végétale placés dans un pot à fleurs en terre du poids de
$46^{gr},158$. Pour ameublir le sol, on avait ajouté des
fragments de quartz. On a arrosé avec de l'eau distillée exempte d'ammoniaque.

Le 28 août, on reconnut que, par un singulier ha-
sard, on avait un plant femelle et un plant mâle qui
portaient des fleurs depuis quelques jours.

Le 31 août, le chanvre femelle est entré en fleurs.

Le 15 septembre, les fleurs du mâle étaient tombées. La tige avait 22 centimètres de hauteur. Le plant
femelle, haut de 14 centimètres, était terminé par un
bouquet de petites feuilles d'un beau vert; il portait
2 graines de dimensions fort réduites, quoique bien
formées. Les deux plants, par leur aspect, par la surface des feuilles, ne différaient pas beaucoup du chanvre venu dans du sable calciné, dans les observations
de l'année 1857. Encore, dans cette troisième expérience, les 40 grammes de terre végétale n'avaient
produit aucun effet apparent, bien qu'ils continssent

$0^{gr},1044$ d'azote, autant qu'il s'en trouve dans $0^{gr},76$ de nitrate de potasse, ou dans $0^{gr},126$ d'ammoniaque.

Les deux plants desséchés n'ont pesé que $0^{gr},322$, cinq fois le poids de la semence.

Dosage de l'azote dans les plants. — Le dosage a été fait sur les $0^{gr},322$ de matière.

L'acide sulfurique employé équivalait à azote, $0^{gr},0175$. Une mesure d'acide oxalique.

Titre de l'acide :

	cc
Avant.......	32,1
Après.......	26,3

Différence... 5,8 équivalent à azote......	$0^{gr},00628$
Correction pour l'acide oxalique...........	$0^{gs},00012$
Azote dosé...	$0^{gr},00615$

Dans les deux graines plantées il devait y avoir
azote.................................. $0^{gr},00220$

Azote acquis par la plante parvenue à la maturité $0^{gr},00395$

Dosage de l'azote dans la terre où le chanvre s'était developpé. — La terre sèche, dont on avait ôté les fragments de quartz,

A pesé.............	$39,18$ ^{gr}
On avait mis.................	40,00
Différence en moins...	0,82

$13^{gr},06$, le $\frac{1}{3}$ de la totalité, ont été mêlés à deux fois leur volume de chaux sodée. On a employé, pour *balayer*, 1 mesure d'acide oxalique.

L'acide sulfurique équivalait à azote, $0^{gr},04375$.

Titre de l'acide :

Avant....... $30,6^{cc}$

Après....... $6,6$

Différence... $24,0$ équivalent à azote $0^{gr},03431$

Correction pour l'acide oxalique......... $0^{gr},00013$

Azote dosé.... $0^{gr},03418$

Dans la totalité de la terre ap. la végétation $0^{gr},10254$

Dosage de l'azote dans le pot à fleurs où la terre avait séjourné. — Le pot réduit en poudre pesait $46^{gr},16$.

On a pris toute la matière pour le dosage, en la mêlant à son volume de chaux sodée. On a mis 2 mesures d'acide oxalique.

L'acide sulfurique équivalait à azote, $0^{gr},0175$.

Titre de l'acide :

Avant........ $32,1^{cc}$

Après........ $28,4$

Différence... $3,7$ équivalent à azote $0^{gr},00200$

Correction pour l'acide oxalique........ $0^{gr},00026$

Azote dosé... $0^{gr},00174$

L'azote du pot à fleurs appartenant au sol, on a :

Dans la terre végétale, azote... .... $0,10254^{gr}$

Dans le pot....... .... $0,00174$

Dans le sol, après la végétation........... $0,10428$

Les 40 gr. de terre végétale contenaient, azote $0,10440$

Différence... $0,00012$

Dans cette expérience, on n'a pas trouvé de différence dans la proportion d'azote renfermée dans la terre avant et après la végétation.

En résumé, les deux plants de chanvre, sous l'influence des 40 grammes de terre végétale, ont acquis $0^{gr},004$ d'azote, et pesé $0^{gr},322$; cinq fois le poids de la graine.

D'après les expériences de 1857, en sol stérile, deux plants n'auraient pris que 1 milligramme d'azote et pesé $0^{gr},10$, seulement deux fois le poids de la semence.

Néanmoins on voit que le poids de la terre végétale a exercé une action bien limitée, et si l'on accorde que les $0^{gr},004$ d'azote lui ont été empruntés par la plante, on devrait alors supposer qu'ils auraient été remplacés dans le sol par de l'azote venu de l'atmosphère.

HARICOT NAIN CULTIVÉ DANS DE LA TERRE VÉGÉTALE, EN ATMOSPHÈRE CONFINÉE.

(QUATRIÈME EXPÉRIENCE.)

Dosage de l'azote dans la semence. — Un haricot pesant $0^{gr},422$, et choisi au moment où l'on mettait en expérience des graines ayant presque le même poids, a été soumis au dosage par la chaux sodée.

L'acide sulfurique équivalait à azote, $0^{gr}04375$.

Titre de l'acide :

Avant..... $30,8^{cc}$
Après..... $18,0$
—————————
Différence... $12,8$ équivalent à azote.... $0^{gr},0182$
Pour 100, azote $4^{gr},31$.

Dans l'atmosphère confinée de l'appareil déjà décrit, on a introduit 40 grammes de terre végétale séchée à l'air, que l'on a maintenue au fond du grand ballon avec des segments de cercle en terre cuite lavés et calcinés, pesant 192^{gr},92. Ces cercles de terre faisaient l'office de pot à fleurs. Le sol a été convenablement humecté avec de l'eau distillée exempte d'ammoniaque.

Le 19 juillet 1858, on a placé dans la terre végétale un haricot pesant 0^{gr},422.

Une fois la germination terminée, on a substitué au bouchon qui fermait l'appareil un ballon de 2 litres plein de gaz acide carbonique.

Le 19 août, les feuilles primordiales avaient pris un développement extraordinaire, après avoir été d'un vert foncé. Plusieurs feuilles de dimension normale s'étaient formées.

Le 18 septembre, le haricot portait trois belles fleurs et deux gousses vertes. Les feuilles avaient une teinte plus foncée que dans la culture ordinaire.

Bien à regret on fut obligé de terminer l'expérience. La plante, contrairement à ses habitudes, avait tellement monté, que déjà, depuis plusieurs jours, sa sommité atteignait le faîte de l'appareil et que des feuilles engagées dans la communication établie avec le ballon supérieur se trouvaient à l'abri de la lumière directe du soleil.

A cette époque, la tige avait 70 centimètres de hauteur et 3 à 4 millimètres de diamètre.

Les racines avaient pris une grande extension, en se prolongeant au delà de la terre végétale; une d'elles avait 1 mètre de longueur; toutes étaient parfaitement saines. Comme le sol était bien meuble et d'un volume assez restreint, on put les enlever en totalité et entières pour la plupart.

La plante, séchée à l'étuve, a pesé 1^{gr},100, pas tout à fait trois fois autant que la semence.

Dosage de l'azote dans la plante. — On a soumis à l'analyse toute la matière, 1^{gr},100.

L'acide sulfurique équivalait à azote, 0^{gr},04375.

Titre de l'acide :

Avant . . . . 30,7^{cc}
Après 15,6

Différence . . . 15,1 équivalent à azote. 0^{gr},0215
Dans la graine plantée il devait y avoir, azote 0,0182
Azote acquis en 60 jours de végétation 0,0033

Comme pour les lupins, sous le rapport de la matière végétale développée et de l'azote fixé, le résultat est conforme à celui que l'on aurait obtenu en cultivant à l'air libre la plante dans un terrain privé d'engrais; cependant il y avait dans les 40 grammes de la terre donnés au haricot 0^{gr},104 d'azote d'origine organique, l'azote de 0^{gr},76 de nitrate de potasse et de 0^{gr},13 d'ammoniaque.

HARICOT NAIN CULTIVÉ DANS DE LA TERRE VÉGÉTALE, EN PLEIN AIR.

(CINQUIÈME EXPÉRIENCE.)

Dans un pot à fleurs en terre, lavé et calciné, on a mis 50 grammes de terre végétale. Le fond du vase était occupé par une couche de fragments de quartz. La terre a été humectée et arrosée avec de l'eau distillée exempte d'ammoniaque.

Le 16 juillet 1858, on a planté un haricot pesant
0^{gr},422 devant contenir, d'après l'analyse, 0^{gr},0182
d'azote.

Le 3 août, les deux premières feuilles étaient complétement développées. Les cotylédons étant flétris,
on les a enlevés, les réservant pour l'analyse.

Le 19 août, les feuilles primordiales se sont desséchées; les nouvelles feuilles avaient une belle couleur
verte.

Le 31 août, la plante portait des fleurs et six feuilles d'un vert foncé.

Le 10 septembre, la plante avait trois gousses; trois
des plus anciennes feuilles avaient pris une teinte
jaune; les autres étaient d'un beau vert.

Le 26 septembre, le haricot portait deux gousses
dans lesquelles se trouvaient trois graines bien formées. Une troisième gousse était atrophiée.

Le plus grand des trois haricots, celui qui était seul
dans l'une des gousses, mesuré encore humide, avait
1 centimètre de longueur et 5 millimètres de largeur.
La plante portait encore 6 feuilles vertes; la tige, haute
de 14 centimètres, avait une épaisseur de 3 à 4 millimètres.

La *fig.* 1, *Pl. II*, représente la plante au moment où elle a été enlevée du sol. Desséchée à l'étuve
après y avoir joint les feuilles qui étaient tombées
successivement, elle a pesé 1^{gr},890, 4 ½ fois le poids
de la semence.

Dosage de l'azote dans la plante. — On a analysé
toute la plante, 1^{gr},89 en une seule opération.

L'acide sulfurique équivalait à azote, 0^{gr},04375.

Titre de l'acide :

Avant....... 31,65

Après....... 2,10

Différence... 29,55 équivalent à azote 0^{gr},0408

Dans la graine il devait y avoir, azote.... 0^{gr},0182

On a pour l'azote acquis par la plante
en 71 jours de végétation............ 0^{gr},0226

Il est bien remarquable qu'en poussant avec une certaine vigueur dans 50 grammes d'une terre végétale d'excellente qualité, dans laquelle 0^{gr},13 d'azote d'origine organique représentaient, comme engrais, près de 1 gramme de nitrate de potasse ou de 0^{gr},16 d'ammoniaque, la plante parvenue à maturité ne se soit pas développée davantage; c'est à peine si l'azote initial a été doublé, et la récolte sèche n'a pas même pesé cinq fois autant que la graine; dans un sable calciné et sans l'intervention d'un engrais, on obtient quelquefois un résultat peu différent de celui-là.

Dosage de l'azote du sol où le haricot s'était développé en plein air. — La terre végétale sèche et débarrassée des fibrilles de racines, après qu'on eut enlevé les fragments de quartz,

A pesé 48,72

La terre sèche que l'on avait mise pesait. 50,00

Différence... 1,28

I. 12^{gr},18, le $\frac{1}{4}$ de la matière, ont été mêlés avec 1 $\frac{1}{4}$ fois leur volume de chaux sodée. On a mis dans le tube 1 mesure d'acide oxalique.

L'acide sulfurique équivalait à azote, 0^{gr},0437.

Titre de l'acide :

Avant........ 31,65^{cc}

Après........ 9,00

Différence... 22,65 équivalent à azote 0^{gr},03162

Correction pour l'acide oxalique........ 0^{gr},00013

Azote dosé... 0^{gr},03149

II. 12^{gr},18, le $\frac{1}{4}$ de la matière, ont donné :

Titre de l'acide :

Avant. ...... 31,65^{cc}

Après........ 8,35

Différence... 23,30 équivalent à azote 0^{gr},03220

Correction pour l'acide oxalique........ 0^{gr},00013

Azote dosé... 0^{gr},03207

I. Dans le $\frac{1}{4}$ du sol, azote........ .. 0,0315^{gr}

II. Dans le $\frac{1}{4}$ du sol............... 0,0321

Dans la moitié du sol............ 0,0636

Dans la totalité................ 0,1272

Dosage de l'azote du pot à fleurs dans lequel la terre avait séjourné. — Le vase pesait 123^{gr},4; réduit en poudre, on l'a mêlé avec son volume de chaux sodée; une mesure d'acide oxalique a été mélangée avec la matière; une autre mesure a été placée au fond du tube pour opérer le *balayage*.

L'acide sulfurique équivalait à azote, 0^{gr},0175.

Titre de l'acide :

Avant....... 33,2^{cc}

Après....... 26,4

Différence... 6,8 équivalent à azote 0^{gr},00358

Correction pour l'acide oxalique....... 0^{gr},00026

Azote dosé... 0^{gr},00332

Cet azote appartenant au sol, on a :

Dans la terre végétale, azote....... ..... $0,1272$
Dans le pot à fleurs....... .... $0,0033$

Dans la terre, après la végétation .... $0,1305$
Les 50 grammes de terre végétale, avant la
végétation, contenaient.............. $0,1305$

Différence... $0,0000$

Ainsi, bien que les $0^{gr},02$ d'azote acquis pendant la végétation proviennent du sol, en grande partie du moins, les 50 grammes de terre n'ont rien perdu de cet élément; ce fait autoriserait à penser que le sol a pris à l'air ce qu'il a cédé à la plante.

TERRE VÉGÉTALE LAISSÉE EN JACHÈRE.

(SIXIÈME EXPÉRIENCE.)

Le 29 juillet 1858, on a placé dans un vase cylindrique en verre de 2 centimètres de profondeur 120 grammes de la terre du Liebfrauenberg dans l'état où on l'avait employée dans les expériences. Cette terre, formant une couche de 1 centimètre d'épaisseur, a été arrosée tous les jours avec de l'eau distillée exempte d'ammoniaque; trois mois après, j'ai recherché si elle renfermait encore les mêmes proportions de carbone et d'azote.

Desséchée, elle a pesé $119^{gr},070$, par conséquent la perte aurait été de $0^{gr},930$ (1).

---

(1) Ce nombre est donné comme un simple renseignement; l'état de dessiccation, aux deux époques, a pu ne pas être le même.

Dosage du carbone de la terre végétale, après la jachère. — On a dosé le carbone en brûlant la matière organique par le procédé de M. Brunner.

Bichromate.... 10 grammes
Eau.......... 10 »
Acide sulfurique 10 centimètres cubes.

I. Terre, $9^{gr},9225$, le $\frac{1}{12}$ de la totalité.

Par doubles pesées, tubes à potasse :

Avant.......... $9,\overset{gr}{3}77$
Après.......... $8,770$

Acide carbonique. $0,607$ = carbone.... $0^{gr},1655$

II. Terre, $9^{gr},9225$, le $\frac{1}{12}$ de la totalité.

Par doubles pesées, tubes à potasse :

Avant.......... $8,\overset{gr}{4}70$
Après.......... $7,900$

Acide carbonique. $0,570$ = carbone.... $0^{gr},1555$

Dans le $\frac{1}{6}$ de la terre, carbone.......... $0^{gr},3210$
Dans la totalité, $119^{gr},070$............. $1^{gr},9260$

D'après les analyses, on aurait :

Dans les 120 grammes de terre, avant la jachère,
carbone........................... $2,\overset{gr}{9}16$
Après la jachère....................... $1,926$

Perte en carbone... $0,990$

Ce résultat était à prévoir, mais c'est peut-être la première fois que l'on a constaté aussi directement la combustion lente du carbone d'une terre végétale soumise à l'action de l'humidité, de l'air et de la lumière.

Dosage de l'azote dans la terre végétale, après la jachère.

I. $9^{gr},9225$ de terre, le $\frac{1}{12}$ de la totalité, ont été mêlés avec $1\frac{1}{2}$ fois leur volume de chaux sodée. On a mis 1 mesure d'acide oxalique.

L'acide sulfurique équivalait à azote, $0^{gr},04375$.

Titre de l'acide :

Avant........ $30,6^{cc}$

Après........ $11,8$

Différence... $18,8$ équivalent à azote. $0^{gr},02688$

Correction pour l'acide oxalique.... ... $0^{gr},00013$

Azote dosé... $0^{gr},02675$

II. $9^{gr},9225$ de terre, le $\frac{1}{12}$ de la totalité.

Titre de l'acide :

Avant........ $30,6^{cc}$

Après........ $11,7$

Différence... $18,9$ équivalent à azote $0^{gr},02702$

Correction pour l'acide oxalique........ $0^{gr},00013$

Azote dosé... $0^{gr},02689$

I. Dans le $\frac{1}{12}$ de la terre, azote.......... $0,0268^{gr}$

II. Dans le $\frac{1}{12}$ .... $0,0269$

Dans le $\frac{1}{6}$ .... $0,0537$

Dans la totalité, $119^{gr},070$.......... $0,3222$

Résumé de l'expérience.

Dans les 120 grammes de la terre végétale, avant la jachère, azote..................... $0,3132^{gr}$

Après la jachère........................ $0,3222$

Différence... $0,0090$

L'analyse indiquerait donc un gain en azote d'environ $0^{gr},01$ par les 120 grammes de terre exposée à l'air pendant trois mois. Dans les expériences que j'ai faites antérieurement, l'argile cuite, le sable quartzeux, la pierre ponce pulvérisée, placés dans les mêmes circonstances, en ont rarement acquis plus de 2 milligrammes.

Ce qui ressort de cette observation, c'est qu'en abandonnant, par la combustion lente, une partie du carbone appartenant aux matières organiques qu'elle recèle, la terre n'a pas perdu d'azote ; elle semblerait plutôt en avoir acquis.

Dans les recherches dont je viens de rendre compte, la terre si éminemment fertile du Liebfrauenberg, dans les proportions où elle a été employée, n'a pas eu d'effet prononcé sur la végétation. Le lupin, le chanvre, les haricots ne se sont guère mieux développés que s'ils eussent vécu dans un sol privé d'engrais, dans du sable, dans de la brique, dans de la pierre ponce calcinée. Cependant la quantité de terre qu'on leur a donnée renfermait jusqu'à $0^{gr},34$ d'azote originaire de substances organiques, à peu près ce qu'il y a dans 2 à 3 grammes de salpêtre, dans $\frac{1}{2}$ gramme d'ammoniaque ; malgré cela, l'accroissement des plantes a été si faible, qu'il paraît n'avoir été excité que par l'azote des quelques milligrammes de nitrates ou d'ammoniaque signalés par l'analyse. Il résulte de ces expériences que la plus grande partie de l'azote contenu dans le sol du potager n'est pas intervenue. On est, par conséquent, conduit à cette conclusion, que certaines substances organiques, en se modifiant, forment des combinaisons douées d'une assez grande

stabilité pour résister à l'action assimilatrice des végétaux. J'entrevois dans cette circonstance l'explication d'un fait dont jusqu'à présent je n'avais pu me
rendre compte; je veux parler de la nécessité où l'on
est, dans la culture intense, de renouveler fréquemment les *fumures*, quoique les récoltes, théoriquement
parlant, ne semblent pas devoir les épuiser. C'est que
réellement une fraction du fumier enfoui se constituant dans un état passif, n'agit plus à la manière
d'un engrais.

La matière azotée, une fois devenue stable, perd-
elle irrévocablement la faculté fertilisante que semble
lui assigner sa composition? Je ne le pense pas. Sans
aucun doute cette faculté ne s'exerce plus avec l'é-
nergie que réclame une végétation rapide; mais, par
les influences météoriques, il est vraisemblable qu'elle
récupère peu à peu ses propriétés actuellement dissi-
mulées; l'intervention d'un alcali, en favorisant la
combustion de ses éléments, amène probablement un
changement dans sa constitution; et c'est peut-être
là un des effets les plus manifestes comme les plus
utiles du chaulage, que de la dégager de ses combinaisons, de la disposer à engendrer, soit des nitrates,
soit de l'ammoniaque, les seuls agents connus jusqu'à
présent comme étant capables de porter l'azote dans
l'organisme des végétaux. Cette modification néanmoins ne doit s'accomplir qu'avec une lenteur qui
assure la durée de son action. J'imagine, par exemple, que si le sol du Liebfrauenberg cessait de recevoir le fumier qu'il reçoit annuellement depuis des siècles, il resterait encore productif, non plus au même
degré, mais pendant une longue période de temps, car

la terre, une fois dotée d'une grande richesse de fond,
par cela même qu'elle renferme en abondance des
principes stables, ne s'appauvrit plus que graduellement jusqu'à arriver à cet état de fertilité normale subordonnée à sa constitution, au climat, et dont la
végétation naturelle n'a d'autres ressources que les
matières organiques, les substances minérales accu-
mulées dans le terrain depuis son origine, et les éléments que lui fournissent incessamment l'eau et l'air.
C'est ainsi que végètent les graminées dans la steppe,
les arbres dans la forêt, les plantes aquatiques dans
les marais ; c'est ainsi que végéteraient des plantes dont
on aurait déposé les semences dans une terre arable
épuisée, car il est reconnu, par des expériences réitérées, que la stérilité n'est jamais absolue dans un sol
perméable tel que le gravier, le *lehm*, le sable limoneux, où, sans faire intervenir les engrais, on obtient
des récoltes, chétives à la vérité si on les compare à
celles que rend une culture fumée, mais persistantes
et représentant en quelque sorte l'équivalent de la
production végétale qui se développerait spontané-
ment. C'est qu'en raison de son immensité l'atmosphère est une source intarissable d'agents fertilisants,
dont il ne faut pas juger les effets d'après la faiblesse de leur proportion ; aussi est-ce une singulière
manière de raisonner que de supputer ce que les
plantes doivent y trouver, en recherchant, comme on
l'a fait, ce qu'un prisme d'air, reposant sur une culture dont on prend la surface pour base, renferme
d'acide carbonique et d'ammoniaque. Hypothéquer
ainsi l'air au sol, c'est méconnaître deux propriétés
très-essentielles de l'océan aérien : la mobilité et la

21.

faculté de diffusion. Des régions polaires aux régions tropicales où règnent les vents alizés, l'atmosphère est dans une agitation permanente ; sous toutes les latitudes, à toutes les hauteurs, sa constitution reste tellement uniforme, qu'il semblerait qu'elle ne prend rien, qu'elle ne cède rien aux myriades d'êtres organisés qui naissent, vivent et meurent dans son sein ; cette invariabilité dans la composition est la preuve la plus évidente de la rapidité de ses mouvements, comme de la promptitude avec laquelle se mêlent ses divers éléments. La molécule d'acide carbonique dont aujourd'hui, près de nous, une plante éclairée par le soleil assimile le carbone, est peut-être sortie hier de l'un des volcans de l'équateur.

Maintenant, pourquoi dans les observations que j'ai décrites, la terre du Liebfrauenberg n'a-t-elle pas eu plus d'effets sur la végétation, lorsqu'elle en a exercé autant et de si favorables sur toutes les cultures du potager ?

Je n'hésite pas à voir la cause de cette différence d'action dans l'inégalité des volumes de terre dont les plantes disposaient dans l'un et l'autre cas.

A 100 grammes de terre végétale, les plantes, dans les expériences, n'ont pas pris, en moyenne, plus de $0^{gr},009$ d'azote, bien que ces 100 grammes en continssent $0^{gr},261$; c'est de ce résultat que j'ai tiré la conclusion que la plus grande partie de cet azote n'est pas immédiatement assimilable ; ce qu'il y a eu de fixé répond, comme je l'ai déjà fait remarquer, aux très-petites proportions de nitrate et d'ammoniaque préexistantes dans le sol ou formées dans le cours de la végétation. Si chacune des plantes eût disposé de cent

fois, de mille fois plus de terre, c'est-à-dire de 10, de
100 kilogrammes, elle aurait certainement organisé
cent fois, mille fois plus de matière ; assimilé cent fois,
mille fois plus de carbone et d'azote. C'est ce qui arrive dans la culture normale, où les végétaux dispo-
sent d'une quantité de terre incomparablement plus
grande que celle qu'on leur accorde dans les expériences.

Voici, comme exemple, quel était le volume de
terre occupé par des plantes venues au Liebfrauenberg
en 1858.

Haricot nain. — Sur une surface de $12^{mq},25$, on
comptait 180 plants. Le sol ayant $0^m,33$ de profondeur, et le poids du litre de terre étant $1^k,300$, chaque
pied de haricot puisait dans $22^{lit},46$ de terre, pesant
26 kilogrammes

Pommes de terre. — Les plants, espacés de $0^m,34$,
sur des lignes éloignées de $0^m,60$, on trouve, en
adoptant toujours $0^m,33$ pour profondeur moyenne,
qu'un pied de pommes de terre avait 66 décimètres
cubes de terre, pesant, secs, 86 kilogrammes.

Tabac. — Deux plants cultivés comme porte-
graines occupaient une surface de 1 mètre carré, bê-
chée à $0^m,33$ de profondeur. Le volume de terre sèche, pour chacun des plants, était par conséquent de
165 décimètres cubes, pesant 215 kilogrammes.

Houblon. — Une culture d'un hectare porte 2600
perches, soutenant chacune trois plants. C'est une
surface de 385 décimètres carrés pour une perche, et
comme le sol est défoncé à $0^m,80$, 1026 décimètres

cubes ou 1334 kilogrammes de terre sèche pour un
pied de houblon.

Appliquant à ces données les résultats de l'analyse,
on trouve que le volume de terre que les plantes
avaient à leur disposition dans la culture normale
contenait en azote appartenant à la matière azotée
stable, aux nitrates et à l'ammoniaque :

Plantes.	Poids de la terre.	Azote dans la terre.	Azote appartenant à l'acide nitrique et à l'ammoniaque contenus dans la terre.
Haricot nain....	29^{kil}	76^{gr}	1^{gr}
Pommes de terre.	86	245	3
Tabac.........	215	561	7
Houblon.......	1334	3482	44

On comprend tout de suite, qu'alors même que,
dans la culture normale, la terre ne contient qu'une
proportion infime de principes azotés immédiatement
assimilables, son poids est tel, que la plante doit cependant y rencontrer les éléments dont elle a besoin; il
suffit d'ailleurs qu'une partie du composé azoté perde
sa stabilité, devienne acide nitrique ou ammoniaque
pour que la fertilité en soit notablement accrue. Il y
a, au reste, dans l'ampleur du terrain de la culture
des champs, et l'exiguïté obligée du sol dans lequel
on institue une expérience physiologique, des conditions de masses essentiellement différentes, dont il est
impossible de nier l'influence. Ainsi l'air enfermé dans
quelques centaines de grammes de terre est sensiblement le même que l'air extérieur, à cause de la promptitude avec laquelle s'accomplit la diffusion des gaz.
il n'en est plus de même pour une culture faite sur
un hectare; l'atmosphère confinée dans 4000 à 8000
mètres cubes de terre fumée possède une constitution

tout autre que celle de l'atmosphère ambiante; ce
ne sont plus des dix-millièmes, mais bien des centièmes, des dixièmes de gaz acide carbonique que l'on y
rencontre, et la présence de l'ammoniaque, dans certains cas, y est si prononcée, qu'il devient possible
de la déceler en opérant seulement sur 5o à 6o litres
d'air.

A très-peu de profondeur au-dessous de la surface
du sol, l'atmosphère est saturée de vapeur aqueuse;
aussi le plus faible abaissement de la température
souterraine occasionne-t-il un brouillard, une rosée
dont les gouttelettes, déposées sur les racines, prennent dans leur contact avec la terre, et entraînent ensuite dans le végétal, des substances qui ne sauraient
y pénétrer autrement que par voie de dissolution.
C'est par cette condensation de vapeur, par l'apparition d'un météore aqueux au sein de l'atmosphère
confinée, que je comprends comment, même aux époques des plus grandes sécheresses, la plante trouve
néanmoins de l'eau dans une terre qui n'est pas
mouillée (1).

Ces recherches tendent à établir : 1° que dans un
sol extrêmement fertile, tel que celui du Liebfrauenberg, les $\frac{9,8}{100}$ de l'azote qui s'y trouve engagé peuvent
ne pas avoir d'effets immédiats sur la végétation,
quoique cet azote dérive évidemment et fasse même
encore partie de matières organiques;

---

(1) Dans l'été si sec de 1858, des plants de tabac ont continué de
végéter vigoureusement, quoique la terre occupée par leurs racines ne
contînt que 9 pour 100 d'eau. La même terre, quand elle était complétement imbibée, en retenait 40 pour 100.

2°. Que les seuls agents capables d'agir immédiatement sur la plante en apportant de l'azote à son organisme, paraissent être les nitrates et les sels ammoniacaux, soit qu'ils préexistent, soit qu'ils se forment dans le sol pendant la durée de la culture;

3°. Que, en raison des très-faibles proportions d'acide nitrique et d'ammoniaque généralement contenues dans le sol, une plante, pour atteindre son développement normal, doit disposer d'un volume considérable de terre qui n'est nullement en rapport avec la teneur en azote indiquée par l'analyse;

4°. Que, en ce qui concerne l'appréciation de la fertilité *actuelle* d'une terre végétale, l'analyse conduit aux résultats les plus erronés, parce qu'elle dose à la fois, en les confondant, l'azote inerte engagé dans des combinaisons stables, et l'azote susceptible d'entrer dans la constitution des végétaux;

5°. Que la terre végétale convenablement humectée perd une notable quantité du carbone appartenant à la matière organique dont elle est pourvue; que la proportion d'azote, loin de diminuer pendant la combustion lente du carbone, semble augmenter; qu'il reste à décider si, dans les cas où l'augmentation de l'azote est manifeste, il y a eu nitrification, production ou simplement absorption d'ammoniaque.

DEUXIÈME PARTIE.

EXPÉRIENCES FAITES EN 1859.

— — —

Malgré les précautions dont je m'étais entouré dans la première Partie de ce travail, et bien que les analyses du sol avant et après la végétation eussent été faites sur des quantités assez fortes de matière pour atténuer les erreurs de dosages jusqu'au point de les rendre négligeables, je n'osai pas accepter comme suffisamment établie cette acquisition d'azote par la terre végétale, et je jugeai qu'il était indispensable de répéter les expériences en faisant porter plus particulièrement mon attention sur le fait singulier qui s'était révélé si inopinément à la fin de recherches longues et délicates, alors que l'état avancé de la saison ne me permettait plus de procéder à une vérification immédiate. D'ailleurs, dans le cas où l'azote eût réellement été fixé dans le sol, il y avait lieu d'examiner s'il y constituait de l'acide nitrique, de l'ammoniaque, ou bien de ces composés azotés stables dans lesquels il n'entre ni acide nitrique, ni ammoniaque, bien que, sous certaines influences, ils puissent donner naissance à l'un et à l'autre de ces composés.

Dans ces nouvelles expériences, j'ai procédé exactement comme je l'avais fait l'année précédente, en employant les mêmes moyens et les mêmes matériaux.

LUPIN CULTIVÉ DANS LA TERRE VÉGÉTALE EN ATMOSPHÈRE CONFINÉE.

(PREMIÈRE EXPÉRIENCE.)

On a placé dans un appareil clos, *fig.* 2, *Pl. I,* de la terre du Liebfrauenberg, la même que l'on avait préparée pour les expériences de 1858. Cette terre avait été conservée dans un grand flacon fermé, et, vu son état de siccité, il était permis de supposer qu'elle n'avait subi aucun changement; néanmoins, pour lier le présent avec le passé, on crut convenable d'y doser l'azote.

Par la combustion opérée avec l'oxyde de cuivre, de 10 grammes de terre on a obtenu :

Gaz azote. . . . . $23,7^{cc}$ température sur l'eau $11,0^{o}$

Après l'action du sulfate de fer $20,3$ $\qquad$ $9,0$

Baromètre . . . . . . $735,5^{mill.}$ $\qquad$ $11,2$

$740,0$ $\qquad$ $10,0$

Azote à o degré et pression $0^m,76$, $20^{cc},3$; en poids, $0^{gr},0256$.

		gr		gr
Dans la terre végétale.		10	Azote	0,0256
En 1858, par la chaux sodée I		10		0,0263
	II.	20		0,0521
	III.	10		0,0257
	IV.	10		0,0255
	V.	10		0,0261
	VI	5		0,0136
	VII	5		0,0131
	Terre. . .	80	Azote	0,2080

Dans 100 grammes de terre, azote. 0,2600

Il n'y avait donc rien à changer dans la proportion adoptée en 1858.

Les analyses que j'ai faites depuis mes premières recherches m'autorisent à admettre, dans 100 grammes de terre du Liebfrauenberg :

Ammoniaque toute formée.	gr 0,00220
Acide nitrique	0,00034
Acide phosphorique.	0,30210
Chaux	0,55200
Carbone appartenant à des matières organiques.	2,43000

Le sol a été constitué avec :

Terre végétale.	gr 130	contenant azote	gr 0,3380
Fragments de quartz lavés et calcinés	150		
Sable quartzeux lavé et calciné	720		
Cendres de fumier	0,1		
	1000,1		

Ces divers matériaux ont été pesés à la balance de précision; on les a humectés avec 110 centimètres cubes d'eau distillée *exempte d'ammoniaque*.

Le 30 mai 1859, le sol étant introduit dans le ballon de 100 litres, on y a planté une semence de lupin pesant $0^{gr},382$. Des analyses faites antérieurement ayant indiqué dans des graines de même origine et au même état de dessiccation 5,1 d'azote pour 100, les $0^{gr},382$ devaient en contenir $0^{gr},0200$.

Le 12 juin, le lupin portait 3 feuilles; on a substitué au bouchon qui fermait l'appareil un ballon contenant 2 litres de gaz acide carbonique.

Le 2 juillet, les cotylédons étaient encore verts, on comptait 7 belles feuilles. Le lupin dans l'appareil

avait le même aspect qu'un lupin planté en pleine
terre le 3o mai pour servir de point de comparaison.

Le 10 juillet, il y avait 10 feuilles développées;
deux de ces feuilles, les plus anciennes, étaient fanées;
les cotylédons presque décolorés. A partir de ce jour,
la plante a paru ne plus trouver assez d'aliments dans
le sol, et l'on a vu apparaître de nouvelles feuilles à
mesure que les anciennes se flétrissaient.

Le 6 septembre, elle ne portait plus que 8 feuilles:
mais, d'après les brachioles tombées successivement,
elle en avait eu 21.

La hauteur de la tige du lupin était de 21 centimètres, le diamètre de 6 millimètres.

La plante desséchée à l'étuve a pesé :

$$
\begin{array}{ll}
\text{La tige et les feuilles.............} & 0,748^{\text{gr}} \\
\text{Racines et feuilles mortes........} & 1,568 \\
\hline
& 2,316\,(1)
\end{array}
$$

Le sable adhérant aux racines, renfermant des débris de la plante qu'il était difficile d'en séparer, ont
été réunis au lupin.

Dosage de l'azote dans la plante. — On a opéré
sur la totalité.

L'acide sulfurique équivalait à azote, $0^{\text{gr}},04375$.
Titre de l'acide :

$$
\begin{array}{lll}
\text{Avant.......} & 34,5^{\text{cc}} & \\
\text{Après.......} & 1,6 & \\
\text{Différence...} & 32,9 \text{ équivalent à azote} & 0^{\text{gr}},0417 \\
\text{La graine pesant } 0^{\text{gr}},382, \text{ devait contenir} & 0^{\text{gr}},0200 \\
\hline
\text{Azote acquis pendant la végétation......} & 0^{\text{gr}},0217
\end{array}
$$

(1) Les racines retenaient encore du sable.

La plante a pesé trois fois autant que la semence.
L'azote qui s'y trouvait était à peu près le double de
ce qu'il y avait dans la graine.

En vivant pendant trois mois dans de la terre végétale tenant $0^{gr},338$ d'azote et $0^{gr},41$ d'acide phosphorique constituant des phosphates, le lupin n'en a
fixé que $0^{gr},0217$; la plus grande partie de l'azote du
sol n'est donc pas intervenue.

Dessiccation du sol après la végétation. — Le sol,
aussitôt après la plante et ses débris enlevés, a été
versé dans le bain-marie en cuivre étamé d'un alambic. Pour entraîner la terre adhérente aux parois du
ballon, on a versé successivement. 480^{gr} d'eau pure
Comme le sol en contenait déjà. .   110

Il y en avait. . . . .   590 grammes
sans tenir compte de celle que la terre végétale pouvait renfermer, car elle avait seulement été séchée à
l'air, quand on l'a mise en expérience. Le bain-marie
a été posé dans la cucurbite où se trouvait une dissolution saturée de sel marin, afin d'obtenir pour la
dessiccation une température supérieure à 100 degrés.

Le serpentin étant adapté au chapiteau, on a retiré
250 centimètres cubes d'eau, un peu moins de la
moitié de celle contenue dans la terre. Cette eau
ayant été mise à part pour y doser l'ammoniaque, on
a continué la dessiccation, de manière à retirer encore 250 grammes d'eau.

A la balance de précision, la terre desséchée a pesé
$843^{gr},925$, après qu'on eut ôté les fragments de
quartz.

La terre sèche intimement mêlée a été mise dans un flacon.

Dosage de l'ammoniaque dans l'eau obtenue pendant la dessiccation du sol. — Cette eau n'avait pas la moindre réaction alcaline. 5o centimètres cubes, le cinquième des 25o centimètres cubes de l'eau obtenue en premier lieu, dans laquelle on devait trouver la totalité de l'ammoniaque, ont été additionnés d'une pipette d'acide sulfurique capable de saturer $0^{gr},02125$ d'ammoniaque; on a fait bouillir pour expulser l'acide carbonique. Après le refroidissement on a titré.

Titre de l'acide :

	cc	
Avant......	31,o	
Après......	3o,9	
Différence...	o,1 équiv. à ammoniaque	$0^{gr},0000685$

Multipliant par 5, on a $0^{gr},00035$ pour l'ammoniaque volatilisée probablement à l'état de carbonate pendant la dessiccation du sol où le lupin avait vécu.

Dosage de l'azote dans la terre après la végétation du lupin. — Expérience à blanc pour estimer l'erreur que l'acide oxalique pouvait apporter.

55 grammes de sable quartzeux de Haguenau, lavé à l'eau distillée et calciné au rouge, dans l'état où il a été employé dans les expériences, ont été mêlés à 55 grammes de chaux sodée et à une mesure d'acide oxalique. Une autre mesure d'acide a été placée au fond du tube pour opérer le balayage.

L'acide sulfurique équivalait à azote, $0^{gr},0175$.

Titre de l'acide :

Avant....... $31,1$ (1)

Après...... . $30,8$

Différence... $0,3$ équivalent à azote $0^{gr},00017$ pour
2 mesures d'acide oxalique.

Pour 1 mesure, azote............... $0^{gr},000085$

Dosage de l'azote dans la terre. — Cette terre desséchée, séparée des fragments de quartz, pesait $843^{gr},925$.

I. Terre, 65 grammes. Une mesure d'acide oxalique.

Acide sulfurique équivalent à azote, $0^{gr},04375$.

Titre de l'acide :

Avant....... $34,5$

Après....... $11,7$

Différence... $22,8$ équivalent à azote $0^{gr},02891$

Correction pour l'acide oxalique....... $0^{gr},00010$

Azote... $0^{gr},02881$

II. Terre, 65 grammes.

Titre de l'acide :

Avant....... $34,5$

Après....... $10,6$

Différence... $23,9$ équivalent à azote $0^{gr},03031$

Correction pour l'acide oxalique....... $0^{gr},00010$

Azote... $0^{gr},03021$

---

(1) La liqueur alcaline, pour saturer cet acide décime, était de l'eau de chaux affaiblie.

I.	Terre	65 grammes,	Azote	0^{gr},02881
II.		65		0^{gr},03021

130 grammes de terre.   0^{gr},05902

Pour les 843^{gr},925   Azote 0^{gr},38310

Pour l'ammoniaque dissipée pendant la

dessiccation . . . . 0^{gr},00030

0^{gr},38340

Résumé de l'expérience.

Dans les 130 grammes de la terre végétale introduite, il
y avait, azote . . . . : 0,3380

Dans la même terre mêlée de sable, après la végétation 0,3834

Azote acquis par le sol. . . 0,0454

Cet azote excédant ne paraît pas devoir être attribué entièrement aux débris végétaux que l'on ne serait pas parvenu à enlever. La plante récoltée a pesé
sèche, 2^{gr},316, elle contenait 0^{gr},0417 d'azote, c'est-
à-dire 1^{gr},80 pour 100. A ce taux, les 0^{gr},0454 d'azote
trouvés en excès représenteraient 2^{gr},52 de plante
sèche, ou 10^{gr},08 de plante humide. Une quantité de
matière végétale aussi forte, qui dépasserait le poids
du lupin récolté, n'aurait pu rester inaperçue.

Le sol paraît donc avoir acquis de l'azote qui, dans
cette expérience comme dans celle de l'année 1858,
ne serait pas entré dans la constitution du végétal ; il
restait à examiner à quel état il se trouvait.

*Recherche de l'ammoniaque dans la terre végétale
après la végétation.* — 64^{gr},90, le $\frac{1}{13}$ de la terre, ont
été traités dans l'appareil à doser l'ammoniaque, par
2 grammes de magnésie calcinée. On avait délayé avec
250 centimètres cubes d'eau pure, on en a retiré, par

la distillation, 75 centimètres cubes dans lesquels on a dosé.

L'acide sulfurique équivalait à ammoniaque, 0^{gr},02125.

Titre de l'acide :

Avant.......... 31,1

Après.......... 30,5

Différence...   0,6 équiv. à ammoniaque   0^{gr},00041

Dans la totalité de la terre................. 0^{gr},00533

Ajoutant l'ammoniaque dissipée pendant la des-

siccation............................... 0^{gr},00034

                                           0^{gr},00567

Dans les 130 grammes de la terre végétale, avant

la végétation, il y avait, ammoniaque (1).... 0^{gr},00281

                   Différence... 0^{gr},00286

Dosage de l'acide nitrique dans la terre végétale, après la végétation. — 40 grammes de terre ont été mis en digestion dans 40 centimètres cubes d'eau distillée. 26 centimètres cubes de la dissolution, répondant à 26 grammes de terre, ont été concentrés dans la cornue même où devait avoir lieu la réaction. Après avoir ajouté 1 gramme de bioxyde de manganèse et 1 centimètre cube d'acide sulfurique, on a distillé et lavé deux fois par distillation, en introduisant, pour chaque lavage, 2 centimètres cubes d'eau. Ayant ajouté 1 goutte d'ammoniaque pure au produit distillé, puis fait bouillir, on a dosé l'acide nitrique par l'indigo (2).

---

(1) Dans 100 grammes de terre on avait dosé 0^{gr},0022 d'ammoniaque.

(2) Voir le procédé de dosage, t. II.

2 1^{div},2 étaient décolorées par 0^{gr},000534.

	gr
Teinture détruite, 15^{div},1 équivalent à acide nitrique.	0,00038
Correction pour l'ac. nitrique contenu dans les réactifs	0,00002
Acide nitrique dans 26 grammes de terre...	0,00036
Dans les 843^{gr},925......................	0,01172

On remarquera que les 26 grammes de terre dans lesquels on a dosé 0^{gr},00036 d'acide, sont, à très-peu près, le $\frac{1}{32}$ de la totalité; l'erreur sera donc multipliée par 32. Mais dans un cas aussi simple je crois pouvoir affirmer que l'erreur, dans un sens ou dans l'autre, ne dépasse pas 0^{milligr},03 d'acide nitrique, et que, par conséquent, l'acide a été dosé à 1 milligramme près, dans les 843^{gr},925 de terre.

	gr
Dans les 130 grammes de terre mis en expérience il y avait, acide nitrique.................	0,00044(1)
Après la végétation on a trouvé.............	0,01172
Acide nitrique acquis par le sol...	0,01128

Il y avait donc dans la terre végétale, après le développement du lupin, plus de nitrates, plus d'ammoniaque que l'on en avait dosé avant la végétation.

	gr		gr
En acide nitrique...	0,0113	tenant azote...	0,0030
En ammoniaque....	0,0028		0,0023
			0,0053

Ces 0^{gr},0053 d'azote appartenant à l'acide nitrique et à l'ammoniaque acquis sont bien loin de représen-

_____

(1) Dans 100 grammes de terre on avait trouvé 0^{gr},00034 d'acide nitrique.

ter les o^{gr},0454 d'azote trouvés en excès dans le sol.

En résumé, durant le développement du lupin dans une atmosphère confinée, et en ayant pour sol 130 grammes d'une terre très-fertile, mêlée à du sable pour favoriser l'accès de l'air, la plante, après avoir végété pendant 97 jours, a assimilé o^{gr},0217 d'azote, et la terre, loin d'en avoir été appauvrie d'autant, en a fixé o^{gr},0454, dont le $\frac{1}{9}$ seulement à l'état d'acide nitrique et d'ammoniaque.

L'analyse aurait donc indiqué, en tenant compte de la légère déperdition d'ammoniaque pendant la dessiccation, une fixation d'azote dans le sol de :

$$0,0457 \text{ (gr)}$$

Il est remarquable que si l'on ajoute l'azote acquis par le lupin. 0,0217

On ait. . . 0,0674

presque exactement l'azote assimilé par le sol dans l'expérience faite en 1858, et il y a cette curieuse coïncidence que, dans les deux cas, c'est surtout par la terre et non par la plante que l'acquisition a été faite.

TERRE VÉGÉTALE MISE EN JACHÈRE DANS UNE ATMOSPHÈRE CONFINÉE.

(DEUXIÈME EXPÉRIENCE.)

Parallèlement à l'expérience dont on vient de rendre compte, on en avait institué une autre, semblable dans ses dispositions, et qui n'en différait que par cette circonstance que le sol ne portait pas de plante. C'était simplement de la terre végétale placée dans un des appareils fermés, *fig.* 2, *Pl. I.*

Le 30 mai 1859, dans un ballon de 100 litres de capacité, on a introduit un mélange formé de :

Terre végétale du Liebfrauenberg préparée en 1858	130^{gr}
Fragments de quartz lavés et calcinés............	150
Sable quartzeux lavé et calciné	720
Cendres de fumier	0,1

Le mélange a été humecté avec 110 grammes d'eau distillée exempte d'ammoniaque.

Le ballon, clos avec un bouchon consolidé par une coiffe en caoutchouc, a été mis à côté de celui où s'accomplissait la première expérience, de manière à recevoir la même quantité de chaleur et de lumière.

Le 14 septembre, on a démonté l'appareil. Le sol avait conservé le même aspect pendant toute la durée de son exposition; aucune végétation cryptogamique n'était visible, mais on remarquait l'odeur particulière à la terre végétale, l'odeur de moisi.

Dessiccation du sol. — La terre a été versée dans le cylindre en cuivre étamé du bain-marie; pour détacher ce qui restait adhérent au verre, l'on fut obligé d'ajouter, en plusieurs fois, 475 grammes d'eau distillée exempte d'ammoniaque, comme antérieurement on avait humecté avec 110 grammes d'eau; la terre mise dans l'alambic, au bain-marie, en contenait donc 585 grammes. On a fait bouillir dans la cucurbite de l'eau saturée à chaud de sel marin, afin d'opérer la dessiccation à une température d'environ 108 degrés. On retira d'abord 250 centimètres cubes d'eau, dans lesquels on dosa l'ammoniaque, puis on continua la dessiccation jusqu'à ce qu'il ne sortît plus d'eau du serpentin.

La terre sèche, séparée des fragments de quartz, a pesé, à la balance de précision, $847^{gr},423$. On l'a introduite dans un flacon après l'avoir bien mêlée.

Dosage de l'ammoniaque dans l'eau obtenue pendant la dessiccation de la terre provenant de la jachère confinée. — Les 250 centimètres cubes d'eau d'abord obtenus pendant la dessiccation ont été traités dans l'appareil usité pour doser l'ammoniaque de la pluie. On a dosé l'alcali, dans les premiers 75 centimètres cubes d'eau passés à la distillation.

L'acide sulfurique ajouté saturait $0^{gr},02125$ d'ammoniaque.

Titre de l'acide :

Avant....... $32,1$
Après....... $31,5$
Différence... $0,6$ équivalent à ammoniaque $0^{gr},00038$

C'est exactement l'ammoniaque que l'on a retirée pendant la dessiccation de la terre où le lupin avait végété.

Dosage de l'ammoniaque dans la terre de la jachère confinée. — $65^{gr},186$, le $\frac{1}{13}$ de la terre, délayés dans 250 centimètres cubes d'eau pure, ont été traités par la magnésie dans l'appareil à doser l'ammoniaque de la pluie. On a opéré sur les premiers 100 centimètres cubes d'eau sortis du serpentin.

La pipette d'acide sulfurique saturait $0^{gr},02125$ d'ammoniaque.

Titre de l'acide :

Avant........ $32,1$
Après........ $31,3$
Différence... $0,8$ équivalent à ammoniaque $0^{gr},00053$

Multipliant par 13 on a, pour les 847^{gr},423 de
terre.................................... 0^{gr},0070

Auxquels il faut ajouter l'ammoniaque dissipée
pendant la dessiccation.............. 0^{gr},0004

Ammoniaque dans le sol après la jachère..... 0^{gr},0074

Dans les 130 grammes de la terre végétale mise
en expérience, il y avait, ammoniaque..... 0^{gr},0029

Ammoniaque acquise, par le sol, pendant la jachère.................................... 0^{gr},0045

C'est à 1 milligramme près ce qu'avait acquis en
ammoniaque le sol dans lequel le lupin s'était développé.

*Dosage de l'acide nitrique dans la terre de la ja-
chère confinée.* — 20 grammes de terre ont été mis
en digestion avec 20 centimètres cubes d'eau. 11^{cc},9
de la dissolution ont été concentrés dans la cornue,
où l'on a ensuite effectué la distillation avec le concours du bioxyde de manganèse et de l'acide sulfurique.

21^{div},2 de la teinture d'indigo avec laquelle on a
dosé étaient décolorés par 0^{gr},00053/4 d'acide nitrique.
Par la réaction, il y a eu de détruit 40^{div},4 de teinture, représentant 0^{gr},001 d'acide dans les 11^{cc},9 de
dissolution, soit 0^{gr},001681 dans les 20 grammes de
terre (1).

Dans les 847^{gr},423 de terre, on aurait   0,07123^{gr} d'acide nitrique

Dans les 130 grammes de terre du
Liebfrauenberg entrant dans la jachère, il y avait, acide nitrique.... 0,00044

Ac. nitrique, en plus, après la jachère   0,07079

---

(1) Trois autres dosages ont donné des résultats semblables.

C'est 162 fois autant d'acide nitrique qu'il s'en trouvait avant la jachère. Cette nitrification rapide et intense accomplie dans de la terre végétale contenue dans un appareil fermé, c'est-à-dire soustraite à toutes les influences de l'atmosphère, est un fait bien remarquable. Je dis une nitrification intense, car la terre dans laquelle, au commencement de l'expérience, le 30 mai, il y avait seulement par kilogramme, en nitrates, l'équivalent de 0^{gr},0063 de nitrate de potasse, en contenait trois mois après, 1^{gr},023, soit 1^{kil},33 par mètre cube (1), ce que l'on trouve de salpêtre dans un bon terreau.

Il y avait donc dans la terre un peu plus d'ammoniaque et beaucoup plus de nitrates qu'avant la jachère, à savoir :

	gr
En ammoniaque	0,0045
En acide nitrique	0,0710

Dans la terre où le lupin avait été cultivé, il n'y avait eu de formé que 0^{gr},003 d'ammoniaque et 0^{gr},011 d'acide nitrique; mais il ne faut pas perdre de vue que la plante s'étant approprié 0^{gr},0217 d'azote, elle a pu anéantir, soit 0^{gr},026 d'alcali volatil, soit 0^{gr},084 d'acide. Il n'est donc pas surprenant qu'on y ait rencontré moins d'ammoniaque, moins de nitrates que dans la jachère, et il y a tout lieu de présumer que la nitrification a eu à peu près la même intensité dans les deux cas, et que si dans la jachère elle a été plus manifeste, cela a tenu à ce que, à côté de la produc-

---

(1) Le mètre cube de terre sèche du Liebfrauenberg pèse 1300 kilogrammes.

tion graduelle du salpêtre ou de l'ammoniaque, il n'y avait pas une cause permanente de destruction, l'absorption de l'azote de l'acide nitrique par un végétal.

Dans la terre où le lupin a été cultivé, l'azote trouvé en excès a dépassé la somme de l'azote faisant partie de l'acide nitrique et de l'ammoniaque formés dans le cours de l'expérience. Ainsi, chose fort singulière, le sol non-seulement aurait acquis des sels ammoniacaux, des nitrates, mais encore une véritable matière organique, peut-être même les dépouilles d'êtres ayant vécu? Il est possible qu'une partie de l'azote soit entré dans une de ces combinaisons résultant de l'action simultanée de l'ammoniaque et de l'oxygène sur certains principes de la terre végétale analogues à la tourbe ou au terreau. Dans des recherches faites dans mon laboratoire, M. Brustlein a reconnu que l'humus du bois de chêne, la tourbe ne se bornent pas à absorber l'ammoniaque, puisqu'il n'est plus possible de la dégager entièrement, en faisant agir les alcalis fixes. Un examen plus attentif m'a fait voir d'ailleurs que la terre végétale ne renferme pas seulement de la matière organisée morte, mais aussi des êtres vivants, des germes dont la vitalité, d'abord suspendue par l'effet de la dessiccation, se rétablit aussitôt qu'ils sont placés dans des conditions favorables d'humidité et de température. Cette végétation mycodermique, car c'en est une, n'est pas toujours visible à l'œil nu, et l'on n'en suit bien les progrès, souvent fort rapides, qu'à l'aide du microscope; son apparition est d'ailleurs caractérisée par l'odeur spéciale et exaltée des moisissures.

Ainsi, quoi qu'on fasse, on ne saurait enfermer

dans un appareil de la terre végétale exempte de
germes qui produiront bientôt une végétation souterraine consommant, à son profit, une partie des principes fertilisants, les phosphates, le salpêtre, l'ammoniaque. Sans doute ces mycodermes n'ont qu'une
existence pour ainsi dire éphémère, et, en définitive,
ils laisseront dans le sol ce qu'ils y auront puisé;
leurs détritus finiront même par donner naissance à
de l'ammoniaque, à de l'acide nitrique; mais transi-
toirement, pendant la durée de leur invasion, ils n'en
détruisent pas moins les sels ammoniacaux et les nitrates.

Voilà, je crois, la raison pour laquelle, en supposant que l'azote de l'air concoure à la nitrification,
on ne le retrouve pas toujours en totalité dans l'acide
nitrique; ce qui manque est entré momentanément
dans la constitution des mycodermes vivants ou dans
celle de leurs dépouilles. En un mot, il arrive avec la
terre végétale convenablement humectée, précisément
ce que M. Bineau a si heureusement constaté avec
l'eau pluviale dans laquelle les cryptogames qui y
naissent font disparaître les nitrates et les sels ammoniacaux dont ils fixent l'azote pour se constituer,
ajoutant ainsi à l'eau ce qu'elle n'avait pas, de la matière organisée. Quoi qu'il en soit, en ne considérant
que le sens des résultats obtenus plutôt que leur expression numérique, on est fondé à croire que la terre
du Liebfrauenberg a fixé de l'azote en même temps
qu'il s'y est développé de l'acide nitrique et de l'ammoniaque. L'expérience de la jachère confinée semblerait indiquer que la végétation n'est que pour
peu de chose dans le phénomène, qu'elle en est sim-

plement une des manifestations. C'est ce que l'on voit clairement dans le tableau suivant : ,

130 grammes de la terre du Liebfrauenberg contenaient :

	AVANT les expériences. 31 mai,	APRÈS la végétation du lupin. 5 septembre	APRÈS la jachère. 14 septembre.
	gr	gr	gr
Ammoniaque	0,0028	0,0057	0,0074
Acide nitrique exprimé en nitrate de potasse......	0,0008	0,0219	0,1335

Déjà, dans les expériences faites en 1858, j'avais signalé une acquisition d'azote pendant la nitrification de la terre du Liebfrauenberg exposée à l'air libre ; mais après plusieurs mois elle avait été extrêmement faible. Telle est, en effet, la difficulté inhérente à ce genre d'observations, que la question principale ne pouvant être résolue que par l'analyse, on est obligé d'agir sur un volume fort limité de matières, dans lequel, par conséquent, le phénomène que l'on cherche à saisir n'est jamais très-prononcé. Il y a plus : une jachère de dimensions aussi réduites subit nécessairement de nombreuses alternatives d'humidité et de sécheresse. Or, s'il est vrai que la terre végétale enlève, en la rendant presque insoluble, l'ammoniaque d'une dissolution, il ne l'est pas moins qu'elle la laisse échapper en se desséchant ; la vapeur qui en émane est constamment ammoniacale. Dans une jachère d'expérience faite à l'air libre, où en réalité quelques centaines de grammes de terre sont continuellement en relation avec l'immensité de l'atmosphère, l'ammoniaque, s'il s'en forme, doit être éliminée en partie par l'effet de dessiccations réitérées

avant d'avoir été transformée et fixée à l'état d'acide
nitrique. Il n'est donc pas surprenant que l'on n'en
retrouve pas les éléments. Il en est tout autrement
lorsque la jachère a lieu dans une atmosphère limitée
et confinée; l'ammoniaque, s'il s'en produit, ne peut
pas échapper, la vapeur aqueuse en se condensant la
ramène périodiquement dans le sol où elle finit probablement par devenir de l'acide nitrique : en effet,
ce sont surtout des nitrates que l'on trouve à la fin
d'une expérience faite dans de telles conditions.

Nous connaissons aujourd'hui deux circonstances
dans lesquelles le gaz azote de l'air est acidifié : 1° une
action électrique, ou l'oxygène ozoné; c'est l'origine
des nitrates dans les météores aqueux, la pluie, la
neige, la grêle, la rosée; 2° la combustion accomplie
au sein de l'atmosphère. C'est vraisemblablement à
cette dernière cause, la combustion lente du terreau
disséminé dans la terre végétale, qu'est due la production de l'acide nitrique pendant la jachère.

Quand un observateur croit avoir exercé envers
lui-même la critique la plus sévère, il ne lui reste plus
qu'à livrer ses documents à la critique étrangère, naturellement plus clairvoyante. C'est ce que j'ai fait en
décrivant minutieusement toutes les opérations exécutées pendant ce travail, afin que chacun fût mis à
même d'en discuter le degré d'exactitude, d'en apprécier les déductions et de décider si réellement
elles établissent l'intervention de l'azote de l'air, dans
la production des nitrates. Dans mon opinion, s'il n'y
a pas une preuve décisive, il y a certainement une
forte présomption pour la réalité du phénomène.
J'ajouterai toutefois que dans l'étude de la jachère au

point de vue de la pratique agricole, cette intervention
de l'un des éléments de l'atmosphère dans la formation de l'acide nitrique n'a qu'une importance secon-
daire. Il est aujourd'hui un fait incontestablement
acquis : la nitrification de la terre végétale. Elle a
lieu dans nos laboratoires comme dans les champs,
en plein air comme en vase clos; lorsqu'on en mesure
les progrès, on voit le salpêtre augmenter graduellement dans la terre ameublie et convenablement humectée. Que la nitrification soit occasionnée par l'acidification de l'azote de l'air, ou par l'acidification de
l'azote engagé, séquestré dans des composés organiques stables et par cela même inertes vis-à-vis des
plantes, son effet est toujours le même, elle contribue
dans tous les cas à la fertilité, puisqu'elle introduit ou
développe dans le sol de l'azote assimilable par les
végétaux.

HARICOT NAIN CULTIVÉ A L'AIR LIBRE DANS LA TERRE VÉGÉTALE.

(TROISIÈME EXPÉRIENCE.)

Le sol était formé de :

	gr
Terre du Liebfrauenberg.............	100,0
Phosphate de chaux basique............	0,1
Cendres de fumier.................	0,05
Fragments de quartz lavés et calcinés	75

On l'a mis dans un pot à fleurs en terre cuite, lavé
et calciné. L'arrosement a eu lieu avec de l'eau distillée *exempte d'ammoniaque.* Le 31 mai 1859 on a
planté une graine pesant $0^{gr},447$, devant renfermer

0^{gr},0194 d'azote, 4,31 pour 100 d'après les analyses faites en 1858.

Le 5 juin, les cotylédons étaient hors de terre.

Le 16 juin, les feuilles primordiales développées, les cotylédons flétris.

Le 2 juillet, trois feuilles normales.

Le 25 juillet, la plante portait deux fleurs et six feuilles normales. Les cotylédons, les feuilles primordiales étaient détachés.

Le 7 septembre, la tige avait une hauteur de 19 centimètres. Du 25 juillet au 7 septembre, la plante avait végété, comme il arrive toujours quand il y a insuffisance d'engrais; de nouvelles feuilles avaient remplacé celles qui s'étaient flétries et que l'on avait recueillies avec soin. Successivement des fleurs s'étaient épanouies en donnant naissance à des gousses avortant pour la plupart; le 7 septembre, lorsque la plante a été enlevée, il en restait deux : une seule, parvenue à maturité, renfermait une graine (*fig.* 2, *Pl. II*). Desséchée à l'étuve, la plante, y compris les parties qui s'étaient détachées, a pesé :

	gr
Tiges, feuilles, gousses, haricot.........	2,724
Racines débarrassées du sable.........	0,710
	3,434

Le sable, séparé des racines auxquelles il adhérait fortement, n'était pas exempt de débris de racines, il pesait 0^{gr},517; on l'a réservé pour le réunir à la plante lors de l'analyse.

Dosage de l'azote dans la plante récoltée, pesant sèche 3^{gr},434. — L'analyse a été faite en deux opérations, en prenant pour chacune la moitié des diverses parties de la plante et la moitié du sable détaché des racines.

Acide sulfurique équivalent à azote, 0^{gr},04375.

I. Titre de l'acide :

Avant....... 34,5^{cc}

Après....... 5,8

Différence...	28,7 équivalent à azote	0^{gr},03639
Correction pour l'acide oxalique.......		0^{gr},00010
	Azote...	0^{gr},03629

II. Titre de l'acide :

Avant....... 34,5^{cc}

Après....... 5,7

Différence...	28,8 équivalent à azote	0^{gr},03652
Correction pour l'acide oxalique.......		0^{gr},00010
	Azote...	0^{rg},03642
Dans la totalité de la plante...		0^{gr},0727
La graine devait contenir, azote.......		0^{gr},0194
Azote acquis pendant la végétation....		0^{gr},0533

La plante sèche a pesé sept fois $\frac{7}{10}$ autant que la graine, et elle a fixé 0^{gr},053 d'azote après avoir vécu pendant plus de trois mois dans un sol qui en contenait 0^{gr},261. Il est à remarquer qu'en 1858 un haricot venu dans 50 grammes de la même terre avait fixé 0^{gr},023 d'azote, à peu près la moitié de ce que, en 1859, ont fourni à la plante 100 grammes de terre.

HARICOT NAIN CULTIVÉ DANS UN SOL STÉRILE A L'AIR LIBRE.

(QUATRIÈME EXPÉRIENCE.)

Comme terme de comparaison, on a cultivé un haricot dans un sol stérile formé de :

Fragments de quartz lavés et calcinés... 100 grammes.

Pierre ponce, en grains, lavée et calcinée   40

Cendres de fumier..................   0,1

Le 30 mai 1859, on a planté une graine pesant $0^{gr},431$.

Le 22 juin, les cotylédons se sont détachés.

Le 5 septembre, la plante ne portait plus que trois feuilles; celles qui étaient tombées successivement à mesure qu'il en apparaissait de nouvelles avaient été recueillies. Une gousse de 3 centimètres de longueur, renfermant une graine, pendait à la tige, dont la hauteur ne dépassait pas 9 centimètres (*fig.* 3, *Pl. II*).

Sur les racines, d'ailleurs très-saines, on apercevait plusieurs tubercules spongieux de la grosseur d'un grain de colza. Cette particularité s'était aussi présentée sur les racines du haricot venu dans la terre végétale. La plante séchée à l'étuve a pesé $0^{gr},967$, un peu plus de deux fois le poids de la semence; c'était une plante-limite bien caractérisée, car elle avait donné des fleurs, un fruit, et ses feuilles étaient de dimensions fort réduites; leur plus grande longueur n'allait pas au delà de 4 centimètres sur une largeur de $1^{cent},8$.

Dosage de l'azote dans la plante entière. — Acide sulfurique équivalent à azote, $0^{gr},04375$. Acide oxalique, une mesure.

Titre de l'acide :

Avant.......	$34,5^{cc}$
Après.......	$13,9$
Différence...	$20,6$ équivalent à azote... $0^{gr},0260$
Dans la graine pesant $0^{gr},431$ il devait y avoir	$0^{gr},0186$
Azote fixé pendant la végétation...	$0^{gr},0074$

En trois mois et cinq jours la plante aurait fixé
$0^{gr},0074$ d'azote provenant évidemment de l'atmosphère, quantité bien faible ($\frac{8}{100}$ de milligramme par
vingt-quatre heures) si l'on considère que durant la
végétation il a fait une température et une sécheresse
exceptionnelles, circonstance des plus favorables,
puisque l'air contient alors plus de vapeurs ammoniacales que par un temps pluvieux.

MAÏS CULTIVÉ A L'AIR LIBRE DANS DE LA TERRE VÉGÉTALE.

(CINQUIÈME EXPÉRIENCE.)

Dosage de l'azote dans la graine. — Deux graines
de maïs quarantin, pesant chacune $0^{gr},2$ 'o.

Acide sulfurique équivalent à azote, $0^{gr},04375$.

Titre de l'acide :

Avant.... ...	$34,5^{cc}$		
Après........	$28,0$		
Différence...	$6,5$	équivalent à azote	$0^{gr},0082$
Dans 1 graine.........			$0^{gr},0041$

Le sol a été constitué avec :

Terre végétale du Liebfrauenberg.........	50^{gr}
Fragments de quartz lavés et calcinés.......	125
Phosphate de chaux basique............	$0,1$
Cendres de fumier................,....	$0,05$

Le mélange a été placé dans un pot à fleurs en
terre, lavé et calciné; on a humecté avec de l'eau distillée *exempte d'ammoniaque*, et le 2 juin 1859 on a
planté une graine du poids de $0^{gr},229$. Elle était levée

le 5 juin. A partir du 22 juin la plupart des feuilles
étaient décolorées et fanées aux extrémités.

Le 7 septembre, on enleva la plante, sur laquelle
on comptait neuf feuilles, dont quatre étaient vertes;
les autres, placées vers le bas, flétries, mais toutes
adhéraient à la tige. La plante avait 11^{cent},5 de hauteur, 6 millimètres de diamètre; on y voyait un épi
long de 2 centimètres, dans lequel on distinguait huit
ou dix embryons de graines (*fig.* 4, *Pl. II*).

Desséchée à l'étuve, la plante a pesé :

	gr
Tiges, feuilles et fruits..........	0,405
Racines....................	0,270
	0,675

Dosage de l'azote dans la plante. — Matière,
0^{gr},675. Acide sulfurique équivalent à azote, 0^{gr},04375.
Acide oxalique, une mesure.

Titre de l'acide :

	cc		
Avant	34,5		
Après........	30,5		
Différence...	4,0 équivalent à azote.	0^{gr},0051
La graine pesant 0^{gr},230 devait en contenir	0^{gr},0041
Azote acquis pendant la végétation......	0^{gr},0010

La plante sèche n'a pas pesé tout à fait trois fois
autant que la semence, et elle n'a fixé que 1 milligramme d'azote après avoir vécu pendant trois mois
dans 50 grammes de terre dans laquelle il y en avait
0^{gr},130. La terre n'avait pas eu d'effet sensible sur la
végétation; on avait obtenu une plante limite.

MAÏS CULTIVÉ DANS UN SOL STÉRILE.

(SIXIÈME EXPÉRIENCE.)

Le sol était formé de :

Fragments de quartz lavés et calcinés..... 125 grammes
Ponce lavée et calcinée en petits fragments. 30
Cendres de fumier.................... 0,01

Le 5 juin 1859, on a planté un grain de maïs quarantin pesant $0^{gr},205$.

Le 5 septembre, la plante portait huit feuilles, dont
six entièrement sèches. On n'a pas remarqué d'indices de floraison (*fig. 5, Pl. II*).

Au sortir de l'étuve ce maïs a pesé $0^{gr},289$.

Dosage de l'azote dans la plante. — Acide sulfurique équivalent à azote, $0^{gr},04375$. Une mesure
d'acide oxalique.

Titre de l'acide :

Avant........ $34^{cc},6$
Après........ $32,4$

Différence... 2,2 équivalent à azote $0^{gr},0027$
La graine pesant $0^{gr},205$ devait contenir.. $0^{gr},0036$

Azote perdu pendant la végétation....... $0^{gr},0011$

POTS A FLEURS EXPOSÉS A L'AIR A L'ABRI DE LA PLUIE
ET DE LA ROSÉE.

(SEPTIÈME EXPÉRIENCE.)

Le jour même où l'on commençait ces nouvelles
recherches sur la terre considérée dans ses effets sur

la végétation, l'on plaçait à l'air libre deux pots à
fleurs après les avoir lavés et chauffés au rouge.
Chaque pot reposait sur un vase en cristal ; l'un a été
entretenu constamment humide en l'arrosant avec de
l'eau distillée *exempte d'ammoniaque* ; l'autre n'a pas
été arrosé (1).

L'exposition a duré du 1er juin au 12 septembre.
Les pots à fleurs n'avaient pas changé d'aspect, on
ne remarquait à leur surface aucun indice de végétation cryptogamique.

On a dosé l'azote par la chaux sodée. L'acide sulfurique employé saturait en ammoniaque l'équivalent
de 0gr,0175 d'azote. On a fait intervenir dans chaque
dosage deux mesures (4 grammes) d'acide oxalique.
Une mesure était mêlée à la matière pour déterminer
un dégagement de gaz, l'autre, placée au fond du
tube pour effectuer le balayage.

La correction soustractive pour les deux mesures
d'acide oxalique était négligeable.

*Pot à fleurs examiné aussitôt après la calcina-
tion.* — Il pesait 240 grammes.

Opéré sur le $\frac{1}{3}$ = 80 grammes.

Titre de l'acide :

	cc
Avant.....	31,2
Après.....	31,2
Différence...	0,0

Comme on devait le prévoir, il n'y avait pas trace
d'azote dans la terre cuite après la calcination.

_____

(1) Ces pots à fleurs provenaient d'une fabrique de la rue de la Ro-
quette, à Paris.

Pot à fleurs entretenu humide. — On n'avait pas arrosé le pot la veille du jour où l'on a dosé. Il a pesé $228^{gr},15$.

On a opéré sur le $\frac{1}{3} = 76^{gr},05$.

Titre de l'acide :

Avant..... $31,2^{cc}$

Après..... $28,9$

Différence... $2,3$ équivalent à azote... $0^{gr},0013$

Dans la totalité................... $0^{gr},0039$

Dosage de l'ammoniaque dans le pot à fleurs. — 50 grammes de matière ont été traités dans l'appareil spécial avec 200 centimètres cubes d'eau pure dans laquelle on avait ajouté 1 centimètre cube d'une solution de potasse pure. On a dosé l'ammoniaque dans 100 centimètres cubes d'eau passés à la distillation.

L'acide sulfurique équivalait à ammoniaque, $0^{gr},02125$.

Titre de l'acide :

Avant....... $32,4^{cc}$

Après....... $31,8$

Différence... $0,6$ équivalent à..... $0^{gr},0004$ (1)

soit, à très-peu de chose près, $0^{gr},002$ d'ammoniaque dans le pot à fleurs.

Cette ammoniaque représente la moitié de l'azote dosé par la chaux sodée.

Par l'indigo on a reconnu une faible trace d'acide nitrique dans la matière examinée.

_____

(1) Une expérience *à blanc* faite avec les réactifs employés dans ce dosage n'a pas donné d'indice d'ammoniaque.

Pot à fleurs exposé à l'air sans avoir été humecté.

— Le pot a pesé 210^{gr},20.

Opéré sur le $\frac{1}{3}$ = 70^{gr},07.

Titre de l'acide :

Avant.......... 31,2^{cc}

Après.... 29,5

Différence... 1,7 équivalent à azote 0^{gr},0010

Dans la totalité........................ 0^{gr},0030

Ainsi l'argile cuite, soit sèche, soit mouillée, après son exposition à l'air, a fixé de l'azote. 438^{gr},35, en trois mois, en ont acquis 0^{gr},007, soit près de 2 centigrammes pour 1 kilogramme de matière. Une partie, la moitié environ de cet azote, constituait de l'ammoniaque; l'autre moitié appartenait probablement à ces corpuscules organisés, à ces poussières que l'atmosphère tient en suspension, particulièrement dans les grandes sécheresses, quand elle n'est pas balayée par la pluie.

————

Cette nouvelle série d'expériences a donné des résultats conformes à ceux obtenus en 1858, à savoir : qu'une terre extrêmement fertile, riche en humus, en débris organiques, en phosphates, n'a pas nécessairement sur la végétation un effet en rapport avec sa teneur en azote; que, par la nitrification, il s'y développe et même il s'y introduit des composés azotés assimilables par les plantes. Elle montre en outre que l'argile calcinée, sèche ou mouillée, maintenue à l'abri de la pluie et de la rosée, prend néanmoins à l'atmosphère, à l'état d'ammoniaque ou comme élément de corps organisés, une certaine quantité d'azote.

Dans le cours de ces recherches, il s'est manifesté un fait intéressant qui semblerait indiquer que, dans les limites où les expériences ont eu lieu, une plante se développe proportionnellement au poids de la terre végétale mise à sa disposition : on a eu, en effet, pour les haricots parvenus à une complète maturité :

Terre végétale donnée à la plante.	Poids de la plante sèche.	La graine pesant 1, la plante pesait :	Azote dans la plante.
5o	1,89o	4 $\frac{1}{2}$	o,o4 1
1 oo	3,434	8 $\frac{1}{2}$	o,o7 3

En considérant ce qui se passe dans la culture normale, il est clair que cette relation ne se maintiendrait plus si les quantités de terre étaient considérables; si la plus faible de ces quantités, par exemple, contenait seulement un peu moins des principes que la plante serait capable d'assimiler pour atteindre son maximum de rendement. En doublant le volume du sol accessible aux racines, on obtiendrait sans aucun doute une amélioration, on comblerait le léger déficit que j'ai supposé, mais l'on ne doublerait pas la récolte; la plus grande partie des matières fertilisantes ne trouverait pas d'emploi. C'est ainsi qu'en augmentant la profondeur de la terre arable par des labours exécutés à l'aide de charrues *défonceuses* et fumant convenablement, on accroît toujours les produits de la culture, souvent même d'une manière avantageuse, sans toutefois que cet accroissement soit proportionnel au volume de la terre cultivable ajoutée au champ par cette opération. Mais il y a dans le fait que je viens de signaler une donnée pour déterminer la fertilité relative de différents sols pour une même espèce de plante, à la condition de n'employer

dans ces essais que des quantités de terre bien inférieures à celles qui seraient nécessaires pour que le
végétal parvînt à son maximum de développement.
J'ai tout lieu de croire, d'après les expériences que
j'ai déjà faites, que dans ces conditions la matière organique constituée par une même espèce végétale,
pendant le même temps, sous les mêmes influences
de température, de lumière et d'humidité, donne la
mesure comparative de la fertilité de différents sols.
En procédant ainsi, l'on reste dans le cercle des observations physiologiques. On n'obtient plus rien de satisfaisant, quand l'un des échantillons de terre soumis
à l'examen est assez riche pour satisfaire amplement à
toutes les exigences de la plante, parce que des principes réellement assimilables peuvent ne pas agir. A
plus forte raison ce moyen ne saurait convenir pour
apprécier définitivement la valeur relative des matières
fertilisantes ; en l'employant, on se donnerait le ridi-
cule de faire de l'agriculture pratique en pot à fleurs.
Les engrais doivent être éprouvés dans les champs.

DOCUMENTS RELATIFS

AUX RECHERCHES SUR LA TERRE VÉGÉTALE

CONSIDÉRÉE DANS SES EFFETS SUR LA VÉGÉTATION.

———

Je crois nécessaire de faire suivre l'exposé de mes Recherches sur la terre considérée dans ses effets sur la végétation, de quelques textes avec leurs dates, afin de bien préciser quel était l'état de la question quand je m'en suis occupé, et de montrer que les expériences dont j'ai fait connaître les résultats avaient surtout pour objet de contrôler les opinions de divers auteurs, tout aussi bien que certaines idées sur ce sujet émises par M. Payen et moi en 1841, idées professées depuis lors au Conservatoire des Arts et Métiers.

———

« Parmi les sels, les phosphates ajoutent le plus à
» la qualité des fumiers, et, pour cette raison, il con-
» vient d'en tenir compte (1). »

———

» J'ai d'ailleurs constaté, par des analyses multi-

———

(1) Boussingault. *Économie rurale*, 2ᵉ édition, t. I. p. 725; 1851.

» pliées, une coïncidence des plus remarquables
» entre la proportion d'azote et celle de l'acide phos-
» phorique; de sorte que les matières organiques les
» plus azotées sont généralement les plus riches en
» phosphates (1). »

« Il peut y avoir un grand intérêt à doser les phos-
» phates dans un sol destiné à la culture; j'indique-
» rai la manière de déterminer l'acide phospho-
» rique (2). »

« On a trouvé dans 1 kilogramme d'une terre de
» bruyère provenant du domaine du Mesnil, près
» Bracieux (Sologne), $0^{gr},018$ d'acide acétique.
» L'acide carbonique, sous la pression ordinaire,
» ne dissout pas le phosphate de chaux des nodules
» (coprolithes); mais la poudre de ceux-ci, quand
» elle est restée exposée à l'air pendant quelques
» mois, acquiert une grande solubilité dans l'eau de
» Seltz (3). »

« Puisque c'est en se modifiant par la décompo-
» sition, par la putréfaction, que se développent,
» dans les composés quaternaires, les substances azo-
» tées favorables à la végétation, l'on comprend que,

---

(1) BOUSSINGAULT, *Économie rurale*, 1re édition, t. II, p. 460 ; 1844.

(2) BOUSSINGAULT, *Économie rurale*, 1re édition, t. I, p. 576 ; 1844.

(3) DEHÉRAIN, Thèse soutenue devant la Faculté des Sciences de Paris ; 1859.

» toutes choses égales d'ailleurs, un engrais complé-
» tement décomposable en produits solubles et
» gazéiformes dans le cours d'une seule année, exer-
» cera, par cela même, tout son effet utile sur une
» première culture. Il en arrivera tout autrement s'il
» se décompose avec plus de lenteur; son action sur
» la première récolte sera beaucoup moins sensible,
» mais elle durera pendant un temps plus long. Il est
» en effet des engrais qui agissent au moment même
» où ils sont introduits dans le sol; il en est d'autres
» dont l'action persiste pendant plusieurs années.

» La durée de l'action des matières fertilisantes
» doit donc être prise en sérieuse considération : elle
» dépend de la cohésion, de l'insolubilité, du climat,
» de la nature du terrain. La science ne permet pas
» de prévoir quelle sera cette durée, mais elle indi-
» que les moyens à mettre en usage pour hâter la
» décomposition des matières fertilisantes contenues
» dans la terre ou pour la retarder et la proportion-
» ner aux exigences, aux besoins des plantes (1). »

« Les matières organiques fertilisantes les plus
» avantageuses sont surtout celles qui donnent nais-
» sance, par leur décomposition, à la plus forte pro-
» portion de corps azotés, solubles ou volatils.
» Nous disons par leur décomposition, et l'on ne
» saurait trop insister sur ce point, parce que la
» présence seule de l'azote dans une matière d'origine
» organique ne suffit pas pour la caractériser comme
» engrais. La houille renferme de l'azote en quantité

_____

(1) PAYEN et BOUSSINGAULT. *Annales de Chimie et de Physique*, t. III, p. 65, 3ᵉ série; 1841.

» très-appréciable, et cependant son action amélio-
» rante sur le sol est entièrement nulle. C'est que la
» houille résiste à l'action des agents qui déterminent
» cette fermentation putride dont le résultat final est
» toujours une production de sels ammoniacaux ou
» d'autres composés azotés favorables au développe-
» ment des plantes.

» Tout en reconnaissant l'importance, la nécessité
» absolue des principes azotés dans les engrais, nous
» sommes loin de penser que ces principes soient les
» seuls utiles à l'amélioration du sol. Il est certain
» que différents sels alcalins et terreux sont indispen-
» sables au développement des végétaux (1). »

« Les engrais d'origine organique doivent suppléer,
» sur les terres, au manque d'aliments gazéifiables
» ou solubles, tels que les végétaux peuvent les assi-
» miler (2). »

« La fertilité des sols, généralement parlant, est
» indiquée par leurs facultés de produire les plantes
» utiles, et c'est une règle qui admet peu d'excep-
» tions, que plus un sol est maigre, moins les
» plantes qu'il produit sont nutritives. Les sols les
» plus pauvres produisent des mousses et des bruyè-
» res qui sont moins nutritives que les herbes; à
» mesure que le sol s'améliore, les herbes se mêlent

---

(1) PAYEN et BOUSSINGAULT. *Annales de Chimie et de Physique*, t. III, p. 68-69, 3ᵉ série; 1841.

(2) PAYEN et BOUSSINGAULT, *Annales de Chimie et de Physique*, t. VI, p. 451, 3ᵉ série; 1842.

» à la bruyère, aux lichens et aux mousses, mais elles
» sont encore d'une qualité inférieure et peu nutri-
» tives; mais, à mesure que le sol gagne en qualité,
» ces herbes deviennent meilleures et plus nombreu-
» ses dans leurs espèces; et de la même manière les
» plantes légumineuses et herbacées indiquent, par
» leurs espèces et leur grand nombre, la fertilité tou-
» jours croissante du sol. Un pied carré de vieux
» gazon de bonne qualité a été trouvé contenir mille
» différentes plantes de vingt espèces différentes; tan-
» dis qu'un pied carré de sable siliceux ne contiendra
» guère qu'une demi-douzaine de plantes, et cela de
» la même espèce.

» Dans les latitudes du nord de l'Europe, les plan-
» tes généralement regardées comme indiquant les
» sols de qualités inférieures, sont les bruyères.
» Quelques-unes des espèces de cette famille caracté-
» risent, d'une manière particulière, les terrains ap-
» pelés *tourbeux*.

» On les trouve aussi en abondance dans les argiles
» les plus fortes, sur les sables siliceux les plus pau-
» vres, comme ceux provenant du quartz, sur la
» classe la plus pauvre des terrains calcaires, comme
» la craie, et généralement sur tous les sols de peu
» de fertilité.

» Les sols où cette espèce de plante domine sont
» généralement appelés *sols de bruyères*. Ces sols
» ont néanmoins leur degré relatif de végétation, qui
» est généralement bien marqué par la vigueur des
» bruyères particulières qui y croissent: Ainsi un sol
» couvert de bruyères rabougries peut être considéré
» comme un des plus bas dans l'échelle de fertilité,

» tandis qu'une végétation vigoureuse de la plante
» peut indiquer un sol susceptible d'amélioration et
» de culture (1). »

« C'est l'absence de l'eau qui fait que le sol sa-
» blonneux des Landes est stérile; il suffit de creuser
» pour s'en assurer.

» A une profondeur peu considérable, on rencon-
» tre une couche imperméable que les habitants du
» pays appellent *alios* ou *tuf*. Cette couche est prin-
» cipalement formée de sable siliceux imprégné d'hu-
» mus à un degré variable de décomposition, et pré-
» sentant toutes les nuances du fer limoneux; elle
» renferme des quantités notables de fer.

» L'*alios* est fréquemment pénétré d'une quantité
» variable de silice amorphe, qui en relie fortement
» toutes les parties et en fait une espèce de grès peu
« ou point perméable. La couche formée par l'*alios*
» n'a qu'une épaisseur de quelques centimètres, elle
» existe à une profondeur peu variable et inférieure
» à 1 mètre, de telle sorte qu'elle suit les ondula-
» tions du sol.

» La nature chimique de cette roche, sa faible
» épaisseur et sa situation dans le sol, démontrent
» qu'elle a été formée depuis l'existence de cet amas
» de sable qui constitue les landes, et qu'elle est due
» à des produits émanés des végétaux (2). »

---

(1) DAVID LOW, *Éléments d'Agriculture pratique*, t. 1, p. 39; 1837.
(2) BAUDRIMONT, *De l'existence des courants intersticiels dans le sol arable*.

« Ce sont les matières extractives végétales et ani-
» males qui décident de la valeur d'une terre pour
» l'agriculture (1). »

« J'entends par le nom de *terreau* cette substance
» noire dont les végétaux morts se recouvrent lors-
» qu'ils sont exposés à l'action réunie du gaz oxy-
» gène et de l'eau. Les expériences que j'ai rappor-
» tées tendent à prouver que cette substance n'est
» pas le résultat de la combinaison du gaz oxygène
» avec la plante morte, mais qu'elle est le résidu de
» la soustraction de quelques-uns des éléments de ce
» végétal.

» J'ai employé, pour la plupart de mes recher-
» ches, des terreaux presque purs, et dépouillés, par
» un tamis serré, de la plus grande partie des végé-
» taux non décomposés qui y sont toujours mêlés.
» Ils ne contenaient guère que les parties minérales
» qui provenaient de la plante qui les avait produits.
» Je les ai pris sur des rochers élevés, ou dans des
» troncs d'arbres où ils n'avaient pu être modifiés
» par les substances étrangères, que l'abord des bes-
» tiaux, les engrais et le dépôt des sources introdui-
» sent ordinairement dans le sol. Ces terreaux m'ont
» paru fertiles, surtout lorsqu'ils sont mélangés avec
» une certaine quantité de sable ou de gravier qui
» sert de point d'appui aux racines, et qui donne
» accès au gaz oxygène : j'en excepte cependant ceux

---

(1) T. SAUSSURE, *Bibliothèque universelle de Genève*, t. XXXVI.

» qui se forment dans le tronc de certains arbres,
» tels que le chêne. Lorsque l'eau n'y a pas eu d'é-
» coulement, ils se trouvent chargés d'une quantité
» surabondante de principes extractifs qui obstruent
» les vaisseaux des plantes. Ces principes solubles ne
» proviennent pas en entier, dans ce cas, du terreau
» lui-même, mais en partie de l'arbre vivant, et ils
» ne sont pas alors adaptés à la nutrition de tous les
» végétaux.

» L'azote se trouve en plus grande proportion dans
» le terreau que dans la plante non décomposée. Ce
» résultat n'est pas surprenant, puisque les végétaux
» qui fermentent avec le contact de l'air ne laissent
» point dégager de gaz azote. On ne peut cependant
» attribuer à cette seule cause tout le carbonate d'am-
» moniaque que j'ai obtenu de la distillation des
» terreaux; il provient sans doute en partie des in-
» sectes qui vivent dans l'humus, et qui y laissent
» leurs dépouilles....

» La potasse et la soude dissolvent presque en tota-
» lité le terreau, il laisse dégager de l'ammoniaque
» pendant leur action. Cette dissolution est décom-
» posée par les acides, ils en précipitent une poudre
» combustible, brune, peu abondante relativement
» au poids du terreau consacré à l'opération....

» La quantité d'extrait que l'eau bouillante peut
» séparer des terreaux purs, naturels et formés en
» rase campagne est peu considérable. J'ai soumis
» ces terreaux à douze décoctions successives, faites
» chacune pendant une demi-heure avec un poids
» d'eau qui excédait 24 fois celui du terreau. La
» quantité d'extrait que j'ai pu recueillir par

» toutes ces opérations, n'a pas excédé la onzième
» partie du poids du terreau ; elle a été souvent beau-
» coup moindre. Il m'a paru qu'un terreau pur qui
» fournissait, par les douze décoctions dont j'ai parlé,
» une quantité d'extrait égale à la onzième partie de
» son poids, était, dans des circonstances égales,
» moins fertile pour les fèves et pour les pois que le
» même terreau qui ne contenait que la moitié ou
» les deux tiers de la quantité d'extrait que je viens
» d'indiquer....

» Si la quantité d'extrait que doit contenir le ter-
» reau pour entretenir une belle végétation ne doit
» pas être trop grande, elle ne doit pas être trop
» petite....

» Cent parties de terreau sec et dépouillé de la plus
» grande partie de ses principes solubles ont pu re-
» tenir 477 parties d'eau.

» Le terreau sec non lavé n'en a pu retenir au plus
» que 400 parties.

» Il en est du terreau comme du bois, il ne peut
» pas être dépouillé entièrement par l'eau de ses prin-
» cipes extractifs, du moins sous nos yeux et avec le
» contact de l'air....

» L'extrait de terreau n'est pas déliquescent : il
» fournit du carbonate d'ammoniaque à la distilla-
» tion. La solution aqueuse de cet extrait, rappro-
» chée en consistance de sirop, n'est ni acide ni alca-
» line ; elle a une saveur sucrée, elle se précipite à
» l'air, elle est troublée au bout de quelques instants
» par l'eau de chaux, par le carbonate de potasse et
» par la plupart de ses métalliques....

» Les réactifs ne font pas ordinairement découvrir,

I.   24

» par leur simple mélange avec l'infusion de terreau
» naturel formé en rase campagne, des quantités no-
» tables de potasse, de muriates et de sulfates alca-
» lins, si toutefois la base sur laquelle il repose n'y
» a rien ajouté. La plupart des sels alcalins que con-
» tiennent les végétaux ne se manifestent que dans
» le résidu de leur combustion : il en est de même
» des sels contenus dans le terreau....

    » Des terreaux purs, imbibés d'eau distillée et ren-
» fermés sous des récipients pleins d'air atmosphéri-
» ques ou de gaz oxygène confiné par du mercure, y
» ont formé du gaz acide carbonique en faisant dis-
» paraître de l'oxygène; mais ils n'ont jamais pu di-
» minuer le volume de cette atmosphère d'une quan-
» tité plus grande que le volume d'eau qui servait à
» les humecter, quelle que fût la quantité du terreau
» et la durée de l'expérience : elle a été quelquefois
» prolongée pendant plus d'un an. Lorsque cette eau
» a été préliminairement imprégnée de gaz acide, ils
» n'ont point changé le volume de leur atmosphère.
» Le gaz oxygène consumé s'est retrouvé, en quan-
» tité rigoureusement égale, dans le gaz acide carbo-
» nique produit, et ils n'ont laissé dégager ni gaz hy-
» drogène, ni gaz azote.

    » Il résulte évidemment de cette expérience que le
» terreau ne fixe ni n'assimile point le gaz oxygène
» atmosphérique. L'action de ce dernier se borne à
» enlever du carbone au terreau (1). »

---

(1) THÉODORE DE SAUSSURE. *Recherches chimiques sur la végéta-*
tion ; 1804.

« L'humus est une partie constituante plus ou
» moins considérable du sol. La fécondité du terrain
» dépend, à proprement parler, entièrement de lui,
» car si l'on en excepte l'eau, c'est la seule substance
» qui dans le sol fournisse un aliment aux plantes.
» L'humus est le résidu de la putréfaction végétale et
» animale; c'est un corps noir, lorsqu'il est sec, pul-
» vérulent; lorsqu'il est humide, mou et gras au tou-
» cher. A la vérité, il varie suivant la nature des
» corps qui l'ont produit, et suivant les circonstances
» sous lesquelles la putréfaction et la décomposition
» se sont opérées; cependant il est certaines proprié-
» tés qui sont inhérentes à sa nature, et en général
» il est assez semblable à lui-même. C'est un produit
» de la force organique, une combinaison de car-
» bone, d'hydrogène, d'azote et d'oxygène, telle
» qu'elle ne peut pas être produite par les forces de
» la nature non organisée, parce que dans la nature
» morte ces substances ne s'allient que par la com-
» binaison simple de deux d'entre elles, et non toutes
» ensemble, comme cela a lieu ici. A ces substances
» essentielles de l'humus, il s'en joint encore quel-
» ques autres en plus petite quantité, du phosphore,
» du soufre, un peu de terre proprement dite, et
» quelquefois différents sels.
» Comme l'humus est une production de la vie, de
» même aussi il en est la condition. Il donne la nour-
» riture aux corps organisés: sans lui il ne saurait y
» avoir une vie individuelle, tout au moins pour les
» animaux et les plantes les plus parfaits : ainsi la
» mort et la destruction étaient nécessaires à l'alimen-
» tation et à la reproduction d'une nouvelle vie. Plus

24.

» il y a de vie, plus la quantité d'humus produite de-
» vient considérable, plus il y a d'éléments de nutri-
» tion pour les organes de la vie. Chaque être orga-
» nisé s'approprie durant sa vie une quantité toujours
» croissante d'éléments naturels bruts, et en les tra-
» vaillant au dedans de lui produit enfin l'humus, de
» sorte que cette matière s'augmente d'autant plus,
» que les hommes et les animaux se multiplient dans
» une contrée, et que l'on cherche à multiplier les
» produits du sol, bien entendu cependant qu'on ne
» les laisse pas volontairement entraîner dans la mer
» par les eaux, ou consumer par le feu. Nous n'a-
» vons qu'à observer les progrès de la végétation sur
» les rochers nus, pour étudier l'histoire de l'humus
» dès le commencement du monde. D'abord il s'y
» forme des lichens et des mousses, dans la décom-
» position desquels des plantes plus parfaites trou-
» vent leur nourriture; celles-ci, à leur tour, aug-
» mentent la masse du terreau par leur putréfaction;
» ainsi, à la fin, il s'y forme une couche d'humus, qui
» peut alimenter les arbres les plus vigoureux.

» Le terreau végétal, dit très-bien Voigt dans son
» *Supplément aux Recherches de Saussure sur la*
» *végétation*, est le végétal en partie décomposé,
» mais pas entièrement désorganisé. C'est une plante
» vaste et générale sans organisation, qui porte elle-
» même les autres plantes et les nourrit, comme un
» rameau est alimenté par l'arbre dont il fait partie,
» ou comme une nouvelle pousse se nourrit aux dé-
» pens du pédoncule de la feuille qui l'a précédé. Le
» terreau végétal est composé de substances végé-
» tales, et il peut être derechef transformé en sub-

» stances de la même nature; souvent on le prépare
» soigneusement dans ce but.... »

« L'humus a de l'analogie avec les corps dont il est
» le produit, quant à la qualité de ses parties consti-
» tuantes, mais ces parties y éprouvent un change-
» ment dans leurs quantités respectives. Les substances
» élémentaires entrent dans une nouvelle combinai-
» son, il s'en évapore une partie. Suivant de Saussure,
» l'humus contient moins d'oxygène, mais plus de
» carbone et d'azote que les végétaux dont il a été
» tiré. Mais les circonstances sous lesquelles l'humus
» se forme ont sans doute une grande influence sur
» les proportions de ses éléments, et sur les divers
» genres de combinaison de ses parties élémentaires.
» Ainsi donc lorsqu'il s'est formé sous la libre in-
» fluence de l'air atmosphérique, il n'est pas entière-
» ment semblable à ce qu'il est lorsqu'il a été formé
» dans un lieu clos, et hors du contact de cet air ; il
» n'est pas le même lorsqu'il a reçu beaucoup d'eau,
» ou lorsqu'il a eu moins d'humidité. Cela est dé-
» montré, quoique ni les circonstances qui ont de
» l'influence sur la formation de l'humus, ni les dé-
» viations auxquelles elles sont soumises, n'aient pas
» encore été suffisamment analysées.

» Alors même que l'humus est déjà formé, il n'est
» cependant point à l'abri de l'altération et de la des-
» truction. Il est en particulier dans une action et une
» réaction constante avec l'air atmosphérique. Lors
» qu'il est placé sous un récipient fermé avec du mer-
» cure, il attire fortement le gaz oxygène, lui com-
» munique du carbone, et le change en gaz acide
» carbonique. Si le récipient est fermé avec de l'eau,

» il se fait un vide dans lequel l'eau s'introduit, en
» absorbant le gaz acide carbonique : il se fait ainsi
» une consommation insensible d'humus. Il n'en est
» point de même du charbon de bois parfait; il faut
» donc que ce phénomène provienne de la combinai-
» son particulière du carbone avec l'hydrogène et
» l'azote. C'est vraisemblablement en produisant ainsi
» du gaz acide carbonique que l'humus agit sur la
» végétation, soit directement, soit par le moyen du
» sol, surtout lorsque la fane des plantes couvre
» fortement ce sol, et par là empêche la trop prompte
» évaporation de la colonne d'air enveloppée de gaz
» acide carbonique. De Saussure trouva que des
» plantes chargées de sucs et à moitié sèches, lorsqu'il
» les plaçait sur de l'humus ou sur une terre qui en
» était abondamment pourvue, se rétablissaient d'une
» manière évidemment plus prompte que lorsqu'elles
» étaient déposées sur un terrain maigre et humide.
» D'après les expériences faites sous le récipient, on
» peut calculer quelle énorme quantité de gaz acide
» carbonique doit se dégager d'un journal de terre
» riche en humus.

» Dans le même temps l'humus éprouve encore un
» changement, que de Saussure nous a également ap-
» pris à connaître d'une manière plus particulière. Il
» s'y forme une certaine matière qui est soluble dans
» l'eau, et qu'on nomme matière extractive. L'on
» sépare cette substance, en faisant bouillir à diffé-
» rentes reprises, avec de l'eau, l'humus qui a été ex-
» posé à l'air; en évaporant cette décoction, on obtient
» alors pour résidu un extrait d'un brun noirâtre.
» Lorsque, à la suite de coctions réitérées, l'humus

» semble être entièrement privé de cette matière so-
» luble, et qu'on le met pendant quelque temps en
» contact avec l'atmosphère, on peut derechef en
» obtenir de la matière extractive; si au contraire on
» conserve l'humus dans des vases fermés, il ne four-
» nit plus de cette matière.

» L'humus n'est pas susceptible de putréfaction
» proprement dite, il paraît au contraire être en op-
» position avec elle; car la matière extractive peut
» entrer en fermentation putride lorsqu'elle est sépa-
» rée, tandis qu'elle n'en est pas susceptible, aussi
» longtemps qu'elle est combinée avec les autres par-
» ties de l'humus. Cependant la végétation des plan-
» tes, et la formation tant de l'acide carbonique que
» de la matière extractive, qui a lieu lorsque l'humus
» est exposé à l'air, consument à la longue entière-
» ment l'humus, si l'on ne remplace par de nouveaux
» engrais les sucs que la végétation absorbe. S'il en
» était autrement, l'humus devrait s'être amassé à la
» surface du sol en quantité beaucoup plus grande
» qu'on ne l'y trouve effectivement.

» Suivant les espèces de terrain auxquelles l'hu-
» mus est incorporé, il se comporte d'une manière
» différente et il produit des effets variés. Au moyen
» de sa ténacité, l'argile retient les particules d'hu-
» mus qui sont mélangées avec elle et divisées; elle
» les protége davantage contre l'influence de l'air at-
» mosphérique, par conséquent contre la décompo-
» sition. Au reste l'argile paraît aussi se combiner avec
» l'humus d'une manière intime et chimique, de
» sorte que celui-ci perd en quelque façon ses pro-
» priétés, surtout si elle est nue

» Lorsque l'humus demeure toujours dans l'hu-
» midité, sans cependant qu'il soit entièrement re-
» couvert d'eau, il s'y développe un acide qui est très-
» sensible à l'odorat, et qui est plus particulièrement
» caractérisé par la propriété de rougir le papier bleu.
» Ces circonstances sont connues depuis longtemps;
» c'est elles qui ont fait donner la qualification d'*a-*
» *cides* aux prairies et aux terrains qui présentaient
» ce phénomène, et cela avec raison, quoique souvent
» on ait abusé de cette expression. Nous avons exa-
» miné ces faits de plus près, et recherché la constitu-
» tion particulière de cet acide; au premier abord
» nous avons dû envisager celui-ci comme étant d'une
» nature distincte et ayant le carbone pour base; mais
» nous nous sommes ensuite convaincus que cet acide
» est composé en plus grande partie d'acide acétique,
» quelquefois aussi d'acide phosphorique.

» Cet humus acide est produit par des végétaux
» qui contiennent beaucoup de tannin, ou du moins
» quelque chose de pareil, et en particulier par la
» bruyère, lors même qu'elle végète dans les lieux
» secs. Dans les places où cette famille de plantes vi-
» vaces a pris possession du sol, on trouve souvent
» une terre dont la couleur, tout à fait noire, est es-
» sentiellement due à l'humus, quoique, suivant toutes
» les apparences, le fer y ait aussi quelque part. A la
» vérité cet humus est absolument insoluble, il ne fa-
» vorise la végétation que des seuls végétaux dont il
» est provenu, et ces végétaux ne prospèrent que là
» seulement où ils le trouvent. La bruyère ne réussit
» que difficilement dans les lieux où il n'existe pas de
» cet humus; et là où elle est établie, elle ne souffre

» que peu d'autres plantes. Cet humus peut être mé-
» tamorphosé par un amendement composé de marne,
» de chaux et d'ammoniaque, et dans ce cas la bruyère
» ne tarde pas à être détruite ; l'écobuage produit
» aussi quelque effet, seulement on peut difficilement
» entretenir un feu assez vif pour produire une com-
» bustion complète. La feuille de quelques arbres,
» surtout celle du chêne, produit également un hu-
» mus de cette nature, si, lors de sa putréfaction, elle
» n'est pas décomposée par un fumier animal très-
» chaud, ou par de la chaux et des alcalis.

» Il paraît aussi qu'il y a une différence sensible
» dans l'humus nouvellement formé, entre celui qui
» est le résidu d'une putréfaction complète, et celui
» dont les éléments n'ont été qu'en partie décompo-
» sés, parce qu'il leur manquait les conditions de la
» putréfaction, la chaleur et l'humidité, tandis que
» l'air y avait plus facilement accès. Cette différence
» n'a pas encore été suffisamment approfondie, ce-
» pendant celui-là paraît contenir évidemment moins
» de charbon ; il ne donne que de la fumée lorsqu'on
» y met le feu, tandis que le second est plus noir, a
» plus de charbon, brûle par conséquent plus libre-
» ment, et dégage plus de calorique. Le plus grand
» nombre des expériences que de Saussure en parti-
» culier a faites sur l'humus, ont eu lieu sur la pre-
» mière espèce, parce qu'on pouvait la recueillir plus
» facilement pure dans la tige des saules et d'autres
» arbres pourris. On trouve cependant dans d'an-
» ciens marais qui ont été desséchés, un humus très-
» semblable au bois pourri, qui forme à lui seul la
» principale partie constituante du sol, jusqu'à une

» profondeur d'un et demi jusqu'à deux pieds. Un
» terrain de cette nature, quoique très-riche en sucs
» nutritifs, n'est cependant point favorable à l'agri-
» culture, et aux céréales en particulier. Je demeure
» encore dans le doute si cela provient uniquement
» de ce que le sol n'a pas assez de consistance, ou s'il
» est dû à quelque propriété particulière de cet hu-
» mus : nous faisons actuellement des expériences à
» ce sujet. L'analogie qui existe entre cet humus et
» le terreau des saules nous confirme dans l'obser-
» vation que l'*oreille de souris, beraiste* (Berastium
» vulgatum) est de toutes les plantes celle qui couvre
» le plus souvent les places où il se trouve.

» Enfin l'humus, surtout celui qui s'est formé ré-
» cemment, est essentiellement différent, suivant que
» c'est la putréfaction des corps végétaux, ou celle
» des animaux, qui a eu le plus de part à sa composi-
» tion. Dans ce dernier cas il contient plus d'azote,
» de soufre et de phosphore, ce qui, lorsqu'on le
» brûle, est indiqué d'une manière sensible par l'o-
» deur qu'il répand, laquelle est semblable à celle
» des corps animaux brûlés (1). »

« Cette expérience, comme celle de M. Soubeiran,
» semble démontrer l'absorption des ulmates solu-
» bles (ulmate d'ammoniaque, pendant la végétation,
» en même temps que leur utilité, (2). »

---

(1) THAER, *Principes raisonnés d'Agriculture*, t. II; 1810.
(2) MALAGUTI. *Annales de Chimie et de Physique*. t. XXXIV. p. 140,
3ᵉ série; 1852.

« On a cru pendant longtemps que le terreau pas-
» sait en nature dans la plante, sous forme de solu-
» tion aqueuse, et que le ligneux, réduit à ses der-
» niers éléments d'organisation, était assimilé par elle
» et lui fournissait ses principes d'accroissement; que
» l'action des labours et celle des météores consistaient
» à amener le terreau à cet état où il se dissolvait
» dans l'eau. Des expériences diverses sont venues
» réfuter cette opinion. M. Hartig a fait végéter des
» fèves dans des solutions aqueuses du terreau et
» dans des solutions de terreau et de potasse; les ra-
» cines absorbèrent l'eau à l'exclusion des matières
» en dissolution. Mais il a constaté aussi qu'elles ab-
» sorbaient l'eau chargée d'acide carbonique, et
» qu'ainsi cet acide, formé par le terreau, sert à la
» nourriture de la plante. Il ne peut donc plus être
» question de la théorie qui admettait l'absorption
» du terreau (1). »

« Les agronomes ont raison d'apprécier beaucoup
» la présence de l'humus dans les engrais; M. Liebig
» a bien fait de faire ressortir l'influence des sels
» comme stimulants de la végétation; MM. Boussin-
» gault et Payen ont été fondés à dire que la valeur
» d'un engrais s'accroît avec sa richesse en matière
» azotée. Mais celui-là a bien plus raison encore, qui
» proclame que l'engrais par excellence est celui qui
» renferme en même temps les trois éléments essen-
» tiels : l'humus, les sels et la matière azotée. ...

---

(1) DE GASPARIN. Cours d'Agriculture, t. I, p. 190, 1843.

» L'humus est toujours azoté. L'humus sert direc-
» tement de nourriture à la plante. Son absorption
» se fait surtout sous la forme d'humate d'ammo-
» niaque.

» Dans les terres ordinaires, l'humate d'ammonia-
» que résulte principalement de la réaction du car-
» bonate d'ammoniaque sur l'humate de chaux (1). »

« Le peu d'épaisseur de la couche de terre végé-
» tale que l'on voit dans ces plaines (Lombardie),
» me semble aussi prouver que l'on ne peut pas re-
» garder la quantité de cette terre comme la mesure
» du temps qui s'est écoulé depuis que le pays a
» commencé à produire des végétaux....

» La nature même de cette terre prouve qu'elle
» doit être sujette à une décomposition spontanée.
» En effet, son analyse démontre qu'elle est compo-
» sée de fibres et de racines à demi putréfiées, et d'un
» mélange de fer et de différentes terres imbibées de
» sucs à demi décomposés des plantes qui y ont vé-
» gété : or, ces restes de plantes doivent à la longue
» achever de se décomposer; leurs éléments volatils
» doivent s'évaporer et servir à des productions nou-
» velles, conjointement avec une partie des principes
» fixes qui sont pompés par les racines; d'un autre
» côté, les eaux des pluies qui lavent la surface de
» ces terres, et qui les pénètrent dans toute leur
» épaisseur, doivent aussi entraîner, soit dans les ri-
» vières, soit dans le sein même de la terre, les sels,

---

(1) E. SOUBEIRAN, *Analyse de l'humus*, Rouen, 1850.

» qui sont les seuls résidus fixes qui puissent servir à
» la décomposition des végétaux. Cette destructibilité
» de la terre végétale est un fait au-dessus de toute
» exception; et les agricoles qui ont voulu suppléer
» aux engrais par des labours trop fréquemment ré-
» pétés en ont fait la triste expérience; ils ont vu leur
» terre s'appauvrir graduellement, et leurs champs
» devenus stériles par la destruction de la terre vé-
» gétale (1). »

« Les terres d'étang (dans les Dombes) jouissent,
» au point de vue agronomique, de propriétés à peu
» près analogues à celles des terres diluviennes; ce-
» pendant on y observe quelques différences, dues à
» leur composition chimique et physique. Ces terres
» sont en général plus argileuses et ferrugineuses, et
» par suite moins siliceuses; l'équilibre plus rationnel
» entre les trois éléments, silice, alumine et fer, pa-
» raît dans certaines circonstances communiquer à
» ces terres des propriétés plus avantageuses; leur
» richesse en matière organique est également pour
» elle une source de fécondité (2). »

« Dans tous les marais, on trouve une grande
» quantité d'humus constitué sous forme de gelée, et
» qui est un mélange de crénate et d'apocrénate fer-
» rique, deux sels qui, en se détruisant lentement

---

(1) H. BÉNÉDICTE DE SAUSSURE, *Voyages dans les Alpes*, t. V,
p. 206, in-8; 1796.
(2) A. F. POURIAU, Thèse soutenue devant la Faculté des Sciences
de Lyon: 1858.

» sous l'action réunie de l'eau et de l'air, produisent
» ces minerais de fer dit *limoneux* et *pisiforme*; leur
» formation est continuelle au sein de ces dépôts (1). »

« Lorsqu'on mélange avec de l'eau distillée une
» certaine quantité de terre arable provenant d'un
» champ fertile, si l'on remue le mélange et qu'on
» le jette sur un filtre, l'eau qui s'écoule renfermera
» les principes solubles qui existaient dans la terre.
» En répétant ce lavage une seconde et une troisième
» fois, on aura extrait sensiblement tout ce que la
» terre peut céder à l'eau, et par conséquent à la pluie.
» Ces principes solubles représentent donc exacte-
» ment la nourriture que les plantes peuvent trouver
» dans la terre, les racines des végétaux ne pouvant
» absorber que des principes à l'état de dissolution.
» Ayant été chargé de faire l'analyse des divers
» terrains du domaine de l'Institut Agronomique,
» nous reçumes de M. le comte de Gasparin, le con-
» seil de nous attacher surtout à l'étude des principes
» solubles que ces différentes terres peuvent céder à
» l'eau. L'eau (provenant du lessivage de 20 kilo-
» grammes de terre) est parfaitement limpide, légè-
» rement jaunâtre; on l'évapore au bain-marie jus-
» qu'à complète dessiccation du résidu.
» L'extrait n'est pas uniquement composé de sub-
» stances minérales, il renferme également une sub-
» stance organique qu'on peut évaluer en moyenne
» à 50 pour 100 de la masse de l'extrait desséché.
» L'extrait sec du traitement des terres par l'eau

---

(1) Saxe. *Chimie agricole*, p. 45.

» renferme toujours une certaine proportion d'azote,
» en moyenne 1.5 pour 100 Lorsqu'on le fait bouil-
» lir avec du lait de chaux, la presque totalité de
» l'azote peut être recueillie sous forme d'ammonia-
» que : l'azote est donc ainsi à l'état de sels ammo-
» niacaux dans la partie soluble des terres (1). »

———

« Le fumier noirci par la fermentation, qui coule
» dans la rue les jours de pluie, qui se volatilise dans
» l'air les jours de soleil, ne se perd plus une fois
» qu'il est en terre ; il y résiste à toutes ces causes de
» destruction ; il attend là patiemment toutes les ré-
» coltes qu'il doit produire.

» Une terre traitée par les acides ayant laissé un
» résidu brun foncé qui, calciné, laissa de l'alumine,
» il me vint à la pensée que ce produit pouvait bien
» être une combinaison d'alumine avec la matière
» organique de la terre, une véritable laque; et comme
» la terre analysée provenait d'ailleurs d'un sol très-
» bien cultivé et très-bien fumé, c'était peut-être une
» combinaison du fumier même avec l'alumine de la
» terre. Mais alors l'alumine devait former des com-
» binaisons avec certains éléments du fumier. C'est
» ce que je vérifiai immédiatement.

» L'analyse m'a démontré que l'alumine peut di-
» rectement absorber 50 pour 100 de son poids de
» teinture de fumier.

» Il nous semble permis de conclure de toutes nos

(1) VERDEIL et RISLER. Comptes rendus de l'Académie des Sciences
t. XXXV. p. 95. 1852

» expériences que l'alumine libre, les oxydes de fer
» et le carbonate de chaux, sont les éléments conser-
» vateurs du fumier, parce qu'ils forment avec lui
» des laques, que l'action du temps, de l'eau, de l'air
» ne détruisent qu'à la longue, comme presque toutes
» les laques se détruisent, et sans doute au fur et à
» mesure du besoin et à la sollicitation des plantes.

» Quand on lessive du fumier fermenté, on obtient
» une dissolution brune, formée en majeure partie
» d'une combinaison d'ammoniaque avec un acide
» particulier. Lorsqu'on la traite par un acide puis-
» sant, on en isole un acide organique, gélatineux,
» insoluble dans l'eau. Cet acide, purifié, l'*acide fu-*
» *mique*, renferme 5,5 pour 100 d'azote.

» L'acide fumique sec a l'aspect du charbon de
» terre; sauf la potasse, la soude et l'ammoniaque,
» toutes les autres bases forment avec lui des sels in-
» solubles (1). »

« La terre arable peut absorber, fixer de l'ammo-
» niaque en une combinaison stable, insoluble, in-
» dépendamment de celle qu'elle contient naturelle-
» ment :

100000 parties de terre du
 Dorsethire ont fixé...... 348 parties d'ammoniaque.
Du Berkshire............ 157 »
Une argile blanche plastique 282 »

» On ne peut donc pas, par le lessivage, enlever la
» totalité de l'ammoniaque que la terre renferme (2). »

---

(1) Paul THENARD. *Comptes rendus*, t. XLIV, p. 819-980; 1857.
(2) WAY, *Journal of the Agricultural Society*, t. XV.

» L'atmosphère peut être considérée comme un
» vaste laboratoire encore inexploré. L'analyse des
» eaux de pluie est un moyen de se rendre compte
» d'une partie des phénomènes qui s'y produisent et
» qui doivent exercer une si grande influence sur la
» vie de tous les êtres végétaux ou animaux qui peu-
» plent la surface de la terre. En attendant de nou-
» velles expériences, un fait nous semble bien con-
» staté, c'est la présence, dans les eaux de pluie,
» d'une grande quantité d'azote, tant à l'état d'am-
» moniaque, qu'à l'état d'acide azotique. Cet azote,
» rapporté par les pluies sur le sol de nos champs
» cultivés, rend compte d'un grand nombre de faits
» agricoles de la plus haute importance. La jachère
» devient une pratique rationnelle. L'importance
» moindre des engrais dans les contrées méridionales
» s'explique parfaitement (1). »

« Chacun sait que l'eau des rivières et des sources
» est un engrais très-puissant pour les prairies natu-
» relles. Ce fait si intéressant pour l'agriculture, et
» dont la Société d'Encouragement vient de deman-
» der une explication chimique, ne sera plus main-
» tenant un problème, si l'on se souvient que les
» graminées contiennent une très-grande quantité de
» silice et de potasse; car l'eau des irrigations amène
» dans les prairies de la silice et des alcalis. Plus loin,
» je prouverai qu'elle leur fournit encore, sous forme
» de matière organique et de nitrates, l'azote que les

(1) BARRAL. *Recherches analytiques sur les eaux pluviales;* 1851.

I.   25

» plantes demandent à l'engrais. Je m'explique diffi-
» cilement comment, dans la plupart des analyses
» d'eaux potables faites jusqu'ici, les auteurs font
» à peine mention de la silice, et que le plus sou-
» vent il n'en est même pas question. M. Payen en a
» trouvé de grandes quantités dans l'eau du puits de
» Grenelle (1). »

« C'est une remarque des laboureurs, que les·lon-
» gues pluies engraissent les sillons, ainsi que la
» neige; il en est de même de toutes les eaux crou-
» pissantes : rien de si fertile que les marais dessé-
» chés (2). »

« Dans un précédent Mémoire, j'ai cherché à dé-
» montrer que le salpêtre agit directement sur le dé-
» veloppement des plantes ; j'ai mentionné les expé-
» riences faites sur l'emploi du nitrate de soude du
» Pérou dans la grande culture, et j'ai rappelé que
» les nitrates avaient été signalés depuis bien long-
» temps dans les terres douées d'un haut degré de
» fertilité, par Bowles, Proust et Einhoff.
» Dans ces nouvelles recherches, je me suis pro-
» posé de déterminer ce que, à un moment donné,
» 1 hectare de terre arable, 1 hectare de prairie,
» 1 hectare de sol forestier, 1 mètre cube d'eau de

---

(1) H. Sainte-Claire Deville, *Annales de Chimie et de Physique*,
t. XXIII, p. 33, 3ᵉ série; 1848.

(2) *Observations sur divers moyens de soutenir et d'encourager
l'agriculture de la Guyenne*; 1756.

» rivière ou d'eau de source, contient de nitrates.
» J'ai dosé ces sels dans quarante échantillons de
» terre....

» Dans l'état actuel de nos connaissances, il est
» naturel d'attribuer l'origine des principes azotés des
» végétaux, soit à l'ammoniaque, soit à l'acide ni-
» trique. L'azote de l'albumine, de la caséine, de la
» fibrine des plantes, a très-probablement fait partie
» d'un sel ammoniacal ou d'un nitrate. Peut-être
» pourrait-on ajouter à ces deux sels une matière
» brune qu'on obtient du fumier; mais, même avec
» l'adjonction de cette matière encore si mal connue,
» il reste établi que tout élément immédiatement
» actif d'un engrais est soluble, et que, par consé-
» quent, un sol fumé, quand il est exposé à des pluies
» continuelles, perd une portion plus ou moins forte
» des agents fertilisants qu'on lui a donnés; aussi
» trouve-t-on constamment dans l'eau de drainage,
» véritable lessive du terrain, des sels ammoniacaux
» et surtout des nitrates; et s'il est vrai que le som-
» met des montagnes, que les plateaux élevés n'ont
» pas d'autre engrais que les substances minérales
» dérivées des roches qui les constituent, il ne l'est
» pas moins que, dans les conditions les plus ordi-
» naires de la culture, une terre très-fortement amen-
» dée cède à l'eau pluviale qui la traverse, plus de
» principes fertilisants qu'elle n'en reçoit d'elle. En
» donnant à la terre un fumier à un état de décom=
» position peu avancé, renfermant, par cela même,
» plutôt les éléments des produits ammoniacaux et
» des nitrates que ces sels eux-mêmes, l'inconvénient
» dû à l'action des pluies prolongées est bien moindre

» que si l'on donnait un fumier fait où déjà domi-
» nent les sels solubles (1). »

» J'ai été frappé de voir très-bien venir un plant
» d'avoine dans un sol où le nitrate de potasse avait
» été substitué au silicate de la même base....
  » Ces essais prouvent que les nitrates de potasse et
» de soude peuvent remplacer l'ammoniaque dans la
» végétation (2). »

  « Les analyses (dosages d'azote) faites dans mon
» laboratoire, à Giesen, par M. Krocker, sur vingt-
» deux échantillons de terre, ont prouvé avec certi-
» tude que, pris à une profondeur de 30 centimè-
» tres, le sable le plus stérile contient 110 fois, une
» terre arable 500 à 1000 fois la quantité d'azote né-
» cessaire à la plus belle récolte de froment ou à
» celle introduite dans le sol par la plus riche fu-
» mure.
  » Le fait de la présence dans le sol d'aussi prodi-
» gieuses quantités d'azote a été constaté à Berlin
» dans le *Landes œconomie collegium.* Dans quatorze
» localités de la Prusse, l'ammoniaque déduite de
» dosages d'azote a été, par hectare, de 3223 à 20062
» kilogrammes.

---

(1) BOUSSINGAULT, *Recherches sur les quantités de nitrates contenues dans le sol et dans les eaux;* 26 janvier 1857. — Ces recherches paraîtront dans le IIe volume.

(2) Le prince de SALM-HORTSMAR, *Annales de Chimie et de Physique,* t. XXXV; 1852.

» La terre noire de Russie (*tocherno-sem*) renferme
» par hectare :

Au minimum. . 26709 kilogrammes d'ammoniaque.
Au maximum. . 55254 »

» La terre des environs de Munich que j'ai sou-
» mise à l'analyse dans le but d'évaluer l'ammonia-
» que, en a donné par hectare :

La terre de mon potager.. . ... 25788 kilogrammes
 » du jardin botanique... 24407 »
 » d'une forêt.......... 23485 •

» Six échantillons de terres arables de l'île de
» Cuba, dans lesquelles on cultive du tabac, con-
» tiendraient par hectare :

1842 à 16117 kilogrammes d'ammoniaque.

» Ce qui se passe dans la grande culture (culture
» étendue) démontre que l'azote introduit dans les
» terres par les engrais n'est qu'une fraction de celui
» qu'on retire par les récoltes. La petite culture (cul-
» ture intense), au contraire, met en évidence que
» l'azote des produits récoltés n'est qu'une fraction
» de celui enfoui dans le sol avec le fumier (1). »

———

« La terre végétale elle-même renferme le plus
» souvent des principes azotés n'ayant pas les pro-
» priétés des engrais. Aussi le dosage de l'azote d'une
» terre arable ne donne pas toujours la teneur des
» matières utiles à la végétation. On pourrait ren-

(1) LIEBIG *de la Théorie et de la Principe de l'Agriculture* Bruns-
wick, 1856.

» contrer tel sol contenant quelques centièmes de
» tourbe, très-azoté par conséquent, et qui néan-
» moins resterait à peu près stérile sans le secours
» des engrais.

» Si de ce que la terre renferme les éléments de
» l'ammoniaque, on en concluait que les substances
» organiques azotées, par cela même qu'elles appor-
» tent des principes ammoniacaux, sont inutiles
» comme engrais, on pourrait, avec tout autant de
» raison, se prononcer contre l'utilité de l'interven-
» tion des substances minérales, que l'expérience re-
» connaît comme étant très-efficaces dans la végéta-
» tion. Ainsi, la présence constante des phosphates
» dans les cendres de végétaux m'a fait écrire, à une
» époque déjà très-éloignée, que si, dans les résultats
» de leurs analyses des terrains, les chimistes n'a-
» vaient pas signalé ce genre de sels, c'est parce qu'ils
» ne les avaient pas recherchés. Depuis lors, on a
» rencontré l'acide phosphorique dans un grand
» nombre de roches et dans tous les sols.

» Je ne doute pas que si M. Krocker se fût appli-
» qué à doser l'acide phosphorique dans les terres
» dont il a déterminé l'azote, il n'en eût rencontré
» des proportions très-minimes sans doute, mais qui,
» multipliées par le poids de la terre labourée d'un
» hectare, se seraient traduites aussi en milliers de
» kilogrammes.

» Un sol crayeux de la plus mauvaise qualité m'a
» donné une quantité de phosphate de chaux que l'on
» pourrait estimer à 3000 kilogrammes à l'hectare.
» Cependant, malgré ce phosphate, la terre n'était
» productive qu'à la condition de recevoir 500 kilo-

» grammes de noir des raffineries, dans lequel il y
» avait, indépendamment du sang coagulé, tout au
» plus 200 kilogrammes de phosphate de chaux.

» Les sols les plus stériles ne sont probablement
» pas dépourvus de matières minérales utiles aux
» plantes, et, c'est un fait bien digne d'être signalé,
» les rares végétaux fixés sur ces terres ingrates par-
» viennent à s'emparer de ces matières qui, en raison
» de leur faible quantité, échappent aisément à l'ana-
» lyste le plus exercé.

» Des faits que je viens de rapporter découle cette
» conséquence : c'est qu'il ne suffit pas seulement
» que les éléments minéraux ou azotés se trouvent
» dans un terrain pour être favorables à la culture,
» il faut, en outre, qu'ils y soient dans un état con-
» venable à l'assimilation, comme cela a lieu dans les
» fumiers. Il est bien évident que de la potasse en-
» gagée dans un feldspath, et qu'une analyse indi-
» quera dans la composition d'un sol arable, ne
» passera pas immédiatement dans le végétal; il ne
» l'est pas moins que l'azote, partie constituante
» d'un fragment de lignite épars dans le même sol,
» ne contribuera pas au progrès de la végétation,
» comme il le ferait s'il était transformé en sel am-
» moniacal.

» Des observations faites avec soin ont d'ailleurs
» démontré l'heureuse influence de la matière orga-
» nique des engrais. J'ai fumé 30 mètres carrés d'un
» terrain pauvre, argileux, avec du fumier de ferme :
» j'ai obtenu une récolte satisfaisante. Tout à côté,
» sur une surface égale, j'ai répandu les cendres, par
» conséquent les sels provenant d'une égale quan

» tité de fumier : le sol n'a pas été amélioré d'une
» manière perceptible.

» En admettant que les sels contenus dans les en-
» grais sont les seuls agents véritablement utiles, on
» est conduit à conseiller aux cultivateurs de brûler
» leurs fumiers, afin d'en obtenir les cendres, et de
» diminuer ainsi les transports toujours si onéreux.
» Je doute que ce conseil soit jamais suivi (1). »

Je viens de passer en revue les opinions souvent
contradictoires que l'on a successivement énoncées,
depuis Bénédicte de Saussure, sur la constitution de
la terre végétale, sur la nature des principes fertilisants. En les discutant, je me suis aperçu qu'il en
manquait une, plus importante, à mon avis, que
toutes celles que l'on avait émises, c'était : l'*opinion
des plantes*. La recherche de cette opinion est le but
que je me suis proposé d'atteindre.

On a vu en quoi consiste la méthode que j'ai adoptée : faire développer un végétal dans une terre fertile
dont on connaît la quantité et la constitution; puis,
constater ce que le végétal prend, ce que le végétal
laisse dans le sol.

Si l'on me demandait pourquoi je n'ai pas maintenu les expressions de principes solubles, de principes insolubles des matériaux du sol, employées depuis si longtemps pour rendre l'idée de l'absorption
et de la non-absorption de ces matériaux par les
plantes, la réponse serait facile.

---

(1) BOUSSINGAULT, *Économie rurale*, 2ᵉ édition. t. I, p. 724; t. II,
p. 79; 1851.

Depuis que MM. Thompson et Way ont trouvé que l'ammoniaque introduite dans la terre y devient insoluble sans cesser d'agir utilement sur la végétation, j'ai cru devoir adopter les expressions plus générales de principes assimilables, de principes non assimilables pour désigner ceux de ces principes qui cèdent ou qui résistent à l'action assimilatrice des végétaux. Ces définitions ont cela d'avantageux qu'elles expriment le fait, sans rien préjuger sur l'état physique des matières.

Ainsi, pour ne citer qu'un seul exemple, l'ammoniaque, à l'état de vapeur, et dont on reconnaît quelquefois la présence dans l'atmosphère confinée d'un champ en culture, est assimilée.

L'ammoniaque formant des sels dissous dans l'eau dont le sol est imbibé, est assimilée.

L'ammoniaque absorbée par la terre végétale et devenue insoluble, si les observations de MM. Thompson et Way sont exactes, est assimilée.

Donc, à l'état gazeux, à l'état de dissolution, comme après avoir perdu sa solubilité, l'ammoniaque céderait ses éléments à l'organisme végétal.

D'un autre côté, j'ai montré que dans une terre extrêmement fertile, mais employée en quantité limitée, la matière organique azotée qui s'y trouve peut avoir assez de stabilité pour ne pas agir sur la végétation, et que dans cette conjoncture une plante ne se développe pas autrement que dans un terrain stérile. C'est-à-dire que la récolte ne pèse pas beaucoup plus que la semence; que l'azote fixé, ou si l'on veut l'albumine formée en plusieurs mois de végétation, est toujours en quantité très-faible, en un mot que

l'on obtient une *plante-limite,* ainsi que je l'ai constaté dans soixante expériences, lorsque le sol ne
contient aucune trace de sels ammoniacaux, de nitrates ou de cyanures alcalins, et qu'on arrose avec
de l'eau distillée exempte d'ammoniaque.

FIN DU TOME PREMIER.

TABLE DES MATIÈRES.

━━◆━━

PLANCHES.

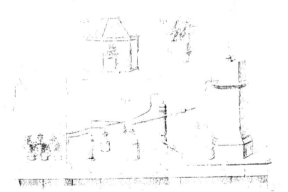

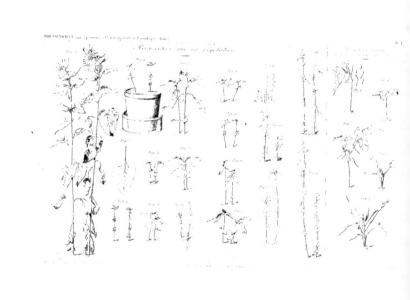

Imprimé en France
FROC031937060720
24425FR00012B/550